艺术与观念

巴洛克与洛可可

［英］高文·亚历山大·贝利 著
徐梦可 译

北京出版集团公司
北京美术摄影出版社

目录

*本书插图系原书插图

引言

巴洛克及其后期变体洛可可是首个真正意义上的全球性的艺术风格，在 16 世纪 80 年代到 19 世纪头 10 年间主导了欧洲、拉丁美洲以及更远地区的艺术及建筑长达两个多世纪。巴洛克和洛可可亦是第一种紧密关注于作品对观者所产生的冲击的风格，得益于这种视觉魅力，它们在全球范围内得到了广泛的流行。巴洛克诞生于 16 世纪 80—90 年代博洛尼亚及罗马的画室，在 17 世纪的 20—30 年代扩散到雕塑及建筑领域。在此期间，巴洛克迅速传遍了意大利，进而传播到西班牙、葡萄牙、佛兰德斯、荷兰、英格兰和斯堪的纳维亚半岛，同时也蔓延至以慕尼黑到维尔纽斯为中心的中欧及东欧。洛可可是更加优雅、平淡和多变的巴洛克。它起源于 18 世纪第二个 10 年的法国室内设计，并遵循着巴洛克发展的轨迹：向东传播到德累斯顿、维也纳和圣彼得堡，向西传播到瓦伦西亚和里斯本。通过伊比利亚、法兰西帝国和荷兰不断扩大的贸易网络，这两种风格也不断扩张，直达美洲、非洲和亚洲，影响到了利马、莫桑比克和果阿等地方。实际上，如果不把这些拉丁美洲、非洲和亚洲的变体考虑在内，我们就无法完整地欣赏巴洛克及洛可可的艺术和建筑——而这正是本书第 7 章的内容。

图1
詹洛伦佐・贝尼尼
《圣朗基努斯》
1629—1638年
大理石
4.5 m
圣彼得大教堂
罗马

巴洛克（约 1580—约 1700 年）产生于天主教改革运动，是一种基于华丽修饰和戏剧性的、具有强烈说服力的风格。而洛可可（约 1700—约 1800 年）最初是作为一种古怪的、更为私密的装饰风格而出现的。比起结构化，洛可可更注重于装饰性；比起严肃的神学或者历史题材，洛可可对田园牧歌及异域风情更感兴趣。巴洛克和

洛可可风格在精神和灵感层面上都很戏剧化，通过采用戏剧性表演、姿态和舞台的幻觉透视，它们寻求吸引和利用人们的激情。这两种风格皆钟情于呈现对象的动态而不是静态。在此之前，米开朗琪罗已经做了将其雕塑从墙体中解放出来的实验（图 87），巴洛克和洛可可则将这一创举继承了下来。这样一来，雕塑就不再满足于被静置在壁龛中了，而是要延伸到更广阔的空间之中。这一激进的新空间概念，被詹洛伦佐·贝尼尼在罗马圣彼得大教堂中的雕塑《圣朗基努斯》（图 1）中表达得淋漓尽致。这一作品由四块巨大的大理石雕刻而成，主人公是一个罗马战士，曾刺穿了十字架上基督的侧腹，但突然又张开他的双臂来接受基督教。他的长矛指向巴西利卡式教堂的十字核心处，与雕塑上方的圆顶上的形象交相呼应。其姿态呈现出了动作的瞬间，又处于即将变化动作的时刻，这是沉迷于运动错觉的风格最喜爱的两个主题。与此同时，建筑的风格也开始从古典的传统中跳脱出来。文艺复兴风格的建筑有着平直、坚实的墙壁，而在巴洛克和洛可可风格的建筑中，这些平直的墙壁开始弯曲，有时甚至会向外扩展并退到框住它们的柱子之后，像一个巨大的肺部一样。弗朗西斯科·波洛米尼设计的四喷泉圣卡罗教堂的正立面（图 3）上，凹凸面的连续运用赋予了正立面墙壁以波纹的流畅性。这一设计为其作品开辟了多重的观看角度，并鼓励观者在各个精心雕琢的细节之间流连。巴洛克和洛可可挑战了我们对于建筑本身稳定性的预期。

图2
詹洛伦佐·贝尼尼
《阿波罗与达芙妮》
1622—1625年
大理石
2.43 m
波各赛美术馆
罗马

实际上，传统与创新、现实与幻想之间那不易察觉的区别，就处于巴洛克与洛可可的核心之中。艺术家们把材料本身运用至极限，正如神话雕塑《阿波罗与达芙妮》（图 2）所呈现的那样。这件作品展现了一个典型的巴洛克风格主题，雕塑呈现的是形态的转变（女神变形为一棵树，来躲避太阳之神的追求），并捕捉到了一个戏剧性的瞬间。在这件作品中，贝尼尼及其助手把坚硬的大理石变换为被微风拂动的头发、柔软的肉身和花边状的枝叶。而荷兰静物画家雷切尔·勒伊斯则将优雅的玫瑰和晶莹的葡萄画得如此逼真，我们简直都可以闻到它们的香味。在《有玫瑰的静物》（图 4）中，她的花束甚至吸引了画面上的飞蛾。这一细节是她对古希腊画家宙克

IN HONOREM·SS·TRINITATIS·ET·D·CAROLI·M·DCLXVII

西斯（公元前 15 世纪）的致敬——这位大师所绘的写实主义的鲜果，曾迷住了真正的鸟。这种对艺术和自然进行有意混淆的方式在巴洛克花园中找到了其终极表达。在这里，大理石和石膏构建出了岩洞和小丘，而货真价实的植物被切割得边角笔直，变成了好似建筑般的林木造型和方形树篱。这种有意的混淆让奥塔威亚诺・迪奥达蒂在科洛迪的加尔佐尼庄园的花园（图 5）增色不少，那较低处花坛中（平坦处的正式花园，边缘由树篱或者小碎石围住）受精心照料的红豆杉和层叠的上层花园中的石窟、岩石表面和苔藓——都是纯手工雕琢而成——形成了鲜明的对比。

在巴洛克时期，就像歌剧一样，风俗题材也出现了。巴洛克和

图3
弗朗西斯科・波洛米尼
四喷泉圣卡罗教堂正立面
始建于1665年
罗马

图4
雷切尔・勒伊斯
《有玫瑰的静物》
1711年
乌菲齐美术馆
佛罗伦萨

洛可可视觉艺术综合了各种各样的媒介，主设计师有时会充当着经理的角色，而不是一个动手的工匠。在文艺复兴时期，区分绘画、雕塑和建筑之间差异的不仅是技术的差异，更是其功能的不同。这一概念是在一次被称为“帕拉贡”（paragone）的文学争论中闻名于世的。帕拉贡是指绘画和雕塑（某种程度上也指建筑）都提倡自身比对方优越，也因此与对方不同。与文艺复兴时期的理念相反的是，巴洛克和洛可可艺术将单个媒介的力量联合起来，让它们形成

了一个单一且统一的体验，这一体验被菲力波・巴尔迪努奇（1625—1697 年）形容为“美的整体”，而这也是本书第 3 章的内容。正如在艾因西德伦被卡斯帕・穆斯布鲁格兄弟等人翻新的本笃会修道院（图 6）一样，湿壁画、布面绘画、灰泥装饰和雕塑处于一个典范空间之中，并互相侵扰到彼此的领域，超出画框和分区，共同创造出一个单一且统一的体验。在建筑中，立柱、三角楣饰和饰带不再是简单地连接，而是相互关联着。例如费尔南多・德・卡萨斯・诺沃亚的圣地亚哥・德・孔波斯特拉大教堂（图 8）那高耸的正立面，其中心窗框的边线直穿过正立面的上半部分，冲破三角楣饰，在一个被称作“龛”的亭状结构处终止。这一设计效果强调了建筑的高度，而底部两层的立柱之间的垂直联系也增强了这种高度感。这一巴洛

图5
奥塔威亚诺・迪奥达蒂
加尔佐尼庄园的花园
约1650—1786年
科洛迪（意大利）

图6
卡斯帕・穆斯布鲁格兄弟等
本笃会修道院
1719年后
艾因西德伦（瑞士）

克式的设计让我们想起哥特式的大教堂。“美的整体”绝不仅限于视觉艺术上：广义来说它可能包含音乐、舞蹈以及其他短暂的艺术形式，如喷泉和烟火，而这正是本书第 6 章的主题。在某种程度上来说，这种各类媒介之间互相借用技术的做法，可能会让文艺复兴时期的艺术家十分震惊。如贝尼尼在其作品《圣劳伦斯的殉难》（图 7）中，于大理石中雕刻出火与烟的效果，在“帕拉贡”的争论中，这种效果是只有画家才可以独享的。使用综合媒介的目的，是为了让观众沉浸其中、眼花缭乱且无比惊奇。

众所周知，巴洛克和洛可可很难被定义为某种风格，因为它们比之前出现的任何风格都要更加多元，且充满着矛盾的张力。它们

图7
詹洛伦佐・贝尼尼
《圣劳伦斯的殉难》
约1618年
大理石
66 cm × 108 cm
乌菲齐美术馆
佛罗伦萨

图8
费尔南多・德・卡萨斯・诺沃亚，
圣地亚哥・德・孔波斯特拉大教堂正立面
1738年（西班牙）

可以是弗朗切斯科・拉・巴巴拉所设计的巴勒莫耶稣教堂（图 9）正厅那种饱和的内饰风格——在那里突然出现了色彩缤纷的大理石马赛克和被称为混合大理石的立体浮雕；它们也可以是瓦伦西亚的道斯・阿古斯侯爵府邸（图 10）的大门雕刻——植物、动物和人类形象有机结合并喷薄而出，这预示了 150 年后的新艺术运动。巴洛克中有卡拉瓦乔的《受鞭刑的基督》（图 38）中那种平静的绝望，扭曲的肢体与伤痕从黑暗中逐渐浮现出来，让基督饱受折磨的身体

图9
弗朗切斯科・拉
巴拉
巴勒莫耶稣教堂
正厅内饰
1622—1767年
大利）

图10
依 波 利 托 ・ 罗
拉・布罗康代尔
道 斯 ・ 阿 古 斯
府邸
1740—1744年
瓦伦西亚

图11
弗朗西斯科·德·苏巴朗
《圣玛格丽达》
约1631年
布面油画
163 cm × 105 cm
英国国家美术馆
伦敦

上浮动着一曲挽歌。西班牙艺术大师弗朗西斯科·德·苏巴朗的《圣玛格丽达》（图 11）也是巴洛克的代表作。在这幅画中，尽管这位从容的殉道士要被灼烧、斩首并最后被一条龙所吞噬，但她依旧毅然地直视着观者的眼睛。这一时期所产生的艺术作品既可以神秘且超验，也可以略显粗俗。前者的代表为德国雕塑家埃基德·奇林·阿萨姆在罗尔的朝圣教堂后殿的灰泥作品《圣母升天》（图 103），而后者以荷兰画家马提亚斯·斯多姆的《莎拉向亚伯拉罕献上夏甲》（图 12）中的眼神和胸部为代表——这件作品表明，性感的肌肤和低坠的领口并不仅限于表达粗俗的主题，也可以用来吸引观者关注《圣经》故事。画面所表达的是《旧约圣经》里的一段，女主角将自己的侍女献给先知亚伯拉罕，希望她能怀上先知的儿子。

巴洛克和洛可可艺术吸引了许多不同的观众，这些观众既包括城市大型公共广场上的市井之徒，也不乏在孤寂的路边教堂中冥想的隐修之士。有些作品是针对知识分子而作的，比如装饰贵族宴会厅的神话题材壁画，或者是用来装点耶稣学院和教皇会堂的那些令

图12
马提亚斯·斯多姆
《莎拉向亚伯拉罕献上夏甲》
约1637年
布面油画
150 cm × 204 cm
恭德博物馆
尚蒂伊

人深思的、博学的象征与寓言故事。前者的代表是阿尼巴莱·卡拉奇为红衣主教奥多阿尔多·法尔内塞在罗马法尔内塞宫绘制的天顶壁画《众神之爱》(图 13)。据法尔内塞家族的图书管理员富尔维奥·奥尔西尼对于奥维德《变形记》的阐释，这一古典题材的作品完善了家族的古董雕塑的收藏，并为家族的财富和学养增光添彩。作为自米开朗琪罗的西斯廷天顶画（1508—1512 年）诞生以来的最重要的壁画，阿尼巴莱的大作把复杂多样的叙事性画面嵌入错综复杂的

视觉建筑之中，并将米开朗琪罗的幻真画（幻景框架）与一个别出心裁的创新画法结合了起来——他自负地将这种画法称为转绘式天顶画（在壁画图像边缘画上假画框，让这些图像看起来像是架上绘画）。这种效果是画面、灰泥装饰、肉色的裸体和青铜圆雕呈立体状层叠堆积的结合。不过这些元素的堆积把《酒神巴库斯和阿里阿德涅的凯旋》簇拥在中心，以此保证了整个壁画的完整性。还有一些艺术作品则是为了吸引普罗大众。弗朗切斯科·布鲁内利为罗马的耶稣教堂圣器室运用施彩木雕刻的《十字架受难像》（图 15），遵循了在西班牙和拉丁美洲较为常见的超现实雕塑传统，其目的在于激怒并震撼到观者。直至今日，那柔软的肉体和痛苦的姿势之间的对比，以及垂死的基督身上鲜血淋漓的伤口，都会使人本能地感到悲怅与忧伤。

矛盾的是，巴洛克和洛可可那巨大的吸引力，在接下来的时日里成了毁掉其名誉的帮凶。“巴洛克”和“洛可可”这两个术语由批评家于 18 世纪和 19 世纪创造出来，其来源就是贬义的。这些批评家对巴洛克和洛可可的反常、繁复、浅薄的感染力，尤其是二者打破艺术规则的鲁莽方式嗤之以鼻。用“巴洛克”来表示一个时期风格的做法，最初来自 19 世纪的德语文学，但这一术语的出现肯定要早得多。我们还不能完全确定这个词究竟出自何处，但学界已经有了数种说法，譬如说它来自西班牙语中的“不规则的珍珠”，或者来自中世纪用来解决特别晦涩的演绎推理的记忆手段——这两种都不是特别讨人喜欢的比喻。19 世纪著名的瑞士历史学家雅各布·布克哈特曾帮助创造了术语“文艺复兴”，他就使用了“巴洛克”这一术语来解释文艺复兴古典主义的瓦解。他的同乡兼学生海因里希·沃尔夫林在其 1888 年出版的著作中，第一次在文艺复兴和巴洛克这两种风格之间做出了一个清晰的历史区分。关于术语“洛可可”来源的争论较少，这一词可以追溯至法国术语“rocaille”，是一种贵族花园中可见的装饰性的卵石或贝壳。正如在里斯本，始建于 1747 年的亲王佩德罗阁下（后为佩德罗三世）的乡村宫殿库勒斯宫，宫殿花园中奇异的石窟就是由许多贝壳、枝叶、涡卷纹、鲜花，

图13
阿尼巴莱·卡拉奇
《众神之爱》
1597—1602年
天顶壁画
法尔内塞宫
罗马

以及飞鸟图案所组成的（图 14）。

即使人们今日对于术语“巴洛克”和“洛可可”不再抱有偏见，但是它们也远非完美。首先，在本书中提到的当时的艺术家们，都不知道自己是“巴洛克”或者“洛可可”艺术家。其次，这一术语暗示着一种单一化、规格化的单调感，这种感觉遮蔽住了这两种风格的多样性和原创性，而正是这两种特性才让巴洛克和洛可可如此迷人（20 世纪初，巴洛克以“折中主义风格”而闻名）。一些艺术史学家很乐意去抛弃那些时代的标签，转而选择一些更为中性的表达方式，如“17 世纪和 18 世纪艺术”，或者“早期现代的艺术”——后者让很多人很困惑，因为用“早期现代”去形容毕加索或者马格利特是很合理的，而形容贝尼尼或卡拉瓦乔则显得有点不合时宜。但是撇开术语的局限不谈，“巴洛克”和“洛可可”这两个术语已深深地根植于大众的想象及艺术史的清规戒律里。在面对特定时期抑或世界特定范围内所产生的大量在风格和思想上类似的艺术作品之际，这两个术语还是可以为我们提供一种实用的分类方法的。如果不深思熟虑一下，这两个术语的另外一个用法就要被舍弃了。在小写的状态下，“巴洛克”（baroque）和“洛可可”（rococo）被用来形容任何一种艺术传统的特定发展阶段。在这一特定的阶段中，高度管制和朴素的“古典”情节，要让位于更有装饰性、更有创意和更反叛的艺术风格。正如中国唐代（618—907 年）雕塑或者晚期古典玛雅（9 世纪晚期）艺术的“巴洛克”时期，或者更有名一点的希腊和小亚细亚的雕塑的“巴洛克”阶段（约公元前 330—前 30 年）。但这些风格标签只是基于巧合的相似性，它们都是一种相对较为奢靡的装饰风格，或者古怪的、带有异域风情的品位。在这一语境下使用这两种术语，不仅是不合时宜的，而且可能会产生误导：在一次众所周知的事件中，这些术语的滥用促使学者们将欧洲巴洛克的起源追溯到了印度庙宇建筑中，学者们认为这些建筑通过葡萄牙的探险家传入了里斯本，进而传遍欧洲大陆。

图14
让-巴蒂斯特·罗比永
库勒斯宫石窟
始建于1747年（葡萄牙）

直至今日，巴洛克与洛可可艺术和建筑都可以激起人们热情的回应。由于这两种风格最知名的支持者都是社会名流：教皇、强大的天主教修道会譬如“耶稣会”，或者像法国路易十四这样的专政君主。这两种风格在传统上都与教条主义、暴政、颓废以及政治操纵画上等号。随着学者对这段时期研究的深入，我们认识到巴洛克和洛可可背后的驱动力不仅仅来自艺术家本身，也来自其他群体。这些群体代表着超出我们先前认知的更为宽广的人性维度。他们包括被称为兄弟会的宗教组织、小商贩和生意人、寡妇、修女、朝圣者，甚至包括城市贫民。

在今天，巴洛克和洛可可的时好时坏的名声，也归功于创造它们的时代——那是欧洲历史上最动荡的年代，与这一时代大部分艺术和建筑中那些优美的涡卷装饰、生动的颜色和乐观情绪相去甚远。17 世纪是一个经济、军事、宗教和社会都充斥着危机的时代，而自然灾害则让这一切都雪上加霜。在文艺复兴时期，虽然中世纪的封建制度基本完好地存留了下来，但农民、贵族和君主之间早已确立的互惠关系被彻底揭破了。在这一系统下，君主将自己的土地授予或分封给贵族，并让渡自己土地的一小部分特权；作为回报，贵族以附庸国的形式为君主提供兵役。附庸国保护在他们的土地上劳作的农民，农民在这里劳动则是为了挣得农产品和货币。在 17 世纪，士绅不再受那种责任感的束缚，越来越多的士绅为了避免服兵役，就将入伍的重担留给了税务重担下的农民。士绅还处处强占农民的经济利益，购置大片土地，大规模开垦耕种并获利，垄断产品并高价售予平民。士绅以一个不在场的地主的身份操纵这一切，并对他们的佃农漠不关心，比起承担社会责任，他们更愿意去拥抱城市宫廷的华丽世界。

对封建制的终极侮辱是专制主义，这是一种独特的 17 世纪政治制度，最能体现这一制度的是法国和西班牙。一个专制国家意味着君主自称拥有神圣权力，并以此持有无条件的权威来统治他的臣民。矛盾的是，君主一方面倚靠着贵族不断增多的土地所有权和收入，另一方面却通过限制贵族的权力来巩固自己的地位。比起寄希望于贵族提供的兵役（这将冒着影响军事决策的危险），君主们创建了只忠于自己的常备军，在法国，国王路易十四竟然要求乡绅离开自己的庄园，住在他城市般规模的凡尔赛宫之中（图 135），在宫廷礼仪的操作系统下，国王可以更好地观察和控制乡绅们。很多小的君主政体占据过法国，正如那不勒斯的波旁国王查理三世，他于 1752 年开始建造他位于卡塞塔的庞大宫殿（图 16）（大部分建筑于 1774 年在斐迪南一世时完工，由路易吉・万维泰利设计）。这是一个有 1200 个房间的巨大而畸形的建筑，正立面竟达 247 米长、36 米高，在 2861 个劳力的帮助下完成。这些劳力包括罪犯、船奴以及骆驼和大象。查理三世根本不用操心要把地主士绅迁往那不勒斯——一个西班牙前殖民地。因为西班牙总督们已经为他做了这项

图15
弗朗切斯科・布鲁内利
《十字架受难像》
约1600年
木质
真人大小
耶稣教堂
罗马

工作。在那个时代专制主义催生了现代观念，如民族国家、首都城市，且创造了一个高度集中的权力和信息的网络，更进一步地限制了个体的自由，把利益集中在少数人身上。失去土地的民众无可奈何地加入到了日渐拥堵的城市贫民阶层之中。专制主义同样也纵容了君主不负责任地把自己的国家推向财政瘫痪之中，所以法国和西班牙在 17 世纪晚期都几乎把自己搞破产了。

在 17 世纪和 18 世纪，人们还面临着很多其他的危机，这些危机有些是物质上的，有些是精神上的。最具破坏性的灾祸之一即鼠疫。虽然 1347—1359 年的黑死病才是西方历史上最著名的瘟疫，但鼠疫不仅无法预测，且十分致命。直至 1670 年，鼠疫在每一年都有规律地出现在欧洲某处——尤其是意大利。到了 18 世纪，鼠疫才渐渐出现得不那么频繁。这给艺术造成了极大的冲击（见第 1 章）。现代科技的出现，尤其是天文学、无限理论和行星运动理论的推进，也被看作天主教和新教的信仰劫难。因为这些最新的发现挑战着教会教义某些最为核心的根基。第一炮的打响者是波兰天文学家哥白尼，他于 1543 年挑战了教会“太阳围绕地球”的信仰。后继者意大利天文学家伽利略继续倡导了这一理论，在 1613 年，他因对太

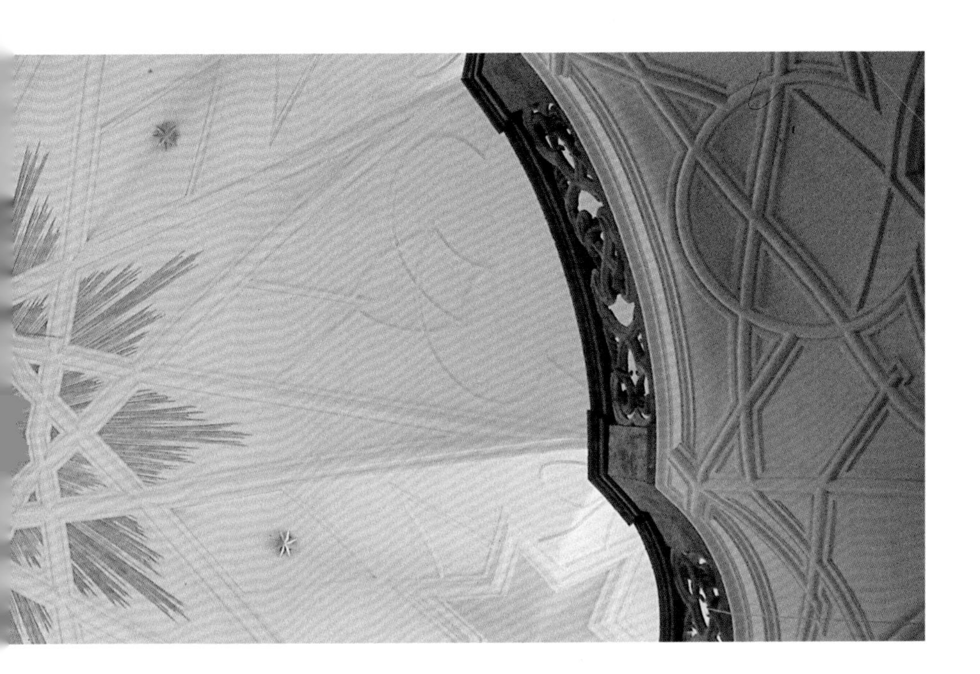

图16
路易吉・万维泰利
卡塞塔宫殿
1752—1774年
（意大利）

阳黑子的研究而被投入了宗教裁判所，使他从1633年起就受到了软禁。乔尔丹诺・布鲁诺更进一步，提出了“无限”的理念和世界多样性的想法，由于这种“异端邪说”，他在1600年被烧死在火刑柱上。而约翰尼斯・开普勒则在此基础上提出了行星运动的规律。这些发现对天主教会所产生的冲击的程度，可以通过教会对这些科学家所施的惩罚的严厉性来衡量。然而，对于广大的人民群众来说，这些最新的发现，使他们除了教会教义以外，可以选择别的获取真理的方式。虽然这一方式可能会引起更大的社会异议和存在主义的反省。

然而，最大的危机还是战争。巴洛克时代见证了连绵不断的战争和骚乱，这些冲突通常是天主教和新教之间的斗争（见第1章）。1572年，在这一时代的某个黎明，一群天主教暴徒在巴黎的一个婚礼上屠杀了近3000名胡格诺派教徒，这一事件在后来被称为圣巴托罗缪之夜。17世纪最可怕的冲突是“三十年战争”（1618—1648年），它在欧洲中部造成的破坏堪比20世纪的两次世界大战。其中神圣罗马帝国的日耳曼公国的宗教战争引发了区域性战斗，导致了奥地利哈布斯堡王朝和西班牙对阵法国，天主教强国对抗新教

图17
杰拉德・特伯奇
《威斯特伐利亚和约》
约1648年
铜版油画
45.4 cm × 58.5 cm
阿姆斯特丹国立博物馆

图18
米开朗琪罗・切尔阔奇
《玛莎妮雅洛起义》
1648年
铜版油画
96.8 cm × 134.3 cm
斯帕达美术馆
罗马

的瑞典、丹麦和荷兰。政治和宗教议程在战争中的相互影响，在明斯特伯爵主教克里斯托夫・伯恩哈德・冯・盖伦那里得到了最好的体现。他是一个天主教的宗教领袖和捍卫者，而他对火炮的喜爱为他赢得了“爆炸的伯恩哈德”的外号。“三十年战争”对艺术有着非常直接的冲击，战争期间所导致的破坏和饥荒，让大型的建筑工程在这个世纪结束之前都没法再次动工了，这些工程中的大部分在下个世纪才得以恢复。1648 年，《威斯特伐利亚和约》在伯恩哈德的故乡签订，和约规定在日耳曼公国境内授予私人宗教自由权，而政府机构则成为非教派机构。许多当时的绘画都描绘了这一场景，堪称典范的是一张荷兰团体肖像画（见第 2 章），虽然场景设立在一个幽闭的明斯特会议厅中，里面簇拥着 80 个好斗的官员，并伴随着真正的争吵和内讧，但杰拉德・特伯奇画面中的人物有着优雅的姿态、平静的面部表情，且画面有着僵硬的对称性构图，这样一来，他就画出了一个有秩序感的世界（图 17）。这些荷兰官员（画面左侧）和西班牙官员（画面右侧）在宣誓，前者举起他们的右手，后者抚摩着十字架和《圣经》——作为一个见证者，特伯奇将他自己画在画面最左边的前景上。

17 世纪的各类危机所导致的最重要的一个结果即为被剥夺公民权的流民大规模地涌进城市。自罗马帝国以来，第一次出现如此大规模的城市流浪者。在大量的印刷品和宣传册的推动下，城市的乌合之众在统治者和贵族眼中变得越来越有政治意识且越来越重要。17 世纪的进程中，不断出现有组织的暴动、叛乱，还发生了首次公开执行的君主处决（1649 年的英格兰国王查理一世）。巴洛克城市动荡的氛围在米开朗琪罗・切尔阔奇的《玛莎妮雅洛起义》（图 18）中被描绘得淋漓尽致。切尔阔奇是俗世画派中唯一的意大利成员。俗世画派由一群在意大利工作的北欧画家组成，他们专攻日常生活的场景，画面中充斥着乞丐与土匪。《玛莎妮雅洛起义》描绘了一个叫玛莎妮雅洛的渔夫在 1647 年领导的一场起义。这场起义反抗的是那不勒斯的西班牙统治者在水果上所设的苛捐杂税——水果是城市贫民的主食。在这个充满动感的场景里，玛莎妮雅洛骑在他的白马上，领导着一群手持武器的水果小贩和旁观者，对市集广场的海关人员发起进攻。与此同时，画面左侧前景处画着暴徒正在屠杀两名官员。当这件事情发生的时候，甚至是玛莎妮雅洛本人都没有办法控制这些暴徒。几个月之后，这些暴徒将玛莎妮雅洛斩首。

巴洛克时期的罗马、那不勒斯和托莱多以公开的私刑、武装儿童和猖獗的盗匪——一些盗匪甚至还假扮成朝圣者——以及随处可见的卖淫和赌博而著称。因此，这些城市也是频繁且恐怖的公开处决的现场。这些场景被卡拉瓦乔或者里贝拉这样的艺术家用敏锐的眼光捕捉到，并作为画作被描绘出来（图 33、图 37）。

在这个动荡的时代，当整个欧洲的人们都处在恐惧和怀疑之中时，艺术通过其对人性和对神圣的正义的描绘，为人们提供了和平感和秩序感。同时艺术通过使用透视和其他夸张的或视觉的效果，来操纵观者的视觉和情感体验。在接下来的一章，我们将探索艺术是如何通过多种多样的方法来完成这些目标的。但是首先，我想要简单地记录一个发生在巴洛克时代即将来临之际的事件，这一事件可以看作对人们的生活环境进行巴洛克式开发的雏形。由于罗马已经变成一个拥挤的、不理性的中世纪古城，教皇西斯科特五世在 1585 年颁布了一个艰巨的城市翻新项目，永久地改变了这座城市的样貌，并给 17 世纪及 18 世纪整个欧洲的城市重建项目提供了灵感（见第 4 章）。他推平街区来建造宫殿，修复即将倒塌的教堂，建立了大规模的导水系统来为他的臣民提供饮用水。但是更为重要的是他的建筑师多梅尼科・丰塔纳所修建的宽阔的林荫道。这些大道切开整个城市构造，把早期基督教流行的朝圣地点——也是罗马最主要的财政来源的巴西利卡建筑——连接到一个由直线构成的网络之中。这些大道以圣母大殿为中心向外延伸，并朝城市的其余主要的巴西利卡建筑延伸而去，让人群在四旬期、圣周和禧年期间可以便利地造访。同时通过把人们的注意力引向特定的焦点，把新的理性观念强加到人们的城市体验之中。西斯科特的城市翻新的思想根基集中体现在他的一个决定之上，那就是把城市主要广场——例如罗马的人民广场——之中的埃及方尖碑升高，来作为城市的焦点（图 19）。在过去，罗马皇帝把方尖碑从埃及运回城市，作为罗马帝国强权的象征。而西斯科特五世把方尖碑纳入自己的城市翻新之中，并以此作为基督教胜利的宣言。但在成为胜利的宣言之前，教皇在这些方尖碑前主持了典礼，每一根柱子都被去除掉了它们的异教传

图19
人民广场
罗马

HIER·S·R·E·PR·CARD·GASTALDVS
BERNABEI

统，顶部还被冠以青铜十字架。虽然此次城市改造是西斯科特五世强行下达的命令，但给了欧洲最为动荡的一个城市的居民以安全的幻觉，还让他们对其统治者产生了些许信心。在接下来的几个世纪里，民主国家和独裁者都在寻求类似这一改造所带来的效果——无论是在 1791 年的华盛顿特区，皮埃尔・朗方设计的乌托邦；还是 1852 年欧仁・奥斯曼男爵把幽雅的林荫道引入那不勒斯三世统治下的巴黎；或者是 1937—1939 年阿尔伯特・施佩尔为阿道夫・希特勒设计的但并未实现的新柏林。

图20
迪尔克·凡·德伦
《教堂中的圣像破坏》
1630年
木版油画
50 cm × 67 cm
阿姆斯特丹国立博物馆

巴洛克艺术诞生于灾难之中。那一时代的部分灾难是社会性及物质性的，如引言中所述的暴力、瘟疫与战争。但让巴洛克艺术得以成型，并在随后几个世纪带来巨大反响的重要变革，则是精神上的。自 16 世纪 20 年代起，欧洲民众就面临着近千年来最为痛苦的信仰危机，相伴而来的，是对《圣经》与自然界激进的新的阐释。这种阐释对现有风俗与教义来说是严苛的，甚至往往是粗暴的挑战，亦是普遍的信仰忧虑。这些发生在天主教徒和自称新教徒的信教者之间的信仰斗争，在视觉艺术中留下了浓重的一笔。新教徒反对图像崇拜，并因此将圣徒、圣母马利亚和基督的形象从他们的教堂中清除了出去，有时甚至损毁这些艺术作品。作为回应，天主教会则改革了形象化圣域的方式，并将这种方式提升到了前所未有的高度上。如果没有这种对神圣图像的新的、强力的支持，我们所知的巴洛克艺术或许不会诞生。

尽管宗教改革的渊源极深，并与诸如大分裂——天主教会在 1378—1416 年发生了分裂——等事件相关，也和约翰·威克利夫（约 1330—1384 年）与扬·胡斯（约 1372—1415 年）等早期改良主义神学家的工作有千丝万缕的联系，但追溯这项运动的发端并非难事。1517 年，在威登堡，奥古斯丁修道会的修士马丁·路德（1483—1546 年）把 95 条论纲钉在城堡教堂大门上，质问教皇为罗马新建的圣彼得大教堂集资而贩卖赎罪券（减轻对罪孽的惩罚）等滥用权威的恶行，并质疑教皇的权威。在印刷术的帮助下，路德的新思想迅速传遍了欧洲，并最终导致了天主教的分裂。其他新教团体在法国人约翰·加尔文（1509—1564 年）和瑞士人胡尔德莱斯·慈运理（1484—1531 年）等人的领导下紧随其后。在极短的时间内，欧洲中部和北部的大部分人口都已接受新教，其中包括英国国王亨利八世（1509—1547 年在位）和法国准国王亨利四世（1589—1610 年在位）——后者为获取王位又恢复了天主教。主要的新教团体包括路德会、归正教会（以慈运理和加尔文的思想为依据）和再洗礼派（今日门诺会和贵格会的前身）。新教的建立不单为躲避教皇的权威，且其在根本教义上就与天主教会背道而驰。圣像破坏运动在新教改革中扮演了核心角色，尤其是在极力反对形象化圣域的加尔文、慈运理以及威登堡神学家安德里亚·卡尔斯塔特（1486—1541 年）的命令之下（路德认为有些图像应得到保留，故公开表示反对他们的破坏行为），这一运动愈演愈烈。尽管这几个人在细节上仍保有各自不同的观点，但这场运动的重中之重在于确立了《圣经》是不可见的上帝所唯一允许存在的“图像”，故而对绘画或雕塑图像的敬奉无异于偶像崇拜，且其违背了十诫中的第二诫“不可为自己雕刻偶像”（申命记 5:8）。包括加尔文在内的部分领导者其实并不否认这些图像作为说教工具的价值，但他们认为这一价值仅体现在其记述功能中，而非其偶像化功能中，且这些图像只能被摆放在家庭环境里。圣像破坏运动有时表现得较为温和，如 1524 年，慈运理允许市民和教区居民把苏黎世众多教堂中的绘画与雕塑移出去即可，而不需要销毁它们。通常，这些图像是受到污蔑的，画面中那些模拟审判和虚假的殉道，只会证明他们不会被施以援手。但其他的圣像破坏者则表现得更加暴力，特别是归正教会那些更为激进的成员。

大动荡迅速地爆发了。在 8—9 世纪，反复发生的事件撼动了拜占庭教会的根基，一些愤怒的新教徒冲进教堂和修道院，将彩绘玻璃和雕像砸得粉碎，绘画和祭坛浮雕也被猛砸在地上，并被运送到教堂外面焚烧。某些最为暴力的破坏圣像的骚乱发生于欧洲中部和北部，如瑞士（1529 年的圣加仑和 1535 年的日内瓦）、德国（1522 年的威登堡、1543 年的明斯特和 1537 年的奥格斯堡），以及斯堪的纳维亚半岛（1530 年的哥本哈根）。这些骚乱对不列颠群岛和荷兰的打击尤为严重。在 1530—1540 年的英格兰，亨利八世颁布了《解散修道院法令》，这是英国近代早期历史上规模最大的土地掠夺。当修道院和朝圣点被国家没收之时，那些雕像、彩绘玻璃和绘画也就随之被集中摧毁了。亨利的圣像破坏政策被他的儿子延续了下来，少年国王爱德华六世（1547—1553 年在位）下令清除教堂中的所有图像，并关闭私人捐献的附属小礼拜堂（私人家族教堂是赞助奢华艺术作品的大户）。1559 年，全面的圣像破坏运动向北席卷而去。在这次运动以及一个世纪后由英国内战领袖奥利弗·克伦威尔领导的圣像破坏运动中，苏格兰最伟大的教堂和礼拜堂都被剥去了宗教形象。这些建筑物被清洗且往往被废弃。没有任何一个国家像英格兰这般鲁莽地对待自己的建筑及艺术遗产。嶙峋的修道院和大教堂衰败地散落在城镇中，没有屋顶的礼拜堂被废弃在无数乡村的坟场里。但最糟糕的还在后面，在别处。

1566 年夏天，低地国家（包括今天的荷兰和比利时）成为圣像破坏运动的现场，一大股销毁圣像的浪潮冲击了修道院建筑。炽烈的布道将加尔文主义带到了荷兰，并导致那里产生了针对神父的私刑。从很大程度上来说，这种普遍的狂怒可能是受到了社会和政治之间的紧张关系的影响，而不是他们真的痛恨艺术作品。这在一次事件中得到很好的体现，1630 年，荷兰艺术家迪尔克・凡・德伦（约 1605—1671 年）将这次事件生动地描绘了出来。他虚构了一个荷兰教堂，画面中，人们爬上梯子去拿这个教堂的雕塑和祭坛画，随即将这些作品扔在地上（图 20）。这真是一场动荡。圣像破坏运动对宗教艺术遗产造成了无法估量的影响，并引发了天主教和新教之间的内战，而这一切最终导致了荷兰的独立。1643 年，在清教徒政权下，英格兰陷入更进一步的圣像破坏起义之中。克伦威尔的军队和躁动的人们进一步破坏着教堂里的图像、管风琴和礼拜祭衣，并在城市广场点燃巨型篝火对其进行焚毁。这些攻击留下的可悲的遗迹遍布全国，伊利大教堂的圣母堂（图 21）和附属小礼拜堂就是一个例子。伊利是一个城镇，克伦威尔在那里坐拥一方土地，而伊利的清教徒在很久以前，就砍掉了雕刻精美的晚期哥特雕塑和其他人像装饰物的头和手。

天主教会马上用图像回应了这些攻击。德国人文主义传教士恩瑟尔·埃姆泽（1477—1527 年） 早在 1522 年就颁布了一条保留条款来抵制卡尔斯塔特，来保卫天主教使用神圣图像的权利。埃姆泽认为早在早期教会时代，使用神圣图像就是教会传统的一部分，且埃姆泽使用了大量让人印象深刻的原始资料来支持他的论点，其中包括大马士革的圣约翰——一个生于 8 世纪的修士，在拜占庭圣像破坏运动期间率领大家为保护图像而战；以及尼西亚第二届大公会议的决议，在那次决议中，教会议会正式（如果之前没有完全做到的话）击溃了圣像破坏运动。有人随之效仿，其中包括路德的主要竞争对手约翰·艾克（1486—1543 年）。艾克用类似的方法讽刺了新教徒的行为，批判了将图像从教堂中清除出去的做法，并认为这一问题已成为新教与天主教之争中的一个重要组成部分。1563 年的特利腾大公会议用了整个议程来讨论圣徒崇拜，并讨论了对这些圣徒的遗物和图像（这两项几乎是一回事）的敬奉。特利腾大公会议（1545—1563 年）在意大利北部的特利腾小镇举办，徒劳地希望吸引北欧的清教徒们。会议的召开是为了改革教会的弊端并增强其统治基础，更重要的是要通过加强教皇和主教的权力，来建立一个更为集权的控制系统。会议成为一个挑衅性的事件，其中充斥着焦虑与张力，而这些都被精心隐藏在特拉斯提弗列的圣马利亚教堂中所绘制的炫耀式的壁画（图 22）之中。这幅画是意大利画家帕斯奎尔·卡蒂·达·耶西的作品，描绘了特利腾的大教堂中的拥挤场面。会议由一排红衣主教主持，主教们则在下面深思熟虑，其余神职人员处于画面的背景之中。在画面前景处的女预言家们则代表着信仰、圣餐仪式和宽容。最为重要的是她们代表着教会战胜了异教（画面中那侧卧的形象被十字架所刺破）。在特利腾大公会议上，天主教会对新教教义的反馈被编制为法规，这一法规通常被称为“反宗教改革”，而我将其称为“天主教改革”，因为比起与清教徒斗争，这项运动——尤其在 17 世纪巴洛克最初开始繁荣的时候——与天

图21
圣母堂
伊利大教堂
1349年建成（英国）

主教会的自身巩固更为相关一些。

虽然一直以来，学者们都认为特利腾大公会议对视觉艺术有着负面的冲击，尤其是此次会议谴责了对“淫荡”“激发淫欲的美”和“荒宴醉酒”的表现和描绘，但特利腾大公会议实际上是近 800 年以来对宗教艺术最明确的再肯定。主教们明确提及了尼西亚第二届大公会议，宣称我们对图像缺乏“应有的尊敬和敬奉”，故让这些图像重返教堂是至关重要的。大会颁布教令，其中主张保证圣像效力最好的办法就是对神圣主题进行清晰、简洁、历史正确且现实的阐释，但从情感上，要阻止艺术成为促使人们虔诚的催化剂。然而，这项法令并未提及美学或风格，且法令应该去激发赞助人来推动圣域形象化的工作，而不是去直接影响艺术家，因为影响艺术家的成果可能是微乎其微的。

从 16 世纪 40 年代到 17 世纪头十年，特利腾大公会议的宗教艺术宣言不断出现在神职人员的论文之中，其中包括乔万尼・安德烈・吉利奥（1564 年）、卡洛・博罗梅奥（1577 年）、加布里埃莱・帕莱奥蒂（1582 年）和杨・莫拉诺（1570 年）的研究。虽然这些研究用了很大的篇幅来关注神职人员攻击现存艺术作品的几个案件（最有名的是吉利奥对米开朗琪罗的《最后的审判》的谴责），且有些论文给艺术家或建筑师提出了非常明确的指导（比如博罗梅奥关于教堂建筑的论文，以及莫拉诺关于绘画的论文），但和特利腾大公会议一样，这些论文作者对艺术家作品所造成的直接影响力几乎是不足一提的。这些论文是牧师写给牧师看的，因为这些文章没有详细到可以指导任何实践操作的地步，且不同论文对类似“自然主义”这样的，甚至可被称为是“基本”的概念的释义都相差巨大，很少有艺术家会真的花时间去读这些文章。其中一些论文，比如帕莱奥蒂的《神圣与世俗形象的话语》，仅仅将改革书写为文字而已，而艺术家们早已对这些改革进行独立实践了。

尽管缺乏一个直接的因果关系，但有许多艺术家依旧同意论文作者的某些观点。学者经常把神职人员和艺术家两极化到教会教条和艺术自由的对峙之中，这种对峙存在于 18 世纪，但不存在于 16

世纪或 17 世纪。无论是授意于自己的赞助人，还是自己本身的良知使然，在天主教欧洲，艺术家缓和了宗教绘画中越轨的复杂性等，并朝着与神职人员相同的目标前进了几步：在历史上正确、明确、节制、共情及端庄。一些艺术家出于信仰而做到了这些，其余的艺术家则用这些改动来粉饰太平。在特利腾大公会议之前，这一变革就已经出现在作品之中。16 世纪 20 年代，威尼斯画家塞巴斯蒂亚诺·德·皮翁博（约 1485—1547 年）在他的作品《基督受难》中描绘出了一种沉重的虔诚，反映了当时意大利宗教改革的潮流。作品为孤独的敬神者而作，通过对基督范例的深入研究，来进行克己的教诲。这幅画作还有在意大利广受欢迎的改革派祈祷指南的影子，其代表是高古斯丁神秘的多玛斯·肯璧斯（约 1380—1471 年）所作的《效法基督》。肯璧斯的书是一个被称作“现代虔信派”的晚期中世纪精神运动的一部分，这一运动源于尼德兰，并迅速席卷了德国、法国和意大利，其代表性的张力和个人神秘主义持续存在于大众精神生活的根基之中，并直至巴洛克时代。

塞巴斯蒂亚诺的《基督背负十字架》（图 23）生动地表露出他的宗教信仰，尤其是把他的绘画与和他同时代的雅格布·巴萨诺（约 1510—1592 年；图 24）所绘的相似主题绘画进行对比的时候，这一信仰就尤为明显了。巴萨诺也来自一个邻近威尼斯的小镇，他的绘画和他的其他大多数作品一样，都大略基于对拉斐尔作品的复刻之上，并反映出了更为主流的 16 世纪中期的绘画风格，这种风格在今天常被称为“样式主义”。在这一风格中，画面所表达的内容往往屈从于风格和审美，且比起对虔诚的重视，很多艺术家更注重于对精湛技艺的追求。塞巴斯蒂亚诺那种沉重且柔和的色彩，与巴萨诺画面中闪闪发亮的淡紫色以及彩虹般的红绿变换形成了鲜明的对比。且塞巴斯蒂亚诺让他的画面中只出现一个人物形象，并与昏暗的背景形成对比，而不是用绘画来讲一个故事，这给了他的作品更强的直观性。对比之下，巴萨诺的画面描绘了基督与圣维罗妮卡的相遇，且其作品中那华丽的服饰、闪亮的盔甲、巧妙地被海风所吹拂的披肩以及人群的饰带，都令人回想起威尼斯式游行的盛况。

两位艺术家处理基督的面部表情的方式都很重要：巴萨诺的悲哀反衬出塞巴斯蒂亚诺的痛苦和恐惧。巴萨诺喜爱做作的姿势和解剖般的细节，如不自然的、蜿蜒的站姿，以及画面中上部起伏的坚实的肌肉。且其作品的人物形象簇拥得如此之紧密，和整个画面形成对抗——人物阻碍了观者的观看且限制了画面的纵深感。塞巴斯蒂亚诺也为我们展示了真实的质量和重量感，实际上，十字架沉重的压迫感是这幅画作的主旋律。塞巴斯蒂亚诺塑造的纪念碑式的基督形

图22
帕斯奎尔・卡蒂・达・耶西
《特利腾大公会议》
1588—1589年
壁画
特拉斯提弗列的圣马利亚教堂
罗马

图23
塞巴斯蒂亚诺・德・皮翁博
《基督背负十字架》
1535—1540年
石版油画
157 cm × 118 cm
美术博物馆
布达佩斯

象从幽暗之中戏剧般地浮现出来，通过他胳膊和十字架的大透视进入我们的空间，这回应了肯璧斯《效法基督》的开场白：“跟从我的，就不在黑暗里走。耶和华说。”塞巴斯蒂亚诺的绘画是一种被称为祈祷图画（Andachtsbild）的图像，祈祷图画从北欧派生而来，旨在直接与敬拜者进行互动。

有一些意大利改革派画家很少出现在艺术概况类书籍之中，但他们在 16 世纪末期追随了塞巴斯蒂亚诺的脚步，如杰罗姆·穆其阿诺（1528—1592 年）、塔地奥·祖卡里（1529—1566 年）和塞迪·第·提托（1536—1602 年）。有一画家团体被后世称为“佛罗伦萨改革者”，而他们正是这一团体的奠基者。塞迪的代表作是《有圣母、施洗者约翰、亚历山大里亚的圣凯瑟琳和巴尔达赛雷·苏亚雷斯的基督之死》（图 25）。在这幅画中，塞迪表达了他对“基督受难和死亡”这一主题的另一种思索。他用更大体量的人物形象、柔和的色彩、具有说服力的悲伤感以及对不必要细节的省略，展现出了早期巴洛克绘画的趋势。与巴萨诺绘画那种让人物形象挤在画面前景处的构图方式不同，赛迪让围绕在死去基督周围的人物形象形成了一个半圆，这就给了这一场景以纵深感，而画面深色的背景则让我们回想起塞巴斯蒂亚诺的作品（图 23）。然而，即使是塞迪最好的作品也不能被称为巴洛克。塞迪画面左侧的圣经形象仍有着理想化的、程式化的面部特征，且基督的身体看上去没有重量感，他的躯体被置于画面前景之中，形成了一个优雅的对角线。对比之下，画面右侧的人物则塑造得扎实且更为写实。尤其是圣灵教堂的主管、佩戴着圣灵教堂的佛罗伦萨秩序十字架的赞助人苏亚雷斯的肖像，艺术家对其进行了细致的描绘。对特利腾改革后最早的、真正的巴洛克式回应，是由年轻的阿尼巴莱・卡拉奇（1560—1609 年）完成的，他的作品是巴洛克一个大胆且冒险的亮相。阿尼巴莱属于一个超乎想象成功的博洛尼亚画家团体，其风格以雷霆之势占领了 17 世纪初期的罗马和意大利中部。在博洛尼亚的圣母马利亚博爱教堂，当阿尼巴莱的《基督受难与使徒》（图 26）首次亮相的时候，他就遭到了竞争对手的嘲笑和蔑视。他没有去画那些遥不可及的贵族形象，而是描绘了可能此刻就走在街上的普通人；他没有去选择舞蹈般的人物姿势和无重量感的人物表现方式，而是画出了自然主义的姿态和高大结实的人物形象——他画中的男人和女人都似乎占据了真实的空间；他舍弃了微光起伏的表面（主教的披风是一个例外）和均匀的打光，而是让画面前景浸在由单一光源的照射所产生的一层自然的金光之中。这种分散光源的处理方式，受到了文艺复兴时期威尼斯画派（尤其是提香）的影响，但阿尼巴莱通过微妙的松动笔触强化了这种效果，这种画法在接下来的 200 年内成为巴洛克和洛可可绘画当中的关键元素。这幅画的明确性和坦率的自然主义风格，让来自各行各业的人都能欣赏这幅作品。

阿尼巴莱出身于博洛尼亚的一个非正式的、家族经营的艺术学校——进步学院（成立于 1582 年），他的堂兄卢多维科・卡拉奇

图24
雅格布・巴萨诺
《基督背负十字架》
1544—1545年
布面油画
145.3 cm×132.5 cm
英国国家美术馆
伦敦

（1555—1619 年） 和他的哥哥阿戈斯蒂诺（1557—1602 年）也在那里学习。归功于 16 世纪最后十年教皇法庭适当的政治环境，重要的罗马艺术收藏家文森佐・朱斯蒂尼亚尼（1564—1637 年）和奥多阿尔多・法尔内塞（1573—1626 年） 对艺术超前的热情，1595—1597 年，阿尼巴莱和阿戈斯蒂诺被邀请到罗马。接下来的几十年中，他们在罗马建立了天主教会和意大利中部最受喜爱的风格（虽然阿戈斯蒂诺在 1600 年就去了帕拉马）。他们获得持久成功的原因之一就是他们能够不断从自己的家乡城市推出年轻新秀。留在博洛尼亚的阿戈斯蒂诺培育了一批杰出的人才，比如圭多・雷尼（1575—1642 年）、多梅尼基诺（1581—1641 年）、乔万尼・兰弗兰科（1582—1647 年）、亚历山德罗・阿尔加迪（1598—1654 年），他们都对意大利巴洛克艺术产生了决定性的影响。进步学院

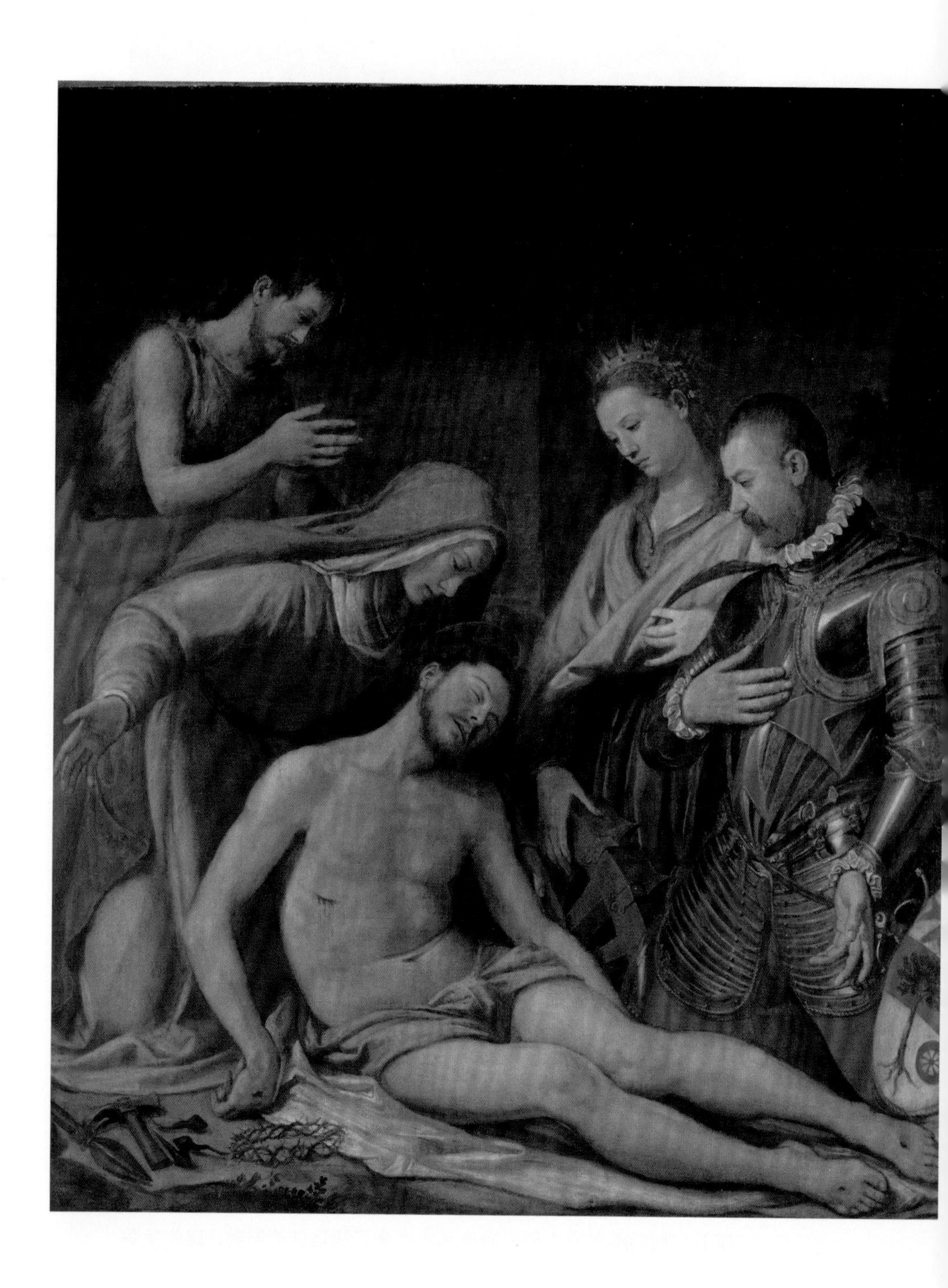

图25
塞迪·第·提托
《有圣母、施洗者约翰、亚历山大里亚的圣凯瑟琳和巴尔达赛雷·苏亚雷斯的基督之死》
约1590年
版面油画
2 m×1.68 m
学院美术馆
佛罗伦萨

图26
阿尼巴莱·卡拉奇
《基督受难与使徒》
1583年
布面油画
3.05 m×2.1 m
圣母马利亚博爱教堂
博洛尼亚

及其学子的成功并未止步于人才培育和人脉拓展上，他们的公共祭坛画以及私人祈祷图形成了一个形象化圣域的品牌，满足了天主教会改革的需要。但由于世故的红衣主教和罗马的蒙席在改革的灰暗岁月里追求着古典主义，他们也再次减少了（不仅限于在私人委托中减少）虔诚元素的使用。

阿尼巴莱在罗马待的时间越长，他的古典格调就变得愈加明显。在罗马期间，他在古迹以及拉斐尔和米开朗琪罗的作品中寻找灵感。虽然这些作品清晰展现了异教主题，比如法尔内塞的天顶画中的雕塑裸体及神话题材（图 13），但他后期的宗教绘画是刻板的、教条的古典主义风格，与其早期作品中的自然主义倾向形成了平衡。阿尼巴莱古典主义绘画的一个卓越的例子，就是他为阿尔多布兰迪尼红衣主教所作的《主，您去哪里》，画作描绘了复活的基督在罗马城外遇到了彼得，并示意彼得回头去面对自己的命运的那一刻（图 27）。乍看上去，画面主要是古典主义风格的：那协调且有型的人物形象、内敛的情感、古色古香的服装和环境布置都造就了古典主义的感觉，对拉斐尔绘画的深入研究使他对光线及颜色使用大胆却不失简单、和谐（尤其是帐幔上的红色、蓝色、金色和白色）。实际上，基督的姿势是对希腊罗马雕塑贝佳斯战士造型的反向借用，其形象也让我们想到在圣·马利亚迪索普拉密涅瓦教堂的米开朗琪罗的《复活的基督》（1521 年）。然而阿尼巴莱也给我们展现出了一些更有力、生动，也更巴洛克的东西。在戏剧化的大透视下，基督似乎要跨出画面来到观者的空间；而有了神的在场，彼得则显得畏首畏尾，尴尬地退到画面的右下角。彼得震惊的表情、羞愧的姿态，以及他和基督非理想化的表现，连带他们略微敦实的身体，都让这一瞬间有了人情味。在写实主义表现下的基督是如此的引人注目，他甚至有着晒黑的腿和罗马体力劳动者的小臂——因为阿尼巴莱和进步学院把真人模特写生以及对人类情感的科学研究作为他们实践创作的基础。

在神学论文作者和类似艺术批评家等人的支持下，阿尼巴莱这种中庸的古典主义被称为“完美的自然”。阿尼巴莱的一个好友乔万尼·巴蒂斯塔·阿古尼奇写了一篇《论1607年到1615年的绘画》的论文，文中重申了一个自古以来即有的观念：自然是不完美的。故艺术家应该仅描绘出他们所观察到的最美的部分，来强化自然的美。根据“完美的自然”这一理论，创作者仅仅依赖于对自然的研究，或者仅仅依赖于内心的理想化的幻想（或者“内部设计”，是晚期文艺复兴艺术理论中重要的组成部分）都是不明智的。在17世纪的意大利中部和法国，“完美的自然”学说成为官方教会所设立的艺术的标准。这很大程度上受新柏拉图主义学派的思想影响——3世纪

图27
阿尼巴莱·卡拉奇
《主，您去哪里》
1601—1602年
木版油画
77.4 cm × 66.3 cm
英国国家美术馆
伦敦

的哲学家对希腊哲学家柏拉图（约公元前 427—前 347 年）学说的解读，从教会早期阶段开始就影响到了基督教图像理论。这一理论在著名艺术评论家乔万尼·彼得罗·贝洛里（1613 年）的《画家、雕塑家和建筑师的原则》一书（1672 年出版）中得到了进一步的发展。抛开贝洛里对古典主义的强调不谈，他通过坚持“艺术必须教导观者”的观点，附和了特利腾大公会议决议和那些神学论文作者。实际上，绘画在当时被看作视觉修辞的一种形式，神职人员也将绘画风格与罗马哲学家、政治家西塞罗（公元前 106—前 43 年）的演说风格联系了起来。西塞罗的演讲有三种主要模式，其特征可概括为：动词的情趣（为了愉悦）、训诫（为了教育）和行动（为了激励）。“情趣”是一种娱乐的风格，大多用以装点比喻手法和逸事故事，意在抓住听众的耳朵；“训诫”走的是智识之路，试图通过叙述和论证来劝诫观众；最后，“行动”旨在对听众形成心理冲击，激励他们投身演说者的事业。天主教传教士在天主教改革时期将这些演讲技巧发扬光大了，没过多久，这些技巧就被用在绘画上——在 1435 年，莱昂·巴蒂斯塔·阿尔伯蒂（1404—1472 年）出版了文艺复兴时期最重要的艺术论文《论绘画》之后，绘画作为一种媒介就接触到了相似的观念。

为示范这三种修辞工具是如何运作的，让我们看看受到博洛尼亚学院启发的一幅典型的盛期巴洛克画作——《在圣施洗者约翰和圣罗莎莉荣耀陪同下的儿童》（图 28），作者是西西里的一个不为世人所熟知的巴洛克大师彼得罗·诺维利（1603—1647 年）。让我们从“情趣”开始。在视觉艺术中，“情趣”意味着通过使用引人入胜的光线效果、明亮的色彩和丰富的装饰物，来吸引观者的注意力。诺维利的油画通过其巨大的画幅和大尺寸的高贵、鲜明的人物形象营造出一种威严感。但其人物形象同时也是美丽的，比如罗莎莉（在画面左下方）红润的脸颊和金色的长发，圣母优雅修长的脖颈，以及孩子们粉嫩的皮肤和健康蓬松的黄头发。画面使用了一些传统上与财富相关的颜色来增强画面的华丽感，比如圣母长袍的宝石蓝色，或者圣施洗者约翰斗篷上惊艳的红色，而闪闪发亮的金色背景则让人联想起拜占庭的圣像画。诺维利通过明暗法来增强画面的戏剧性：通过让画面下半部分笼罩在阴影之中，来增强其与画面上部金色光芒的对比。小天使们通过它们活泼的互动和它们对主要人物形象所产生的有趣反应，为画面增添了趣味性。而当我们被这幅画所吸引之后，我们就会开始欣赏它教导的能力——“训诫”。在这一修辞工具中，艺术家着重强调了画面讲故事的能力，并通过画面为观者提供了一个良好习惯的典范。诺维利的画面做到了这几点。观者通过圣约翰的权杖和罗莎莉的装扮等符号，可认出画面中的圣徒，并借此回想起他们的故事：这两位圣徒都在对上帝的忠诚中放弃了世俗琐事，换取了一种贫穷和孤寂的生活。而画面中的罗莎莉传说是她终止了 1624 年巴勒莫的毁灭性瘟疫，这个事件对于西西里的观众来说简直太熟悉了。诺维利把更接近尘世的圣徒放在画面下方，把圣母子放在画面上方，这种人物形象的位置安排是为了说明通过圣母马利亚和基督，圣徒可以训诫我们，并通过这种构图方式来指导观者的祷告。通过在圣母子周围画上天使和云团，诺维利强调了他们的神圣地位。最后我们来看“行动”（或情感转换）。在诺维利的画面中，观者会被画面下方的头骨所吓到，因为画面下方是最接近观者凝视点的地方。头骨是一个死亡的象征，更进一步地让我们回想到那次瘟疫。这一形象所挑起的恐惧，通过画面右侧的羔羊转化为情感的共鸣，羔羊是基督牺牲的象征，这减轻了观者对死亡的恐惧。最后，画面上方的金光和天使的在场让画面中心部分像一个神圣的幻景，当观者站在画面前方，就好像他们在亲身切入这一场景。

想象的主题、狂喜与皈依在巴洛克艺术中经常出现。这种经验的获得，部分是通过让观者成为画面的参与者来完成的，通常是用故意为之的未完成感来强迫观众在自己的脑海中完成作品。这种想象力的运用极其普遍，其目的是完善神圣图像，且这一方法是从大众祈祷手册《心灵练习》（1548 年）中发展出来的。这本手册是由罗耀拉的耶稣会（1491—1556 年）创始人依纳爵所作，他把这一练习过程称为“空间构成”。“空间构成”鼓励参与者在脑海中

再造一个生动的宗教场景（比如逃往埃及或者耶稣降生）。这一练习故意把细节设计得非常模糊，是为了让人们可以根据自己的需要量身打造属于自己的想象场景。包括各类艺术家在内——比如詹洛伦佐·贝尼尼（1598—1680 年）和路易斯·德·莫拉莱斯（约 1510—1586 年），各行各业的男男女女都在做这个练习，而这一练习本身是肯璧斯的《效法基督》的派生物。

这本书里的大部分艺术家都是阿尼巴莱的追随者。阿尼巴莱和他们都不只是画家，而且是多产且高明的制图者，有时还是版画匠。我们对巴洛克艺术的认识大多是从博物馆展览和艺术书籍中来的，所以特殊而明亮的颜色比单色调要受欢迎得多。因此，虽然速写与版画在那个时代和油画一样重要，但我们依然倾向于忽略这些媒介。其中一些速写甚至都不比最终成画尺寸小，比如现存于乌尔比诺的法尔内塞天顶画，阿尼巴莱为其中的塞利纳斯部分（比较图 29 和图 13）做了大量的真人大小的速写研究。实际上，我们不能低估意大利文艺复兴和巴洛克时期的速写的重要性，不仅因为速写是创作绘画、雕塑或者建筑的第一步或者最后一步，它也隐喻着艺术家的天资（这一概念来自希腊哲学家亚里士多德，并成为佛罗伦萨文艺复兴艺术的根基）。在 17 世纪最为杰出的速写作品中，有一部分是卡拉奇兄弟及其追随者所完成的，那描绘塞利纳斯的巨大草图可能是巴洛克时期流传下来的尺幅最大的速写——虽然它只有原作的一半大，但是其仍然和现存伦敦的拉斐尔的西斯廷速写一样大。塞利纳斯的速写极其引人入胜，其原因在于它代表着艰苦的创作环节的最后一步。创作环节包括写生和临摹古典雕塑、改进最初的写生、研究构图与姿势，而这些都涉及绘制成百上千的速写。完成 50 张以上的速写并把它们粘在一起，就成了一本绘制壁画的指导手册（速写轮廓线上有刺穿的小点，透过小点，木炭灰就可以直接把图像拓印到天花板上，或者如学者们所认为的那样，可以把图像拓印到为绘制天顶本身所使用的第二层纸上）。然而，阿尼巴莱还是在“最终版”草图的基础上做出了调整，在壁画绘制现场，他只拿着单个人物形象的速写来协助他完成壁画。作为一个制图者，圭尔奇诺的

图28
彼得罗·诺维利
《在圣施洗者约翰和圣罗莎莉荣耀陪同下的儿童》
约17世纪30年代
布面油画
2.6 m × 1.74 m
地域画廊和西西里美术馆
西西里

勤奋可与伦勃朗相提并论（见下文）。圭尔奇诺为位于博洛尼亚的圣格雷戈里奥教堂绘制了著名的祭坛画《阿基坦的圣威廉接到修士兜帽》（图 31）。为了这幅祭坛画，他做了四次大型研究，其中一次研究的成果就是《圣威廉跪在一个主教前》（图 30）。这张速写展现出了准备阶段的速写和最终成画之间的相差能有多大，以及作为艺术作品本身的速写是什么样子的。

图29
阿尼巴莱·卡拉奇
《与塞利纳斯的酒神游行》
约1598年
黑色粉笔加白色高光
在50张以上的棕色纸上
部分穿孔以便拓印
3.45 m × 3.32 m
国立马尔凯美术馆
乌尔比诺

图30
圭尔奇诺
《圣威廉跪在一个主教前》
约1620年
墨水施彩
34 cm × 27 cm
卢浮宫
巴黎

速写草图和成画之间最主要的区别在于即时性。因为速写展现出来的通常是艺术家在研究场景构图或人物布局时的第一想法——速写也包括直接在纸上的修改，被称作“笔画再现”。准备阶段的速写有一种新鲜性和能量感，而这些特质通常不存在于着色版本之中。圭尔奇诺的速写草图尤其生动，因为他比较偏爱鹅毛笔，鹅毛笔可以快速使用墨水，然后再在受光部分上淡彩。圭尔奇诺的工作方式和与他同时代的大多数人有所不同。比起在同一张纸上画一个由多个单体速写组成的整体方案，他更喜欢用整个纸面制定出整个画面的不同版本的完整构图，随后在分页纸上用黑色墨水或者色粉笔试出单个人物的表情和姿态。这件作品中大约有 15 个人物，画面主题是士兵威廉在他的主教面前宣布要放弃自己的军事事业，转而投向禁欲的生活的那一刻。速写和绘画的构图是一致的：重要的士兵形象在画面右侧，一个巨大的王座和垂直的线条构建出了画面的上半部分；不一样的地方是位于速写左侧的古典立柱出现在绘画的右侧。在速写中，圭尔奇诺把主角放在比主教离我们更近的地方，这样我们可以看到威廉的背面和主教的脸；绘画的排序恰恰相反，所以威廉的面部表现得很清晰，而主教则背对着观者了。圭尔奇诺选择这一表现方法，可能是因为如此这般威廉的皈依时刻（行动）对观者来说就更加清晰了。在最终成画中，圭尔奇诺也舍去了速写中威廉手中所持的大十字架，可能是因为之前的表现方式看上去太过激进，且他作为两大信徒之一召唤着圣母马利亚的代祷，这已是一个神之赞许的表现。速写中衣纹的完成度虽然没有面部那么高——面部受光处还上了淡彩——但其依然顺畅地飘荡着，由信徒的饰带和主教的长袍所构成的断断续续的对角线也让空间活泛了起来。然而在画面中，衣纹的表现则显得刻板，且几乎是僵硬的。

图31
圭尔奇诺
《阿基坦的圣威廉接到修士兜帽》
1620年
布面油画
3.48 m × 2.31 m
国家图片库
博洛尼亚

早期巴洛克最具革命性的画家说出来都让人震惊，他与阿尼巴莱的风格截然相反，是一个以暴力犯罪出名的男人。但他也能创作出极其深刻的作品。米开朗琪罗·达·卡拉瓦乔（1571—1610 年）是一个有着惊人创造力的人，在欧洲大部分地区，他为巴洛克宗教绘画留下的遗产和整个博洛尼亚学院一样多。虽然在今天他是一个名人，不断有讲述他的电影、小说、传记和艺术历史研究，但他在罗马的日子里，他需要努力反抗文艺评论的压迫——他在罗马的职业生涯于 1606 年戛然而止，那年，他杀了一个叫拉努其欧·托马

索尼的小流氓，并被迫逃离了这个城市。虽然卡拉瓦乔以他的暴力和其他性格特点著称，比如他对佩剑的喜爱，但从 1595—1610 年，他还是创作了一批宗教画作，这些画作可能是当时的意大利对天主教改革最为激烈的回应。卡拉瓦乔远比进步学院及其跟随者要受欢迎得多，他是人民的艺术家。他赞颂贫穷，却几乎不去表现苦行和单一的虔诚；他不仅以那些被官方教会所不齿的人民阶层为荣，还揭露了一些罗马最严重的社会问题。这也为他赢得了“最反对完美

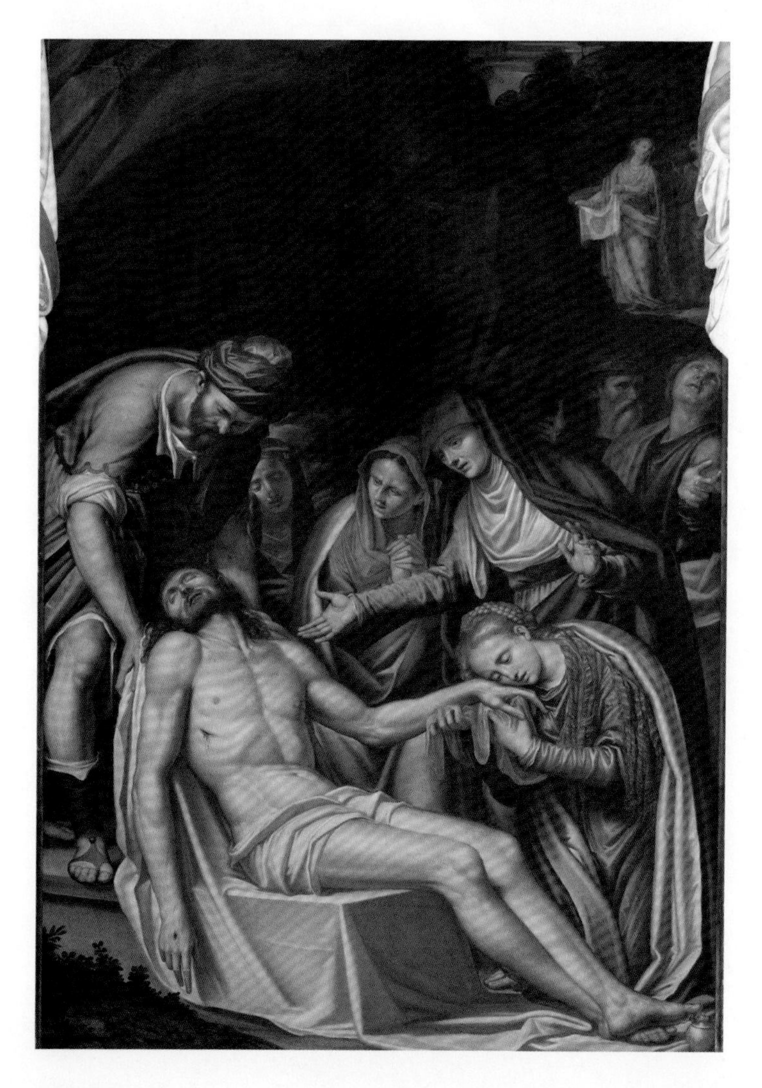

图32
西蒙・彼得查诺
《埋葬基督》
1573—1578年
布面油画
2.9 m × 1.85 m
圣斐德教堂
米兰

的自然”的冠军称号，当然他受到赞誉的原因还有他的直率，以及他利用了惊人的自然主义风格和具有穿透力的光亮效果。

卡拉瓦乔有着与生俱来的现实主义。他在意大利北部的伦巴第地区长大，自达·芬奇写生山地景观以来，那里的艺术家就把重点放在观察自然世界上了。意大利北部的画家也把改革派的庄重感带入了他们的作品之中。如卡拉瓦乔的第一任老师，米兰画家西蒙·彼得查诺（约 1540—约 1596 年），他阴郁的作品《埋葬基督》预示了卡拉瓦乔的强烈的明暗对比法（被称为暗色调主义）的诞生，但他僵硬、理想化的人物形象与卡拉瓦乔的现实主义和感染力大相径庭（图 32）。在罗马，卡拉瓦乔第一次在市场上公开销售他的作品，并在后来为赞助商，尤其是为红衣主教弗朗西斯科·德·蒙特画私人定制作品来尽力达到收支平衡。但卡拉瓦乔那种朴实自然主义的伦巴第风格并不能符合大部分成功艺术家的品位。从阿古尼奇到贝洛里的批评家，以及他同时代的艺术家——从乔万尼·巴廖内（1566—1643 年）到弗朗西斯科·阿尔巴尼（1578—1660 年）——都对卡拉瓦乔进行了攻击，认为他的艺术风格和生活方式都粗俗不堪。毫不奇怪的是，站在“完美的自然”阵营的主要的批评都针对卡拉瓦乔对艺术题材的选择之上，这些批评认为他太过于依赖生活中的模特，并没有通过对象的美感，或者对模特进行适当的挑选，而升华其主题。然而，卡拉瓦乔在这些人眼中最大的缺点之一，就是他没有选择去画壁画（一个艺术家主要的成功道路，就是选择教皇和贵族的委托工作），并且卡拉瓦乔没有做极为重要的准备阶段的速写工作。就像晚期的提香那样，卡拉瓦乔直接在画布上作画，边画边产生灵感。

卡拉瓦乔的宗教绘画和他的世俗画一样具有争议性。不幸的是，不管是卡拉瓦乔的评论家，还是幸存下来的有关他生平的那一丁点儿文献，都只能提供给我们极其有限的有关卡拉瓦乔的宗教信仰的线索。很多同时代的人都放弃了去解释他作品中的两面性，1603 年，红衣主教奥塔维奥·帕拉维奇尼在其著名的评论中说道，卡拉瓦乔存在于“虔诚与亵渎之间”。学者们也遇到了同样的难题。一些学者提出卡拉瓦乔对于自然的细致观察来源于《心灵手册》，而另一些学者则把他和穷人之间的亲密关系看作他对奥拉托利会的忠诚——奥拉托利会是一个成立于1575年的意大利修会，其宣扬与上帝的直接接触，并推崇朴素、简单的信仰。然而还有一些人把卡拉瓦乔看作一个秘密的新教徒。近期，学者们在研究中强调卡拉瓦乔与奥古斯丁修会密不可分的关系。他最有名的一些宗教图像都是奥古斯丁的教堂（如圣马利亚·波波罗教堂和圣阿戈斯蒂诺教堂）的侧祭坛画，而奥古斯丁修会与伦巴第的关系是十分密切的。17世纪早期的奥古斯丁作家推动了一股被学者称为“赤贫主义”的风潮，其对穷人的关心以及对谦逊生活的渴望，都被用在了卡拉瓦乔的作品中。他绘制的宗教画作比其余作品要多得多：他作品的三分之二都献给了《新约圣经》这个主题，与此同时他也创作了很多旧约场景以及圣徒生活的片段。其中一些作品以肆虐在卡拉瓦乔生活中的暴力为特征，而剩余的作品则在寻找一种人性与虔诚，这与我们所知的这位艺术家的举止截然相反。

卡拉瓦乔粗暴的一面在他的《圣马太的殉教》（图33）中表现得淋漓尽致，这是他为罗马的圣路易吉·弗兰切西教堂的康塔列里礼拜堂所作的两幅祭坛画中的一幅，这也是他第一个公共委托创作，更是他最早尝试的大尺幅绘画之一。画面中的一些宗教场景中所包含的骚乱与愤怒如此狂暴，第一眼看上去，甚至让人想起穿插于卡拉瓦乔生活之中的街头斗殴。卡拉瓦乔的这幅画在很大程度上参照着其赞助人马蒂厄·宽特雷尔（孔塔雷利）所写的概述，并在某种程度上参考了1528—1530年提香所作的祭坛画。画面描绘了一个半裸的刺客，这名刺客接受了埃塞俄比亚国王赫塔卡斯——圣马太曾试图阻止过他和一个女基督徒的婚姻——的指示，在弥撒的时候给了圣马太致命的一击。赞助人要求画面中要有堂皇的古典建筑，但卡拉瓦乔舍弃了这一元素，而让这一情节发生在一个几乎空旷的舞台上，只有隐约可见的立柱、台阶和一个圣餐台。艺术家对这一场景的第一版本的描绘中耸立着古典主义建筑（在X光照片下可以看到）。包括三个穿得更少的人物形象在内的旁观者处于画面前景

图33
卡拉瓦乔
《圣马太的殉教》
1599—1600年
布面油画
3.23 m × 3.43 m
圣路易吉·弗兰切西教堂
罗马

处（全裸体不是异教徒就是基督教新信徒），穿着当代服装的男人和著名的卡拉瓦乔的自画像（紧挨杀手左侧的那一位）呈爆炸状离心地散布在画面各处。

当时，在历史画中加入身着当代服装的人物是很少见的。卡拉瓦乔借此把《圣经》往事生动地带入画面中，并给了观者一种他们正在实时目击事件发生的感觉。卡拉瓦乔祭坛画中的旁观者可能就是围观街头谋杀的罗马市民，他们将所见的恐惧映射到殉道者之死或者是生命的飞逝之上。卡拉瓦乔把他的自画像放在这些旁观者之中，成为一个真正的神圣场景的“见证者”，来证明这幅画作的即时性和历史正确性。旁观者的表情和姿态反映了人类情感的一个微妙的维度，从恐惧到懊悔——卡拉瓦乔与进步学院都对情感很有兴趣——他拓宽了观者在面对这一场景时可能产生的反应。在这里，卡拉瓦乔标志性的暗色调主义服务了两个目的：它不仅曝光了极端残酷的画面中心情节，而且有一束光轻柔地抚摩着天使的胳膊——

天使正在递棕榈树枝给殉道者圣马太，而优雅的棕榈树枝与刽子手的钢剑之间形成了并列的平行线，这一平行线处于画面的中间，是整张画最引人注意的通道之一。

卡拉瓦乔为奥古斯丁的圣阿戈斯蒂诺教堂中的卡瓦莱蒂附属小礼拜堂所画的《落雷托的圣母马利亚》（图 34）表现出了他的另一面：他希望信教的人感受到个人与上帝之间的联系，进而穷人和流离失所之人被赋予了一种他们平日里很少得到的尊严。这幅画是埃尔梅特·卡瓦莱蒂的继承人的订件，卡瓦莱蒂是帮会“朝圣者与渐愈者神圣三位一体”最主要的一员。这是一个低调的宗教团体，其目的是照顾大批来到罗马的一贫如洗的朝圣者，尤其是在教皇宣告教皇周年庆的那几年里（普世赦免的一年，通常每 25 年或 50 年庆祝一次）。当卡拉瓦乔创作这幅祭坛画的时候，他已经变成了一个受争议的对象，且对其作品的批评也已有很多，尤其是批判他绘画中堂而皇之出现的穷人，以及他们破烂的衣服和脏兮兮的脚。他为罗马的教堂所画的两幅祭坛画都已经被拒收了。因此，卡瓦莱蒂在雇用卡拉瓦乔的时候，就知道他们将面对的是什么，而且他们一定是被他的赤贫主义倾向所吸引——这一倾向同样出现在奥古斯丁的教堂看管人身上。尽管作品揭幕的那一刻，罗马鉴赏家对这幅作品尖刻的批评（在他的宿敌巴廖内的领导下）就随之而来，但赞助人和奥古斯丁的神父还是接受了这件作品。

图34
卡拉瓦乔
《落雷托的圣母马利亚》
约603—606年
布面油画
2.6 m × 1.5 m
圣阿戈斯蒂诺教堂
罗马

当我们把卡拉瓦乔的作品与当时同题材的主流画作摆在一起的时候，卡拉瓦乔的绘画就显得更加独一无二，比如 17 世纪早期，阿比亚太格拉索圣马利亚诺瓦教堂的油画《落雷托的圣母与圣施洗者约翰与圣乔治》（图 35）。教堂坐落在一个伦巴第的小镇上，小镇向南到米兰的距离，与从卡拉瓦乔的故乡向东到米兰的距离一样远。落雷托的圣母是一个黑黢黢的杉木雕像，位于马尔凯的一个极度流行的朝圣地点，传说马利亚的房子就坐落在此（圣洁之屋）。雕像本身据称是由圣路加雕刻的，但其可能是从 15 世纪流传下来的。在阿比亚太格拉索的祭坛画里，艺术家把雕塑强化为一个供奉形象。它立在两个侧身站立的圣徒身后的台子上，呆板且沉默，其

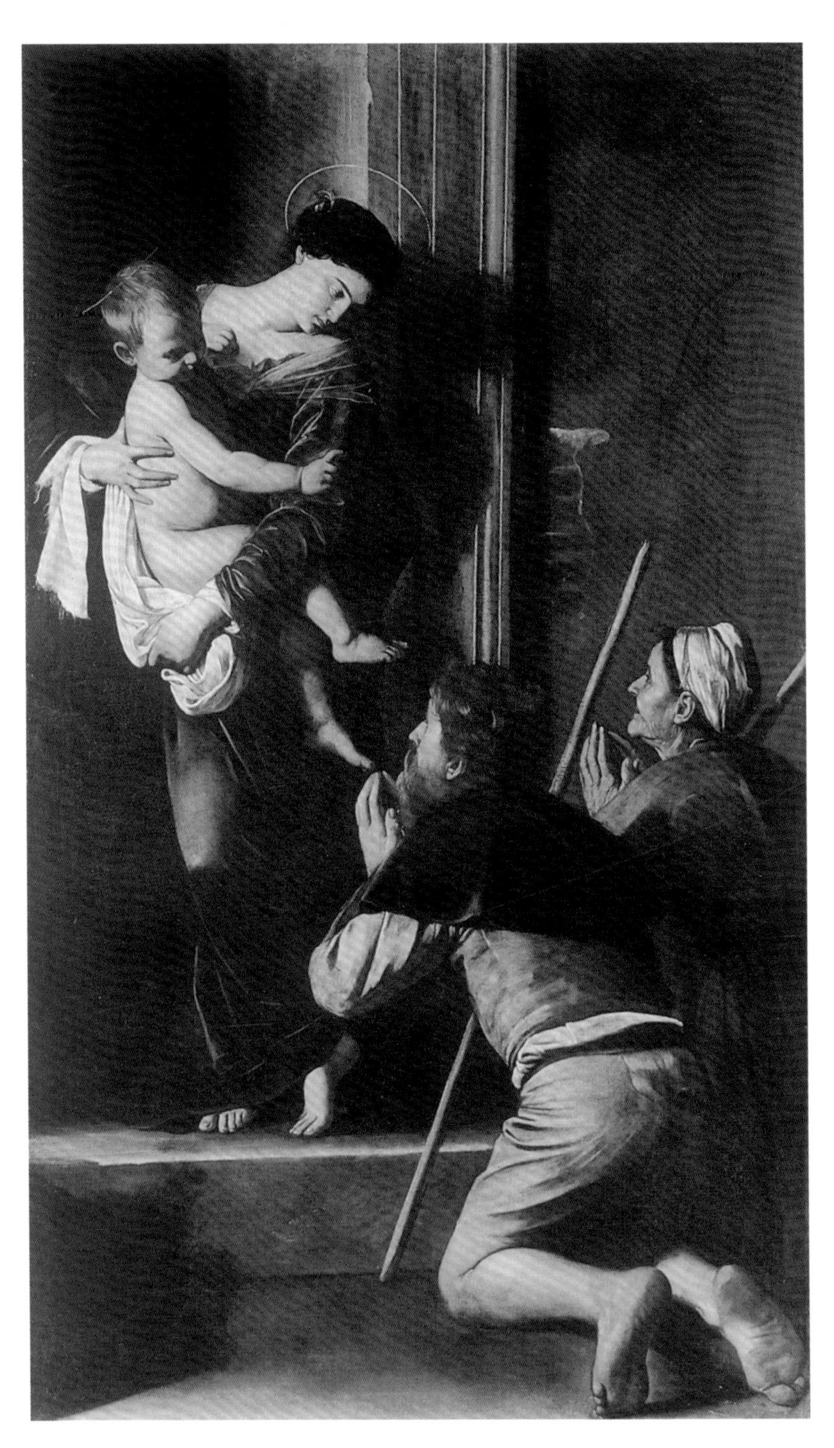

中一个圣徒直接对着它祈祷，另外一个在示意我们也这么做。这幅画毫无疑问地说明雕像是一个客体，它呆板的、全正面的形象表明艺术家甚至努力用更为古老、过时的风格来绘制它。这种风格的使用让供奉图像的复制品看上去更真实，这一方法可以上溯到中世纪早期。

对比之下，卡拉瓦乔给落雷托的圣母赋予了生命，把她从一个冰冷的雕塑作品转化为一个温暖、有爱而悲悯的形象。落雷托的圣母是卡拉瓦乔所有作品中最美的女人之一。马利亚就像一个罗马的工人阶级女孩儿，她毫无准备地被叫到门前，草率地抱着孩子，还把一只赤脚踏出摇摇欲坠的房门。供奉图像里的圣母戴着皇冠，皇冠上还挂着有珠宝点缀的金链，卡拉瓦乔的圣母与之不同，她没有任何精致的饰品，只保留了一个光环来直指她的身份，其服装也没有任何艺术性，并且异常简朴。在阿比亚太格拉索祭坛画中绘制僵硬的圣徒侧面像的地方，卡拉瓦乔画了两个朝圣者，一个男人和一个女人，他们赤脚跪伏在圣母的面前——从背面看去，他们都表露出了谦逊之感。卡拉瓦乔没有用喜庆的红色、粉色和金色，他仅使用了一些温和的色彩，比如深紫色、棕色和灰色，并把这一场景笼罩在阴影之中。确实，第一眼看上去，这幅画的简单性和人性——尤其是对朝圣者贫穷的坦率表达——会显得很蔑视圣母。因为画面把圣母降格到了肮脏的罗马街头，这也肯定是巴廖内对这幅作品的印象，他讥笑道：“他照着现实生活的样子画了个落雷托的圣母马利亚，还带着两个朝圣者，一个有沾满泥的脚，一个戴着破烂而肮脏的帽子，而且……民众对此还大做文章。”这正说明了这幅画作在底层人民中无与伦比的受欢迎程度，且其也因此激起了贵族艺术社群体的怒火。然而这幅画作不只是吸睛而已。

学者们越发意识到卡拉瓦乔的自然主义所体现出的朴实有巨大的误导性。实际上，落雷托的圣母马利亚充斥着《圣经》及礼拜上的意味，其中包括了对落雷托瞻仰之旅的具体征引，比如朝圣者的姿势和服装（跪姿和赤脚，露出头部）是参观圣地的传统；画面中还有图像志的线索，比如剥落的灰泥下所露出的房屋砖结构，这和

图35
作者不详
《落雷托的圣母与圣施洗者约翰与圣乔治》
17世纪
布面油画
2.43 m × 1.53 m
圣马利亚诺瓦教堂
阿比亚太格拉索（意大利）

圣洁之屋本身是一样的。这幅画的关键在朝圣者身上，他们可能是礼拜堂捐赠人的肖像。这两个破破烂烂的人物形象不仅是朝圣之旅的象征，同样也是人性和虔诚的代表。他们的表现给了供奉图像以生命，并强迫观者加入他们的幻景之中，与他们一起祈祷。圣母子的姿势增加了这一场景的幻觉特点：他们似乎飘浮在门槛上（注意圣母的脚根本没有踩在台阶上，而且她有重量的孩子完全没有压在她虚弱的胳膊上)，他们从黑暗中浮现出来，好像进入了观者的空间。在天堂的一对儿对应着凡间的一对儿，不仅因为这两对儿都有一个男性和一个女性，也因为他们的头摆成了平行线，仿佛给了朝圣者以神圣人物的尊严。同样地，男朝圣者沾了泥的赤脚（凡间的象征，体现了人类处于受限制的地位）与基督洁净的、未受玷污的脚形成了鲜明的对比。这些对比与当时流行的论文相得益彰，这些论文主要关注的是圣洁之屋的神圣地位与处于其中的卑微之躯的反差。

尽管卡拉瓦乔用温和的自然主义来表现画面中的圣母子，但他也遵循了落雷托图像的标志：一个站姿的圣母马利亚与举起右手赐福祈祷的圣子。而画面中那些看起来缺乏艺术性的细节，也把画面本身与落雷托的连祷文联系了起来。落雷托的连祷文在 1601 年由教皇克莱门特八世重新批准，是一个流行的、由系列圣母马利亚祷文组成的默想祷告。这一祈祷可能源于 1558 年的落雷托，而连祷文中给圣母的众多称谓则是“象牙塔”。卡拉瓦乔通过圣母直立的姿态和雪白的肌肤，以及“天堂之门”（巧妙地用光强调了大理石通道，让大家意识到这是通往天堂之路）将象牙塔的感觉透露出来。《落雷托的圣母马利亚》通过两个层面起到作用：通过其率直和坦诚，它提供给人们以安抚和人性之感；但通过有意为之的图像志引用，

图36
马蒂亚・普雷蒂
《圣诺利乌斯的殉难》
约1685年
布面油画
1.54 m × 2 m
国家美术馆
华盛顿

它成了一个引发更深层次思考的工具，以让观者开始一段心灵的朝圣之旅。

卡拉瓦乔在罗马的恶名让他不得已与这座城市的艺术遗产告别。在被驱逐之后，卡拉瓦乔在那不勒斯、马耳他和西西里创作，他的创作风格在这些地方生根发芽，并且传播到了西班牙、佛兰德斯和法国。这其中最重要的中心是那不勒斯。1606 年，卡拉瓦乔到了那不勒斯之后，他让当地人的绘画品位产生了革命性的剧变。如果说罗马是当时天主教改革运动在艺术方面的领袖的话，那不勒斯就是其最热忱的追随者之一。在欧洲，那不勒斯是除了巴黎以外最大的城市，且归功于法国和西班牙几个世纪以来的统治，那不勒斯也成了最为国际化的都市之一——它有着繁华的港口，是背井离乡的意大利北方人的避风港。此外，那不勒斯也是一个极度虔诚的城市。它最珍贵的文物是殉道者圣诺利乌斯的头颅和血液，这两样文物促成了每年数次的公众游行，且在城市频繁有瘟疫的时候，这两件文物也是人们祈祷的对象。由卡拉布里亚画家马蒂亚·普雷蒂（1613—1699 年）——在卡拉瓦乔逝世 75 年之后还在向他致敬——所作的《圣诺利乌斯的殉难》（图 36）中，这两件文物是画面的中心。圣徒被砍断的头颅被放在刽子手的垫木上，他的血从断口中淌出，欧西比亚——被认为是保护了这一珍贵文物的女人——则拿杯子接住这些鲜血。虽然普雷蒂使用了卡拉瓦乔从未用过的紫色和蓝色，但画面背景灰暗的棕色、明暗对比法的运用、大尺寸的人物形象和对暴力场景的毫不避讳，都体现出他对卡拉瓦乔遗产的继承。那不勒斯人是超自然能力图像的忠实信仰者。1656 年，普雷蒂受雇在 7 扇城门上绘制《无玷圣母与圣徒》的雄伟供奉壁画，孤注一掷地试图以此结束毁灭性的瘟疫。委托绘画的工作刚刚开始，瘟疫就结束了，而这也让普雷蒂的壁画变成了创造奇迹之物。

一个出生于西班牙的那不勒斯画家胡塞佩·德·里贝拉（约 1591—1652 年）是这个城市里最早一批接受卡拉瓦乔平民主义风格的人，里贝拉也在他自己的国家点燃了对这种风格的热情。里贝拉在那不勒斯创作的最早期的绘画，比如《圣巴塞洛缪的受难》（图

37）——让我们想到了如卡拉瓦乔的《受鞭刑的基督》（图 38）在内的很多作品——都是受那不勒斯人委托的创作。《圣巴塞洛缪的受难》和《受鞭刑的基督》都生动地使用了明暗对比法来增强他们所绘场景的隐私性，并残酷地把焦点集中在主人公的受难上：从紧张、不协调的肌肉组织，到未经理想化处理的皮肤质感，他们都流连在最为细微的解剖细节上。与此同时，两幅作品也都强调了刽子手们的残忍，比如在卡拉瓦乔的画面中，刽子手用一种机械的、熟练的方法来完成他们的任务；而在里贝拉的作品中，刽子手露出了讥讽与嘲笑的表情。里贝拉让观者联想起刽子手的罪行，以给予观者感同身受的体验。但是里贝拉也在绘画中做出了一些明显的改变，对于画面中即将要被活活剥皮的巴塞洛缪，里贝拉把其内心的狂热与外表的虚弱联系了起来。比起卡拉瓦乔，里贝拉还用他自己的巧妙的方式着重处理了人物肤色，他用笔蘸满厚厚的颜料，严谨地描画着这位老人皮肤上的每一条纹路和每一条伤疤，这样一来，皮肤上的那些褶皱处就捕捉到了光线，画面的立体效果也有所增强（用了一种叫“厚涂法”的方式）。西班牙赞助人偏爱那种沉重的沉思图像，而里贝拉的艺术风格正是他们所寻找的。里贝拉喜欢那种慷慨的赞助人，比如总督（西班牙国王的继承人，统治那不勒斯三年以上）以及家乡的贵族。到了 1666 年，阿尔卡萨、布恩・雷蒂罗和埃斯科里亚尔的三个主要的西班牙宫殿里，至少挂有 64 张里贝拉的作品。

图37
胡塞佩・德・里贝拉
《圣巴塞洛缪的受难》
约1628—1630年
布面油画
1.45 m × 2.16 m
碧提宫
佛罗伦萨

西班牙的君主和绅士阶层之所以愿意接受卡拉瓦乔和里贝拉的风格，是因为在这两个艺术家出现以前，他们就对具有改革主义倾向的神圣绘画异常热情。随着西班牙人在欧洲、美洲和菲律宾的扩张，西班牙把自己看作世界范围内正统天主教信仰的捍卫者，并依此对新教徒和非基督教徒发起了挑战。西班牙人的宗教和精神生活出人意料地朴素，且赞助人想要的是表现基督受难以及基督和西班牙圣徒殉难和死亡的场景，比如圣依纳爵罗耀拉或大德兰。不出所料的是，西班牙是塞巴斯蒂亚诺・德・皮翁博（图 23）绘画的最主要的市场之一，而塞巴斯蒂亚诺也给了像《基督背负十字架》（图

39）这样的作品以灵感。这幅作品的作者是路易斯·德·莫拉莱斯，在特利腾大公会议时期及其余波中，这位埃斯特雷马杜拉的画家十分活跃。他深受《心灵练习》的影响，而通过作品《效法基督》，他也得到了“神”的绰号。莫拉莱斯喜欢小尺幅的、只有少量人物形象的祈祷绘画，这类绘画可以挂在私人小礼拜堂中，辅助人们进行“空间构成”和其他冥想练习。莫拉莱斯的《基督背负十字架》比塞巴斯蒂亚诺的更有张力，画面中基督的形象十分饱满，以至于他几乎从构图中爆出去了，这迫使着基督的十字架、满是鲜血的脸和粗糙歪斜的荆棘皇冠直接逼近我们的目光，而画面昏暗的色调（由

极有限的一组调色加深）让基督与我们更亲近。莫拉莱斯仙逸的风格在西班牙有着悠久的历史，与同处埃斯特雷马杜拉地区的弗朗西斯科·德·苏巴朗（图 11）相呼应。

和意大利一样，西班牙神职艺术理论家也在尝试给绘画风格制定规范，在该帝国主要的艺术中心塞维利亚，这一尝试尤为明显。弗朗西斯科·帕切科（1564—1654 年）是一个谦逊且有才华的画家，

图38
卡拉瓦乔
《受鞭刑的基督》
约1607年
布面油画
2.66 m × 2.13 m
山顶国家博物馆
那不勒斯

1599年，他当选了画家协会和颇具声望的萨维利亚学院（一个联合作家、古董商和神学家的协会）的管理者。帕切科在学院任职期间，著有《绘画的艺术》（出版于1649年）一书，该书试图通过“完美的自然”这一概念来升华绘画这一媒介——这与阿古尼奇和贝洛里相似——并同时捍卫天主教的信仰。与吉利奥或者布里埃莱·帕莱奥蒂不同，帕切科是一个画家，所以尽管他的本意是希望自己的这份研究比意大利人的论文更具实践性，但这部著作为宗教绘画建立了一个太过传统的指导方针，有些甚至一字不差地引用了特利腾

图39
路易斯·德·莫拉莱斯
《基督背负十字架》
1566年
布面油画
59 cm × 56 cm
乌菲齐美术馆
佛罗伦萨

大公会议宣言。与此同时，帕切科还征引了一大批塞维利亚的神学家的论述，来支持他自己的学说中那些最小的观点。他这样写道：“一个好的画家，如果不去相信书籍的权威、勤奋的作用和知识渊博之人的判断，那他就犯了一个巨大的错误。”由于他的努力，帕

切科在 1618 年被西班牙宗教裁判所塞维利亚分会提拔到了神圣图像监管办公室。但不幸的是，他得坐观他的得意门生，也是他的女婿——迭戈・委拉斯开兹（1599—1660 年）在年仅 24 岁之时就被任命为皇家画师（帕切科认为这是他的位置），并在后来成为西班牙最伟大的巴洛克大师。讽刺的是，委拉斯开兹擅长于自然主义（就像在意大利的卡拉瓦乔）绘画，而不是他老师的书中所推崇的理想主义。

我们可以通过对比两个版本的《无玷圣母》来辨别两位艺术家的风格。《无玷圣母》是基于《启示录》（12:1—4; 14）的有关圣母马利亚的图像，其描述了站在月亮上、戴着星星皇冠的圣母。对"圣母无原罪始胎"的崇拜认为圣母马利亚自母胎起便不染原罪，这一崇拜在西班牙及包括拉丁美洲、西西里岛和那不勒斯在内的殖民地都异常流行——普雷蒂遗失的城市大门壁画就是一个例子。但是最重要的是，在塞维利亚，帕切科笔下的圣母是一个僵硬的、拘谨的、符号化的模样。她有一个鹰钩般的鼻子、弓形的眉毛和噘起的嘴唇，这让圣母的整个面部都显得很理想化；且受到佛兰德斯样式的影响，圣母的衣纹有着锋利的、硬挺的褶痕（图 40）。对比之下，委拉斯开兹所绘的圣母是一个普通的年轻女子，可能是他 19 岁的妻子乔安娜（帕切科的女儿）的肖像（图 41）。她庄重地低垂眼帘，呈现出一个自然且放松的姿态。头发随意地垂在右肩上，闪闪发亮的裙摆褶皱微妙地显露出裙下双腿的形状。帕切科给他的圣母戴上了一个皇冠，和西班牙教堂中那些神圣的雕像所戴的一样，这让圣母看上去更像一个崇拜图像。而为了排除崇拜主题，委拉斯开兹使用了卡拉瓦乔给落雷托的圣母带来生命的方式（图 34），给自己画面中的圣母赋予了人性。在帕切科的画面中，光线出现在人物形象之后，而没有点亮人物形象本身。画面让圣母（尤其是其下肢）处于阴影之中，来反衬受光源照亮的陆上风景和云朵。而委拉斯开兹画面中的光源则更加显眼和集中：虽然马利亚依旧点亮了她身后的云，但她本人也沐浴在一束神圣的光下，并与背景形成了鲜明的对比。除了带有一点卡拉瓦乔明暗对比法的痕迹，委拉斯开兹的笔触与这位意大利前辈相去甚远。他的笔法没有那么精细，更多的是表现出了一种灵活和流动感，而这一特点在他风格成熟之后更为显著。

最著名的《无玷圣母》出现在几十年之后。1661 年，在教皇规章宣告马利亚没有原罪之后（这一崇拜直到 1854 年才真正成为教理），西班牙及其殖民地迎来了一波更为狂热的形象化圣母的浪潮。而其中最为多产的画家是巴托洛梅·埃斯特万·穆里罗（约 1617—1682 年），他是苏巴朗在塞维利亚的竞争对手和继任者，且复兴了“完美的自然”的原则。穆里罗的作品受到了第二代博洛尼亚画家圭尔奇诺的启发。与他们一样，穆里罗也拥护理想主义的、在情感上有吸引力的人物形象，且其把物理的美和精神的纯粹等同了起来。正是在这群博洛尼亚画家、彼得·保罗·鲁本斯（1577—1640 年）和安东尼·凡·戴克（1599—1641 年）的影响下，穆里罗有了一个国际化的盛期巴洛克的品位：他的画面中有松散飘逸的笔触、较重的厚涂法以及较弱的对比度。他画面中朦胧的金色光、温柔的表情和柔软的情绪，对中产阶级有着一种特殊的吸引力。穆里罗决定以这种风格作画并非偶然。17 世纪 70 年代，在一系列的经济危机之后，机构赞助陡然减少，艺术家不得已需要在塞维利亚不断增长的外商居民人群中寻找委托工作。而这些人身处豪华的环境之中，有着多愁善感的品位，他们喜欢漂亮的画面，而不是令人不快的死亡提醒。

穆里罗的《向朝圣者分发面包的婴儿基督》（图 42）与卡拉瓦乔的《落雷托的圣母马利亚》（图 34）形成了极富教育意义的对比。卡拉瓦乔的画面呈现出了强烈、集中的光源以及精准的笔触，而穆里罗松快的处理方式柔和了边缘部分，尤其是那飘浮着云朵和飞舞着标志性天使的天堂的背景。这本身就明显地与卡拉瓦乔的作品区分开来了，因为卡拉瓦乔是避免在画面中领略死后生活的。穆里罗的调色更暖、更鲜艳，其红色、黄色、蓝色和绿色的平衡让人想起拉斐尔的作品。卡拉瓦乔画中的女孩是从廉租房里来的，而穆里罗为我们呈现了一个理想化的马利亚：高颧骨、鹰钩鼻，而正在为朝圣者施舍面包的婴儿基督就是一个浅黄头发小孩的样子。然而两幅画作差别最大的是朝圣者的形象——虽然这两组人物可能都是现实人物的肖像，并在绘画的时候都使用了强烈的现实主义创作手法（穆里罗想要吸引荷兰和佛兰德斯的侨民赞助人，这促使了他对荷兰写实主义绘画进行了研究，并在他自然主义风格的形成过程中产生了影响）。穆里罗把卡拉瓦乔画面中穿着破烂的虔诚信徒换成了三个打扮良好的年长绅士，他们接近神圣景象的时候显得端庄多了。有

图40
弗朗西斯科·帕切科
《无玷圣母》
约1621—1635年
布面油画
1.44 m × 1 m
大主教宫
塞维利亚

图41
迭戈·委拉斯开兹
《无玷圣母》
1618年
布面油画
1.35 m × 1 m
英国国家美术馆
伦敦

了穆里罗，西班牙及西班牙—美洲绘画从眼含责备的殉道者的阴沉场景中跳脱出来，转变为绘有马利亚与婴儿基督的活泼有趣的、越发深情的场景。

和意大利或者西班牙不同，法国直接站在了对抗新教教义的最前线上，且自己差点儿就变成了新教国家。16 世纪 90 年代，法国经历了反复的暴乱、内战，更别提加尔文主义的胡格诺派教徒为

了反抗法国创立天主教而引发的数次屠杀。随着 1598 年南特敕令（Edict of Nantes）的颁布，暴行结束了。南特敕令是一个宗教宽容条约，一直实行到 1685 年路易十四将其撤销并流放了 50 万胡格诺派教徒为止。虽然 17 世纪的法国在亨利四世、路易十三和路易十四的领导下，急速地增长了自身的权力和威望，但法国依然是一个分裂的国家。直到 1628 年，时任国王在拉罗谢尔围攻并推翻了

胡格诺教派，天主教信仰也随之分裂了，一个神学战争在当局（由耶稣会领导）和杨森主义——一个基于荷兰神学家康内留斯·奥图·杨森（1585—1638 年）著作之上的、彻底悲观的天主教哲学——之间展开了。杨森主义强调人性本质的腐败与堕落，提出世间男女都是被动的生物，认为如果没有上帝的仁慈这一更为强大的力量的引导，人们就无法抵御邪恶。故杨森运动注重严苛的道德守则、苦

行主义与虔诚。虽然在 1653 年，教皇英诺森十世宣判杨森主义有罪，但其教义还是在法国继续生根发芽，直至 18 世纪。有很多核心知识分子都追随了杨森主义宗派，包括剧作家让・拉辛（1639—1699 年）、数学及哲学家布莱斯・帕斯卡（1623—1662 年）和画家菲利浦・香拜涅（1602—1674 年）。

两幅同时代的画作《忏悔的抹大拉的马利亚》突出表现了 17 世纪法国宗教生活的多样性（图 43、图 45），画家分别是乔治・德・拉图尔（1593—1652 年）和香拜涅。巴洛克绘画在法国出现得相对较晚，直至 17 世纪 20 年代，法国还在偏爱 16 世纪的宫廷风格。拉图尔是一个从洛林地区北部的吕内维尔走出来的小镇画家，作为最早阐释卡拉瓦乔平民主义风格的艺术家之一，虽然他是从荷兰艺术家那里得到的二手经验，但当他的作品出现在法国的时候，却亦在当地引发了不小的震动。拉图尔以他的宗教绘画而闻名，主要给在南锡附近的地方中产阶级和政府作委托订件——虽然在 1639 年，他被誉为“国王的画家”，但他的作品在贵族阶层从来都不甚流行。这些作品满足了对私人敬拜的私密图像的渴望，而其面临的是由现代虔信派和 13 世纪圣方济各会描述基督一生的手册《冥想录》所形成的传统，这在地方上都持续地深受欢迎。实际上，在洛林地区，圣方济各在基层的宗教复兴对拉图尔平民主义风格的启发极大，且在他的《忏悔的抹大拉的马利亚》（图 43）中留下了影响的痕迹。

从职业生涯角度来说，出生于佛兰德斯的香拜涅则代表了另一种完全不同的世界。他是一个国际化的艺术家，1621 年开始定居巴黎。香拜涅喜爱古典的形式（他研究了皇家收藏中的希腊罗马雕塑）、华丽的色彩和庄重的构图。且受其同乡鲁本斯的影响，他也爱描绘大朵神圣的云团。香拜涅为国王、王母、权倾朝野的宰相红衣主教黎塞留（1585—1642 年）和教会都画过画，1645 年，他又成为法国皇家绘画暨雕刻学院的创始者之一（见第 2 章、第 5 章）。然而，尽管香拜涅是一个成功的艺术家，但他的作品还是越发地表现出内省和禁欲主义，尤其是在 17 世纪 40 年代中期，在杨森主义的影响下，香拜涅有了一个精神上的变革。香拜涅的女儿是一个

图42
巴托洛梅・埃斯特万・穆里罗
《向朝圣者分发面包的婴儿基督》
1678年
布面油画
2.19 m × 1.82 m
匈牙利国家博物馆
布达佩斯

杨森教派的信徒，他把治愈了他女儿瘫痪的功劳归于了杨森主义。1662年，他绘制了一幅著名的还愿图来纪念这一事件：他女儿和罗亚尔港的杨森女隐修院的埃格尼斯院长的双画像——这是一幅异常简朴的画作，在这幅画中，一对灰黑装扮的姐妹犹如雕塑一般被放置在朴素的灰色背景前，而一束神圣的光线从画面右上方刺入背景之中（图44）。《忏悔的抹大拉的马利亚》（图45）是香拜涅典型的后期风格绘画，在这幅作品中，他没有去画之前作品中常出现的那些云团、天使和狂喜，转而去表现一种虔诚的自省。

在巴洛克时期，信徒们开始了新一轮的对抹大拉的马利亚的崇拜。因为她曾有过罪行，这对于普通的天主教徒（尤其是女教徒）来说，比起那些生活在完美的虔诚中的圣徒们，她更适合充当一个榜样。故而抹大拉的马利亚变成了巴洛克绘画中最受欢迎的表现主题之一。在拉图尔的版本中，抹大拉的马利亚只是一个普通的乡村妇女，她坐在一个黑暗的房间中，身前有一张质朴的桌子。桌子上只放着两本旧书、一根点燃的蜡烛、一条忏悔鞭和一个十字架。作为她宗教神召的标识，抹大拉的马利亚腰上系着一条绳子，且她的膝盖上放着一个头骨，作为死亡的象征。虽然头骨在抹大拉的马利亚的形象化图像中经常出现，但是头骨和绳子都是明确的圣方济各主题，这让人联想起在拉图尔的宗教与精神生活中，那种修道会所产生的影响。相反，香拜涅给我们展示了一个更为传统的抹大拉的马利亚。她那古典的、理想化的脸以及比例协调的、厚实的身体，

连同其戏剧化的姿势，都与同时代的博洛尼亚画家笔下的抹大拉的马利亚肖像遥相呼应，比如圭尔奇诺的作品。但是香拜涅的抹大拉的马利亚中没有出现圣方济各的符号，他的关注点落在更为传统的象征上：十字架、药膏罐、头骨与《圣经》。

拉图尔画中的抹大拉的马利亚是消极的、静静沉思式的。他的表现手法是如此的抽象，以至于画面看上去更像是幻觉，而不是真的。而香拜涅的表达则是积极而有感染力的：抹大拉的马利亚扬起她满是泪痕的脸朝向天堂，并在她的胸前交叉双手。拉图尔标志性的烛光让主人公的沉思成为画面的重点，并让她的面部变得更加生动，但是这也加强了这幅画的私密性。这私密性甚至比卡拉瓦乔的作品还要强烈，因为卡拉瓦乔绘画的主要光源几乎都来自画面外部。

图43
乔治・德・拉图尔
《忏悔的抹大拉的马利亚》
1640—1644年
布面油画
128 cm × 94 cm
卢浮宫
巴黎

图44
菲利浦・香拜涅
《还愿图》
1662年
布面油画
1.65 m × 2.29 m
卢浮宫
巴黎

拉图尔不仅邀请观者加入抹大拉的马利亚的孤居之中，而且给画面设定了当代的环境和服装，让这个当代的女子成为抹大拉的马利亚，这样一来，观者就仿佛实时参与到这一神圣的场景之中了。这与卡拉瓦乔的《圣马太的殉教》（图 33）有异曲同工之妙。而香拜涅的目标则完全不同。虽然他画面的场景和拉图尔的一样节制，但一个更为传统的神圣之光从画面左上方点亮了主人公，且她的服装和周身环境说明她置身于一个特殊的历史时空——法国东南部普罗旺斯的一个窑洞之中，传说她在那里度过了生命中的最后几年。虽然拉图尔彻底简化了他画面中的造型和色彩使用，但其对表层纹理的细致描绘，还是让观者感受到了她粗糙的衣袍纹理与她光滑的年轻肌肤之间的对比。香拜涅淋漓尽致地表现了对象的细节，如马利亚头发上金色的发结、她精致的指节与岩石的表面。虽然他的用色是柔和的，但依旧让我们回想起他更有名的早期作品中那华贵的蓝色和古铜色。

欧洲的部分地区相当直接地参与到了宗教改革与反宗教改革的斗争之中，与此同时也就参与到了图像的战争之中。荷兰在此期间被分隔成了北方的新教国家（荷兰）和南方的天主教国家（通常被称为佛兰德斯，今天的比利时）。1551 年起，整个荷兰都成了西班牙的殖民地，但接踵而来的圣像破坏运动让一场内战发生在新教徒和天主教徒之间。虽然直到 1648 年，也就是“三十年战争”完结的时候，西班牙才被迫撤离了荷兰，但内战导致了荷兰北方的新教各省在 1581 年就宣布了独立。因此，与法国不同，荷兰的这场信仰战争早已直接进入了巴洛克时代，而且艺术采取了一种更为激进的方法参与到了这场冲突之中。比在这章中所提及的任何国家都要明显的是，佛兰德斯的艺术图景被一个灯塔式的名人所占据：彼得·保罗·鲁本斯。他是画家、外交官和 17 世纪名流人物的代名词，鲁本斯把他热爱交际的人格和惊人的天赋融入他的作品之中，并有选择地把他在罗马、威尼斯、西班牙和法国所接触到的艺术传统与他家乡的那些艺术传统结合起来，依此创造出了第一个国际巴洛克风格。近期，学者们猜测，他是用绘画在回应雕塑家詹洛伦佐·贝尼尼。鲁本斯用他松散、流动的笔触表现出喧嚣、动感且感性的绘画风格，这让他比其同时代的任何意大利画家都更接近于贝尼尼在雕塑上所获得的成就（见第 2 章、第 3 章）。作为男人的鲁本斯和作为艺术家的鲁本斯一样复杂。他生于一个加尔文教徒家庭，早年他与他的家庭一起转信天主教，并成为天主教的首席艺术代言人，与此同时，他也是佛兰德斯的西班牙总督的艺术代言人。在欧洲皇

图45
菲利浦·香拜涅
《忏悔的抹大拉的马利亚》
1648年
布面油画
115.5 cm × 87 cm
休斯敦美术博物馆
休斯敦

室，他是一位社会名流和自在的享乐主义者，但鲁本斯又十分虔诚，把他极大一部分的精力和财富都赠予了天主教团体及宗教修道会（尤其是耶稣会）以示支持。

在安特卫普，鲁本斯最大的委托订件就是为耶稣会所作。在1600年到1608年间，他逗留在意大利的时候，就经常为这个修道会工作。安特卫普在17世纪头10年经历了天主教的复兴，哈布斯堡的贵族需要新的教堂和艺术作品来弥补圣像破坏运动所造成的破坏。其中最重要的工作，就是耶稣会献给圣伊格内修斯（现在的圣嘉禄）的雄伟的新教堂。鲁本斯可能参与了这座教堂的设计，并负责这个教堂的内部装饰。虽然他的 39 幅圣徒及圣经主题系列天顶画（在年轻的安东尼·凡·戴克的帮助下完成）毁于 1718 年的大火，但两张大体量的祭坛画《罗耀拉的依纳爵的奇迹》（图 46）和《弗朗西斯泽维尔的奇迹》却死里逃生，并让这座教堂的内部变得富丽堂皇。提香的作品对鲁本斯的影响尤为重要，可以说提香是他一生的灵感来源。鲁本斯在这两幅画作中就借鉴了威尼斯祭坛画的纪念碑性，他使用教堂的立柱和拱顶来延伸画面的顶点，以增强整个场景的壮观性。《罗耀拉的依纳爵的奇迹》是典型的威尼斯风格绘画，依纳爵站在画面中部平台的一个台阶上，一个戏剧性的对角线以画面右上角的十字架为起点掠过依纳爵的头部，直贯到左下角躺着的人物形象上去。依纳爵正在为一对魔鬼附身的男女驱魔（隐喻新教异端邪说），左下角的人群则在张力中翻腾。厚重、有肌肉感的人物形象，连同人物那夸张的动作和面部表情都给予了画面前景以哄闹的氛围，而这些都与依纳爵身后的那些高贵且有序的耶稣会教士队伍形成了鲜明的对比。鲁本斯耗费了很多精力来描绘精致发亮的布料（尤其是依纳爵穿的那件华丽的刺绣十字褡）、奢华的教堂内部装饰（拱顶上的金色浮雕，让我们联想到圣伊格内修斯教堂真正的天顶）和作为坐骑的云团——画面右侧胜利的天使和画面左侧逃逸的恶魔都坐在云团上。

如果说《罗耀拉的依纳爵的奇迹》最能代表鲁本斯的胜利主义思想和保守的心态，那他的《喷泉边的拔示巴》（图 47）——他年轻的第二任妻子赫莲娜·富曼的肖像——则展现出他感性的一面。特利腾大公会议宣告，在宗教绘画中画裸体是有罪的，要禁止“激发欲望的美”；这一态度被许多杰出的宗教领袖所认同，就连早期的荷兰人文主义学者德西德里乌斯·伊拉斯谟（1466—1536 年）也不例外。尽管如此，早在 17 世纪头 10 年，从阿特米西亚·真蒂莱斯基（约 1593—1652 年；见第 2 章）到圭尔奇诺等的巴洛克画家，无一例外地在画《旧约》中的一些特定情节的时候，选择了忽略这一禁令。且早在会议召开之前很久，观众们就对这些特定的情节产生了浓厚的兴趣。最有名的是《苏珊娜与长老们》《约瑟夫和波提

图46
彼得·保罗·鲁本斯
《罗耀拉的依纳爵的奇迹》
1617—1618年
布面油画
5.31 m × 3.91 m
维也纳艺术史博物馆
维也纳

乏的妻子》和《喷泉边的拔示巴》（图 47）。这些作品不受特利腾大公会议宣言的管束，因为它们被创作出来是为了私人享受，而不是为了进入公众视野之中。这一公众和私人之间的区别时常让今天的观众很费解，所以当今天的观者看到一个完全充满宗教意味的图像的时候，那吃惊的反应就是意料中事了。鲁本斯的作品可能是

图47
彼得・保罗・鲁本斯
《喷泉边的拔示巴》
约1635年
1.26 m × 1.75 m
德累斯顿绘画馆
德累斯顿（德国）

其中最为奢华且最为世俗的，他的特长是绘制有部分女性人体，或满是女性人体的圣经场景。与委拉斯开兹对他妻子的庄重的赞美完全不同（图 41），在《喷泉边的拔示巴》中，赫莲娜被表现成了一个尘世间的人物，她肌肤红润的色调以及她年轻身体的丰满比例，与她周身昂贵的布料（黑色的天鹅绒、红色的绸缎，以及

挂在她右臂上的白色丝质衬裙的一角）、她身处的富丽堂皇的场景以及专心致志的仆人十分契合。虽然她侧过身去以避免观众的直视，并端庄地盖上了她的下体，但她还是把自己裸露的双腿和胸部完全暴露了出来，并且在玩弄着珍珠。鲁本斯标志性的松散的笔触在这里不仅让这一场景更加活跃，而且也让边缘变得柔和，给了整张画面一个热情而诱人的感觉。

这一章都在讨论天主教艺术，因为天主教对宗教形象化的复苏直接导致了巴洛克的诞生。然而，正如我们看到的，只要图像有教导性且不被作为崇拜的对象的话，包括路德和加尔文在内的新教领导者，都并不禁止教堂出现宗教图像。实际上，荷兰画家绘制了成千上万的圣经题材的绘画、版画，来装饰人们的家。这些图像避开了类似鲁本斯风格的那种胜利主义式的、夸张的表达，而更喜爱描绘安静的沉思并表达人性，更倾向于去展示卡拉瓦乔或者里贝拉的那种朴素的冥想。本章最后要介绍的是一位荷兰画家，他绘制了巴洛克艺术历史上的一些最为感人的宗教图像，他就是伦勃朗·凡·赖恩（1606—1669 年）。虽然伦勃朗早在 17 世纪 20 年代就开始绘制圣经场景，但在 17 世纪 50 年代晚期，他生命的最后 10 年，他的油画、版画以及速写开始越发深刻地去探索宗教主题。这些作品有《圣经》中的情节，也有修道士、隐士、圣徒以及基督和圣母马利亚的肖像画——他甚至以自己为原型来画圣保罗。描绘福音作者和圣保罗的作品特别适合新教徒观看，因为这二者是福音书以及使徒书信的书写者，这符合了新教教义，代表文字比图像更为重要。

伦勃朗黑暗且阴郁的《使徒保罗》（图 48）是一个新教冥思图像的典范，但这张作品中的圣保罗不是伦勃朗的自画像。画面中的主人公坐着，用左手撑着自己的头，用内省的目光盯着一处，但是却完全没有表现出抑郁的情绪。画面中，圣保罗拿着一支笔，他身前的书桌上有一本摊开的书，最亮的地方是使徒的头部，象征着他的灵感来自上帝，且他拿笔的手以及大透视下的书，在使徒书信中均有提及。桌后的那柄巨大的剑在伦勃朗的画面中相当少见，但是放在这里是完全适宜的。伦勃朗选用这些宗教场景入画，可能是为

图48
伦勃朗・凡・赖恩
《使徒保罗》
约1657年
布面油画
1.31 m × 1.04 m
国家美术馆
华盛顿

图49
伦勃朗・凡・赖恩
《浪子回头》
约1669年
布面油画
2.62 m × 2.05 m
埃尔米塔日博物馆
圣彼得堡

了世俗的商业原因，因为这些作品在私人住宅中极受尊敬，而且艺术家在画面显眼的地方签上了名（在《使徒保罗》中，他的签名在书的最前面）。但是也有很多学者认为他画这些画，是他个人对宗教冥想的探索。

伦勃朗最伟大的宗教绘画是《浪子回头》（图 49），这幅画属于他创作的最后几张作品之一，也是在他生命极度悲剧的时候完成的。那时他已经破产，且他的第二任妻子亨德里克耶・施托费尔斯（1663 年逝世）和他的儿子泰特斯（1669 年逝世）也永远离开了他。伦勃朗把整个叙事缩减到一个关键的爱与救赎的时刻。这个富有的男人俯身抱住他衣衫褴褛的儿子，满怀忌妒的兄弟和一对仆人则基本笼罩在画面的阴影中，从右侧注视着这一切，其中的一个在远处的人物形象几乎难以被辨认出来。这幅画受到了卡拉瓦乔明暗对比法的启发，但是伦勃朗又通过他粗略的笔触和厚重的、几乎像雕塑般的厚涂完全改变了这种技法。伦勃朗画面中的两个主人公从沉郁的黑暗中浮现出来进入观者的空间，制造出一种亲密感、安静感，并呈现出一种与拉图尔作品（图 43）截然不同的抽象的质感。光线洒在父亲的头上、儿子的背部以及一个目击者的脸上，给这场戏剧事件中的关键时刻增添了节奏感。儿子被宠坏了，生着病而衣衫褴褛，他的赤脚和破破烂烂的衣服呼应着卡拉瓦乔的朝圣者（图 34），表达着他对浮华生活的忏悔，这可能是伦勃朗意在指涉他自己年轻时候的过错。父亲的反应则是温柔的，他宽恕了他的儿子，但同时又为其感到遗憾。这一严肃的、内省的私人祈祷作品对这一章来说是一个合适的尾声，因为这一章讲述了在西方艺术的历史上，一些对宗教的最为人性化的回应：这是一个暴力与爱、折磨与感性、悲观主义与胜利主义的复杂交织。

世俗的图像 体裁的等级和世俗主题的激增

图50
詹洛伦佐·贝尼尼
《普鲁特和普洛塞庇娜》
1621—1622年
大理石
2.25 m
波各赛美术馆
罗马

特利腾大公会议所颁布的法令、新教和天主教评论家看似已彻底摧毁了渎神图像。连带着一起终结的还有这些图像中的异教意象、裸体和厚颜无耻的对财富的表现。但是新教徒的圣像破坏和特利腾大公会议对绘画描绘“不义之财”“淫乱”和“激起淫欲的美”的谴责，指向的却是宗教艺术。我们今天所说的“世俗”图像（直到18 世纪晚期这一术语才被提出）在 17 世纪和 18 世纪以空前的速度发展了起来，在这一时期，艺术家和工作坊逐渐开始专攻某一特定主题，这些主题包括异教寓言、肖像画、风景、日常场景、静物、异域情调等。世俗图像发展如此迅猛的原因有两个。在北欧，艺术家绘制世俗图像主要是基于对金钱和赞助的实际考虑；随着宗教绘画被新教教义所禁止，艺术家不得已转向了更具吸引力的世俗题材。尤其是在荷兰，随着跨国贸易的兴起，刚刚富裕起来的商业阶层对描绘周遭事物和环境的绘画十分着迷。由于这一题材易于理解，又很流行，这让信仰天主教的南方也接受了北方的风俗画。

这样一来，之前只在宗教或者叙事性绘画中作为细节出现的风景和静物，本身就成为新的绘画类型。尤其是在意大利和法国，贵族统治阶级对古物经久不衰的热情，为古希腊罗马神话场景的复苏推波助澜。甚至连牧师通常也对这类图像睁一只眼闭一只眼，将这些图像作为基督美德的寓言，而纵容它们“蒙混过关”。譬如在罗马，阿尼巴莱・卡拉奇为奥多阿尔多・法尔内塞所作的壁画中对爱的讴歌（图 13）。但是最没有宗教性的艺术作品都不会出现在群众的视线之中，它们注定出现在宫殿里、乡村别墅之中，也出现在中产阶级的家里。这些图像给私人提供的是教导、愉悦和快感。

对于当时艺术领域存在的数种不同的主题，像法国皇家绘画暨雕刻学院这样的艺术专科院校（成立于 1645 年），就试图通过建立体裁的等级体系来决定艺术品位。体裁被他们分为所谓的“宏大体裁”（主要的体裁）和“次要体裁”（较小的体裁）。现如今，在我们观念中的“高雅”与“低俗”艺术之分中，还可以找到这种体裁分类的影子。法兰西学会会员安德烈·菲利比安(1619—1695年)在他的《皇家绘画暨雕刻学院会议上的开场白》（1667 年）中讲道，描绘“神话、寓言或历史”的绘画是最为高尚的体裁。随后他根据主题的价值、叙事内容的繁简和人物数量的多少为标准，从高到低排列了次要体裁的等级。按照这样的标准，肖像画就比历史画的等级要低，因为肖像画只画一个人，而且还缺少动态；风景画就比只画鲜花、水果和贝壳的那些静物画要高级；画活着的动物的画就比表现捕获的战利品的静物画要好。而其中最主要的差别在于，主要体裁都是叙事性的——因此是智识的，而次要的体裁则是对对象简单的模仿。体裁的等级划分最早可以追溯到亚里士多德，在他的《诗学》中，古希腊哲学家把戏剧文学（他称之为“悲剧”）置于史诗、喜剧和其余次要体裁之上，因为悲剧有表达动态的能力、严肃深刻的主题，其要求观众进行内省的程度较深，其观众本身的学养也较高。17 世纪的院士们希望通过为视觉艺术构思一个类似的分类系统，把绘画的地位抬得和文学一样高——在那时，文学被认为是一个比绘画高尚得多的媒介。

主要体裁（后来被简单认为是“历史画”）包括寓言的、神话的、历史的和宗教的主题——第 1 章中提及的许多绘画都属于这一体裁。而寓言是其中最为高贵的，因为寓言中隐藏着对伟人（其中偶尔也有女人）的美德、神秘和高尚行为的记叙。对历史画的定义可以追溯到文艺复兴理论家莱昂·巴蒂斯塔·阿尔伯蒂的著述《论绘画》（1435 年）之中。据阿尔伯蒂所述，历史主题——从他的角度上来说指表现严肃要事的主题——应该包括“许多人物形象”，这些人物形象要被有逻辑地排列，并有着得体且庄重的造型（得体或端庄稳重的概念来自亚里士多德）。他呼应了菲利比安的强烈要求，也就是历史画中“必须注意，画面中只能有一个主题，且为了表现这一主题，可能需要绘制大量的人物形象，而这些人物都要服从于主题，也要服从于主题所要表现的主要人物”。历史画最著名的捍卫者就是查理斯·勒布朗（1619—1690 年），他是皇家学院的创建者之一，且具有超人的精力和组织能力。在 30 多年的时间里，勒布朗本人监管着路易十四几乎所有的绘画、雕塑和装饰艺术委托，可以说，他掌握着一个国家的品位。勒布朗推动了画家尼古拉斯·普桑（见下文）艺术理论的形成，而菲利比安正是在普桑的理念下才写出了他的会议决议。勒布朗还协助创立了古代风格，让拉斐尔和普桑成为同时代画家的主要典范。

虽然学院讨论的焦点在绘画上，但体裁的分类可以辐射到其他媒介之上。詹洛伦佐·贝尼尼（1598—1680 年）最早成熟的作品类型就是文学神话雕塑，因此他属于主要体裁创作者。作为雕塑家彼得罗·贝尼尼（1562—1629 年）之子，詹洛伦佐的成长环境中环绕着世界最顶尖的古代艺术收藏，并饱受着富有权势的赞助人的鼓励，这给了他非凡的优势。在他还是个孩子的时候，他就可能被马菲欧·巴贝里尼（后来的教皇乌尔班八世）所资助过，但是他最关键的早期支持者是教皇保罗五世的侄子，红衣主教希皮奥内·波各赛（1576—1633 年）。波各赛在贝尼尼 19 岁的时候就邀请他入住其罗马城外华丽的假日庄园，这常被称为“私人服务”。有着希皮奥内重要的希腊罗马雕塑收藏在眼前，年轻的贝尼尼完善了他的技艺，在 1618—1625 年创作了一系列受古典主义影响的群雕，而这直接挑战了米开朗琪罗和晚期文艺复兴雕塑家詹博洛尼亚（1529—1608 年）的遗风。对于赞助人和艺术家来说，来玩这个因术语“新颖”（novità）而享誉盛名的智识游戏是十分合适的。在这一游戏中，当代的艺术家在古典大师或文艺复兴大师作品的基础上做出改进。

贝尼尼的《普鲁特和普洛塞庇娜》（图 50）是一个绝佳的“新颖”的例子。在这件作品中，贝尼尼把米开朗琪罗最喜爱的媒介——大理石——推向了极致，并赋予了这一材质以空前的肉感与柔性。

这一大体量的组雕由两个人类主人公和一个三头冥府守门狗组成，冥府守门狗看守着通往冥界的大门。雕塑描绘出了冥界之王强奸了年轻女神的故事，这一故事记叙在奥维德的《变形记》之中，《变形记》是许多巴洛克和洛可可视觉艺术作品的源泉，包括法尔内塞的天顶画（图 13）以及贝尼尼自己的作品《阿波罗与达芙妮》（图 2）。贝尼尼的这组雕塑也挑战了詹博洛尼亚在佛罗伦萨兰齐敞廊的青铜雕塑《劫夺萨宾妇女》（约 1585 年），贝尼尼用体量及力量感来对抗詹博洛尼亚雕塑中那细长的身体和舞蹈般的人物姿态。贝尼尼用两个主人公组成了一个巨大的“X”形，以普鲁特强有力的抓握作为交叉点，人物的头和肢体作为延伸——尤其是普洛塞庇娜那挥舞的右臂。普鲁特把他的猎物举到自己臀部以上，并把普洛塞庇娜抓得如此之紧，以至于在她的腰和大腿上都留下了指痕。作为回应，普洛塞庇娜则用尽全力地推着侵略者的脸，乃至在他的皮肤上留下了抓痕。因此，在贝尼尼钟爱的这一构想中，两个形象的肉体都被侵犯了——一个被欲望所侵犯，一个被厌恶所侵犯。正如贝尼尼稍晚创作的作品《阿波罗与达芙妮》一样（这件作品也是为波各赛所作），《普鲁特和普洛塞庇娜》表现的是动态中的一瞬，这是一个备受偏爱的巴洛克主题，也被奥维德详细地引用在其文本之中：“好像在那一瞬，死亡（普鲁特）抓住了她。”这两组雕塑都并置了攻击者的困惑和受害者的恐慌，受害者则用她无声的尖叫和可见的泪水来表现出自己的情感。普洛塞庇娜的表情源自贝尼尼对卡拉瓦乔绘画的研究，这也是这组雕塑的“新颖”之处，它僭越了绘画和雕塑帕拉贡的边界（见引言）。虽然《普鲁特和普洛塞庇娜》以及《阿波罗与达芙妮》都主要是从正面观看（这两组雕塑都是背靠墙面放置的），但我们也可以走到两侧，通过雕塑的躯体和腿部扭转的动态，从各个角度来观看这一动态是如何展现出来的——在《普鲁特和普洛塞庇娜》中，这一动态在普鲁特交叉的步伐和他环抱普洛塞庇娜的胳膊上体现得尤为明显。乍看上去《普鲁特和普洛塞庇娜》较为暴力，但其实际上展现的是一个典型的私人神话场景，并通过赋予雕塑典型的巴洛克式的活力和知觉，让整个作品显得更具生气了。

大体量的神话题材作品——比如阿尼巴莱·卡拉奇为法尔内塞宫所作的天顶壁画——依旧仅出现在室内陈设中。这些作品通过给古希腊、罗马的主题和人物形象披上基督教的外衣，让自身更容易被世人所接受。这一惯例始于文艺复兴，并在 16 世纪晚期的宗教危机中暂时被中止了。基督教化的宗教场景的第一次复兴出现在一幅天顶壁画中，是乔万尼和凯鲁比诺·阿尔贝蒂为教皇克莱门特八世在梵蒂冈宫殿（1596—1599 年）的革利免厅所作，壁画中的异教诸神充当着“信仰”“宽容”和“公正”的化身。但是在这一类型的天顶壁画中，最具影响力的还是彼得罗·达·科尔托纳在罗马的巴贝里尼宫所作的《颂扬乌尔班八世在位》（图 51）。彼得罗·巴里蒂尼（1596—1669 年）因为出生在托斯卡纳的科尔托纳镇而被称为“达·科尔托纳”，他也受益于基督教高层的赞助。在罗马的头 20 年中，他接受了包括凯西亚诺·达·波佐（1588 —1657 年）在内的贵族赞助人的资助。波佐是红衣主教弗朗西斯科·巴贝里尼的大臣，教皇乌尔班八世（1623—1644 年在位）的侄子，毫无疑问是他所处时代最有影响力的私人收藏家。凯西亚诺不仅是一个颇具权威的年轻艺术家的赞助人，同时也是一个专注的百科全书编纂者，撰写出了他所谓的“纸上博物馆”，这是一个庞大的速写、水彩和古典艺术及建筑版画的收藏，包括了地质学、植物学和动物学的知识。在罗马，科尔托纳为巴贝里尼的宫殿中的大沙龙所作的天顶壁画让他稳坐盛期巴洛克三杰的位置（另外两个人是贝尼尼和弗朗西斯科·波洛米尼）。这一对巴贝里尼家族的赞歌，是一位宫廷诗人所构思的广博的规划的一部分，这一诗人就是弗朗西斯科·布拉乔利尼（1566—1645 年）。在吸取了古典神话和典型的形象的基础上，布拉乔利尼创造了一个寓言。在这个寓言中，神意超越了时间与空间，用星星的冠冕装点巴贝里尼家族，并为其祈求永生——家族以三只蜜蜂的纹章图案来代表。与此同时，画面还描绘了教皇的英雄事迹和高尚的品德，用以装饰画面的两侧。

科尔托纳的绘画建立在凡尔赛宫和米开朗琪罗的西斯廷天顶画（1508—1512 年）所用的那种幻真画的传统上。在此基础上，他在“新颖”的传统上对其进行了挑战。这幅天顶画有三个层次：建筑结构的错觉；上层天堂的幻象；下层的人物形象、风景和云团。科尔托纳的创新之处在于他让这三个层次融会贯通的方式，所以尽管拱顶的体量限制住了建筑构架（与图 13 对比），但这一创新还是增强了建筑的高度感。科尔托纳用人造的灰泥花环、面具、赫尔墨斯柱、贝壳以及人造的模仿当时罗马宫殿建筑的金色牌匾来装饰建筑本身。他把天顶画本身分成了五个部分，中间一块的板块最大，围绕四周的四块长条形的风景板块的边缘与四面墙的边缘平齐，让观者可以从不同的角度来欣赏眼前的景象。天空是一个整体，贯穿于壁画的五个部分中，在云团的背后若隐若现，让各部分组成一个整体。被云团托起的人物主要聚集成四组，从代表世俗的外围面板中升起，穿过边框，进入代表天堂的中心面板当中。受到威尼斯绘画的影响，人物身体戏剧化的大透视加剧了上升的感觉。圣母——戏剧性地在画面下方注视着这一切——站在由云团和人物形象所组成的三角体的顶端。她抬起右手，指向飞升在她右侧的永生女神。巴贝里尼家族徽章的鲜活板块占据了画面的另一端，三只金色的蜜蜂被环绕在月桂树花环之中，花环被象征着信仰、希望和宽容的异教神形象所托起，而其余的一些人物形象则托举着教皇和诗人的冠冕。远处的异教神（从侧面的板块中出现的人物形象）也被借用来表现基督教的理念：密涅瓦代表着智慧，赫尔克里斯象征着力量，而帕拉斯摧毁巨人的场景则反映了教皇对新教教义的抵抗。值得注意的是，科尔托纳笔下的古典人物形象大多数都是穿了衣服的：在西斯廷天顶画或者贝尼尼的雕塑中，那加剧了感官满足的裸露不见了，这反映出某些教会赞助人对他们更引人注目的私人委托项目也开始谨慎了起来。

图51
彼得罗·达·科尔托纳
《颂扬乌尔班八世在位》
1633—1639年
壁画
巴贝里尼宫
罗马

在尼古拉斯·普桑（1594—1665 年）的进益过程中，凯西亚诺·达·波佐也起到了不可忽视的作用。普桑是巴洛克时期最著名的法国画家，但奇怪的是他生命的大部分时间是在罗马度过的。普桑是一个炙热的古典主义者，他与克劳德·洛兰（下文将详述他的艺术）一起掀起了法国绘画中古典主义风格的热潮，如果不算那些

最为激进的洛可可画家的作品，这一风潮一直持续到 19 世纪 60 年代印象主义的爆发。正如上文所述，普桑也是一个体裁等级体系的热情的拥护者，且他的思想进入了皇家学院的根基之中。他对古代的兴趣部分来自凯西亚诺的影响——学者们现在认为，普桑本身并不像我们之前所认为的那么具有知识分子特质——且其后期的作品越发展现出一种对希腊罗马雕塑和建筑形制的迷恋。由于普桑之前为圣彼得大教堂作的祭坛画受到了严厉的批评，这一灾难让他深受打击，导致他于 1629—1630 年放弃了教会赞助项目和宏大的构图形制，转而把时间都用在了绘制架上绘画上。这些架上绘画的委托人是包括凯西亚诺在内的一小群知识分子，以及法国中产阶级赞助人。普桑绘画规格的改变也导致了其绘画主题方面的一些变化：他画面中的神话场景越来越多，最初这些场景引自奥维德和意大利诗人托尔夸托・塔索（1544—1595 年）的田园文学。

到了 17 世纪 30 年代末期，尤其是接下来的 20 年，普桑受到斯多葛学派的影响，放弃了这种田园风格，转而喜爱上了沉重而宏大的主题。斯多葛学派由一群希腊及罗马风格的作家组成，他们赞成把自制力和道德规范作为征服情绪的一种方式。普桑作品的背景和构图变得越来越平衡，他的色彩很沉稳，但其画面中的人物姿态和表情都变得更加死板。在他的信件中，他声称——且他的传记作者菲利比安也这样说道——绘画最伟大的目标就是描绘严肃且高贵的人类功绩：“首先……必要的是，主题本身要是高尚的，且主题要留下空间，给画家表现本人的想法和研究。”普桑画面中的场景所用的是一种有逻辑的、理想化的表现方式，伴以受限但是适宜的情感——这显然是一个挑战，因为他认为盛期巴洛克风格在情感表达这方面做得有些过头了。普桑在 1647 年进行了更深一步的探索，设计了一套他所谓的“模式”。这可能是巴洛克艺术理论中最难理解的一个，也让好几代的学徒都感到非常困惑。本质上来说，这是普桑在 1589 年威尼斯的焦塞菲・扎利诺所写的音乐史论文的基础上进行的改编。普桑的观点借鉴了希腊音乐理论，认为某些模式是被用来“唤起观众的灵魂去体验多种情绪”的。在音乐理论中，模式就是像比例尺那样，让音符按照比例进行组合。也就是说，这些模式唤起了特定的情感反应。正如普桑所描述的，多立安模式是“稳定、庄重且安详的”，而弗里吉亚模式则描绘了“愉悦和欢乐的事情”，海波利地安模式“带有特定的温和和甜美，用欢乐填满了观众的灵魂，其本身就适合表现神的荣耀和天堂的主题”，而爱奥尼亚模式则被用来“表现舞蹈、酒神节和宴会，因为其本身就具有令人愉悦的特性”。模式所产生的效果是由绘画的各个方面审慎地融合所造就的，比如构图、比例、人物的姿态和表情等。问题在于，尽管很多学者都尝试了，但实际上这些模式无法和任何一幅普桑的绘画联系起来：这些绘画无法与特定元素的组合扯上关系，也不像

图52
尼古拉斯・普桑
《阿卡迪亚牧人》
1638—1640年
布面油画
85 cm × 121 cm
卢浮宫
巴黎

普遍认为的那样符合配色方案。而对于我们来说，要认出这些模式，我们需要先去体验那预先设定好的情绪——而以我们的时空和文化差距来说，这是不可能的。普桑的道德古典主义正是《阿卡迪亚牧人》的核心，这里我们所讨论的是他绘制的两个版本之中较晚的那一个（图 52）。在这幅油画作品中，他没有绘制出他早期绘画中的那种活泼有趣的氛围，也没有采用同时代画家绘画中的那种田园牧歌的场景（比如科尔托纳在佛罗伦萨为碧提宫阿波罗厅所作的壁画，

图 153），而是将一个不和谐的、忧郁的音符引入了阿卡迪亚当中，这是一片适合进行乡村休闲和消遣的神话般的土地。在林间空地上，穿着古典织物的三个牧羊人和一个牧羊女一字排开，好像他们是被画在门楣饰带上那样。人物形象以一个石棺为中心排列，石棺上面刻着拉丁铭文“阿卡迪亚也有我在”（Et in Arcadia Ego）。画面中的女性角色和她右手边的男人的形象都来自古希腊罗马雕塑，男人的形象就来自海神的雕塑。铭文本身不是从古典中来的，其起到的是提醒或者死亡象征（见第 1 章）的作用，意味着死神甚至会在田园诗歌般的乌托邦出现。根据有些人的阐释，牧羊女将她的手温柔地放在男子的身上，也是另一种死神的寓言——而她高贵的姿势和宁静的表情似乎也佐证了这一猜想。跪姿男子投下的弯刀状的阴影也被阐释为死神的镰刀。与科尔托纳画面中的那种富有动感且松散的笔触所勾画出的形式不同，普桑用精确且苛刻的手法，为我们塑造出了典范的人物形象，这些形象像雕像一样被固定住了。面对

图53
查尔斯・勒布朗
《亚历山大击败波拉斯》
1665—1668年
布面油画
4.7 m × 12.64 m
卢浮宫
巴黎

铭文，画面中的每一个人物形象都有着微妙且独特的情感反应：跪姿男子及其左边的牧羊人表现出强烈的好奇和关心，而外围的两个人物形象则显得严肃且忧郁。

查尔斯・勒布朗的《亚历山大击败波拉斯》（图 53），一幅 4.7 米高、12.64 米宽的巨大油画，是颂扬亚历山大的战斗及胜利的五幅绘画中的一幅——是路易十四的委托订件，而这也让勒布朗成为路易十四的宫廷官方画家和设计师（见第 4、第 5 章）。这幅画赞颂了希腊征服者亚历山大的仁慈，他允许被他击败的印度国王波拉斯保留其领土的主权，而这幅画集中体现了法国学院对历史绘画的定义。《亚历山大击败波拉斯》描绘了一个古代场景——这是最崇高的主题，而且这幅画还遵循着盛期文艺复兴的原型，比如达・芬奇未完成的《安吉里之战》（1503 —1505 年）和拉斐尔的《会见阿提拉》（1514 年）。这幅作品的其他方面则更巴洛克一点，比如画面中受到安尼巴莱・卡拉奇和多梅尼基诺影响的温和的地中海风景（图 66）。然而，在学院艺术中，油画有着乏味的共同点，尤其体现在以下几点中：千篇一律且乏味的士兵造型、僵硬的前景人物、人物披肩和短袍上那绝对正确的色彩平衡以及对拉斐尔陈腐的引用。作品中的那一群士兵给画面增加了一丝景深感，大多数士兵排成一列，像石棺面板上的浮雕雕刻似的。勒布朗让这混乱的人群和亚历山大及其手下庄重的镇静产生对比，以显示在面临逆境之时，帝王那高尚的宽容。亚历山大代表的是路易十四，路易十四坚信他有着许多希腊征服者所拥有的品质，所以勒布朗为他的主角穿上浅蓝色的服装并非巧合，因为这是波旁家族的颜色。亚历山大同时也是画面中最亮的人物形象：洒在他身上的金色光线代表着上帝的嘉许——这也是专制统治的基础，也代表着基督教仁慈的本质。有一小群助手在帮助勒布朗完成这件作品，但是勒布朗本人监管着画面布局的每一个细节，并且将他检查建筑及装饰项目的那种细致的态度介入整个画面当中。

虽然同样是受专制帝王——西班牙菲利浦四世（1621—1665 年在位）的委托，委拉斯开兹的《布拉达之降》（图 54）则完全摒弃了勒布朗那陈腐的制度优越论。这幅画是西方历史上最为生动的、观察最细致入微的战争绘画之一，它描绘了一个当时的事件。1625年，在意大利—西班牙将军安布罗吉欧・斯宾诺拉的带领下，其军队攻下了在拿骚的贾斯汀的统治下的新教荷兰。或许是为了弥补当今题材在历史感方面的缺憾，委拉斯开兹给他的绘画赋予了一种文学资质，而这种做法通常是仅限于表现古典题材的。画面本身借鉴了著名的西班牙剧作家卡尔德隆・德・拉・巴尔卡（1600—1681年）的戏剧《布拉达围攻》，虽然这一借鉴不大明显。实际上，画面中央的情节，拿骚人向斯宾诺拉鞠躬并奉上城门钥匙，则是直接挪用了卡尔德隆戏剧中的情节。胜利者宽宏大量地答复道："贾斯汀，我接受这钥匙，但我承认你的英勇。正是战败者的勇气成就了征服者的声誉。"然而，上交钥匙的场景从未真的发生过。这幅画的高明之处在于它的即时性和自然主义特质蒙蔽了我们的眼睛。作为观者的我们即使知道或者怀疑过，但是依然会认为那些栩栩如生的场景和真实的情感一定是对事实的描绘。

如果勒布朗的史诗是对古典理想主义的致敬，委拉斯开兹的描绘则是现实主义的散文。委拉斯开兹赤裸裸地描绘了战争的残酷，集中展示了战争对人们所带来的生理和心理的影响：西班牙和荷兰士兵的面部表情和姿态反映出了各种各样的情绪——从忧郁和紧张，到沉思和自信，而画面后方的火焰则让我们感受到了战争的凶残。勒布朗使用俯视视角，将观者置于超然的境地；但委拉斯开兹让我们直视地面，与士兵们站在一起，让我们见证甚或是参与到这一事件当中。同样地，勒布朗画面中的征服者高过了呈仰卧姿的印度王，而委拉斯开兹的胜利者将他的对手视若平等，下马迎接，并以一种人性的姿态把手放在他的肩膀上，并同情地看着他的脸。但画面以一种不容置疑的态度表现出究竟是谁赢取了这场胜利：委拉斯开兹用画面右侧西班牙军队垂直而整齐排列的一排长矛，与画面左侧荷兰的乱作一团的戟相对比，且战败一方的首领低垂的头颅也回应着后方较低的荷兰国旗。委拉斯开兹使用了大量的对比色给画面以活力，尤其是风景处的冷灰色和天空处发亮的蓝色，讽刺的是，这种画法是受到了尼德兰文艺复兴绘画的影响。委拉斯开兹通过表现不同服装质地之间的细微差别，淋漓尽致地展现出他表现不同质感的精湛技艺。尤其是拿骚粗糙的人字纹羊毛和斯宾诺拉闪闪发亮的紫色饰带之间的对比，以及左起第二个士兵浅驼色的外套与他右边那个士兵随风飘荡的白色袖子和血迹斑斑的坎肩之间的差别。

目前为止我们只关注了历史画。次要体裁在体裁等级体系里占据着较低的位置，因为它们仅仅是对事物的再现，而且并不追求宏大体裁的那些崇高的目标。矛盾的是，这是今日最受观者喜爱的图像类型。但是赞助人所欣赏的恰巧就是艺术家的技术水平、他们捕捉肖像特点的能力以及他们的幽默感。在一个把艺术看得特别重要的时代里，那些仅仅是模仿自然的绘画似乎与主流观念背道而驰。但是总体上来说，错觉主义是巴洛克艺术最重要的特征之一，甚至在表现宏大主题的作品中，如天主教宗教绘画中，错觉主义也处于“情趣”模式的根基之中。直到最近，大多数艺术史学者还把注意力放在搞清楚风景画、静物画和家庭场景绘画的图像学或道德意义上，把研究宏大体裁所衍生出来的阐释工具用在解释这些作品之上。

图54
迭戈·委拉斯开兹
《布拉达之降》
1635年
布面油画
3.07 m × 3.7 m
普拉多博物馆
马德里

实际上，这些绘画在模仿过程中究竟有没有排除所有象征性的阐释依旧有待考证。但是毫无疑问的是，出于各种原因，新教收藏家尤其喜欢那些对物质世界的质朴描绘，甚至胜过对郑重的说教的喜爱。如果有些绘画在现实主义描绘的基础上融汇了图像学意义——正如我所相信的，他们会选择——那么现实主义是位于第一的。

赞助是次要体裁绘画和那些宏大体裁最主要的区别之一。在没有赞助人的情况下，历史画画家通常不会开始工作。历史画通常画幅巨大，而且造价昂贵，可能还会牵扯到超越画家能力的文学研究。次要体裁画家不会有这些束缚，而且他们还经常提前画好作品放在商店、街头集市以及自己家里售卖，或者可以通过艺术商人来进行销售——艺术商人是巴洛克时期出现的一个新的职业，但是在一个有风险的公开市场上谋生并非易事。伦勃朗反复无常的职业生涯就很好地说明了这一切：他通过创作特定的、有辨识度的风格和主题来应对竞争激烈的荷兰艺术市场，这让他对自己的事业信心十足。然而他还是经常押错了宝——他对自己作品的售卖情况比较乐观——甚至最后把自己送进了破产法庭。次要体裁在北欧很受欢迎，特别是在中产甚至工薪阶层中十分流行，他们偏爱描绘周遭世界的场景，而不是那些沉重的宏大体裁主题作品。与那些天主教强国不同，荷兰（和英格兰）政府鼓励重商主义。荷兰被称为“摄政者”的市民所治理，他们推动了经济的自由和发展。伊比利亚帝国用黄金和白银充斥了欧洲货币市场，这让商人开始以更大的规模来积累资本，这样一来，资本主义——或通过抬高价格销售所购买的物品以获取利润——就开始出现了。欧洲列强还开通了越来越多的通往亚洲和非洲的贸易路线，发掘了新的产品来源，并扩大了世界市场。英格兰和荷兰通过它们的两个东印度公司（分别建立于 1600 年和 1602 年）的活动来加快资本增长，首先就是成群的商人投资者主宰了亚洲贸易。商人财富的累积直接反映在了次要体裁绘画的激增上，也反映在荷兰和其他新教世界中职业艺术家数量的增长上。在天主教和类似新教国家，最受尊重的次要体裁是肖像画，因为肖像画的表现对象包括国王、教皇和贵族，且其渊源可以追溯到中世纪，那个时候捐赠者的侧面肖像经常被画在祭坛画里。在米兰画家吉安·保罗·洛马佐（1538—1600 年）1590 年的论文《绘画的理想圣殿》中，他提高了肖像画的权威性。提高的方法则是像历史画的捍卫者一样，坚持肖像画必须只能画高贵且高尚的对象，如皇帝和王子、智者、英雄，“或至少是在某些方面十分重要的，或有卓越建树的人，比如漂亮的女人或男人”。从文艺复兴到巴洛克时期，肖像画经历了许多次转型。在文艺复兴早期，为了与模特高高在上的地位相符，肖像画必须画得严苛且高傲，但是达·芬奇和拉斐尔通过让对象直接与观者互动（如达·芬奇的《蒙娜丽莎》，1505 年）或者揭露对象的情感状态（如拉斐尔的《教皇里欧十世与红衣主教朱利奥·德·梅第奇和路易吉·德·罗西在一起》，1518—1519 年），对这一体裁进行了颠覆。然而，在 16 世纪中期，当阿尼奥洛·布龙齐诺（1503—1572 年）和弗朗西斯科·萨尔维蒂（1510—1563 年）把肖像画当作一个工具，用来赞美佛罗伦萨的大公爵和改革派的教皇的暴政的时候，那种傲慢感和理想主义就又回到肖像画之中了。

17 世纪 30 年代，贝尼尼通过我们可能会称之为“动态肖像”的东西，让肖像画重富生机。在动态肖像中，模特是有生命的，而且正在和观众空间中的一个无形的人进行着对话。然而，大理石半身像在表面上是很容易接近的，这掩饰了贝尼尼的这件作品所描绘对象的本质：他通常是专断且残暴——这是一个和晚期文艺复兴的前辈一样暴虐的男人。贝尼尼的赞助人希皮奥内·波各赛是罗马最有权势的人之一，贝尼尼为其所塑造的《希皮奥内·波各赛肖像》（图 55）是他最早期且最逼真的作品之一，展现了贝尼尼对动态和演讲的细致入微的观察。正如在《阿波罗与达芙妮》或《普鲁特和普洛塞庇娜》那样（图 2、图 50），贝尼尼给大理石带来了生命，且通过给眼睛加上瞳孔，他让作品更加生动了。贝尼尼非常仔细地复刻了波各赛面部的不同质感：皱起的眉头、眼睛下松垂的皮肤，以及松弛的下颌和双下巴。雕塑似乎抓住了这位儒雅的红衣主教话讲到一半时的神态——他尖锐的目光投向我们的左肩，嘴唇半开好似正在讲话，就好像我们是一群正在聆听他演讲的人。这座肖像是对贝尼尼名言的最好的证明，他认为肖像最好展现模特准备讲话时或刚刚讲完话的那一刻，这一奇喻被称为“逼真的人像”。贝尼尼没有让希皮奥内静坐在那里，因为贝尼尼希望的就是抓住他之所以成为“他”的那一瞬间的品质。波各赛的无袖短袍被弄皱了，一粒纽扣从扣眼中爆了出来，他的四角帽有点歪，和正式的、传统的肖像塑造完全背道而驰。但是波各赛所体现出的这种漫不经心并没有掩盖住他的权威性：这份刻意的淡定在那个时候被称为“潇洒”，正是受到了贵族阶层的影响，这样一来贵族们就不会显得超越凡尘太多了。

1665年，在国王的首席大臣让·巴蒂斯特·柯尔贝尔的命令下，贝尼尼前往法国短暂逗留，在此期间他创作了威严的肖像《法兰西路易十四肖像》（图56）——这是一个完全不同等级的暴君。这件作品与波各赛那件一样有即时性，但是却完全没有那件作品的亲密性。太阳王迅速地看了一眼右侧，就好像看到了一个朝臣刚刚进入了房间那样。其头发翻滚的波浪和被风吹起的饰带强调了雕塑的动态。后者主要是由贝尼尼的助手朱利奥·卡塔利雕刻，且在晚期巴洛克的肖像雕塑中都成为陈词滥调了。路易完全没有波各赛的那种淡定，也没有与观者的空间进行互动。他的目光冷漠且庄严，他的上半身藏在铠甲中，这让他变得难以接近。这尊雕塑最主要的意图就是要表现出权威的概念。通过扩开路易著名的小眼距、扩大他躯干的体积，并把他的额头做得像亚历山大大帝肖像的额头那样宽阔，贝尼尼理想化了他的对象。与此同时，贝尼尼还通过逼真的质感和动感创造出了一个栩栩如生的感觉——像委拉斯开兹一样，他用自然主义去误导观者（图54）。贝尼尼还把国王厚厚的、卷曲的头发进行了夸张，巧妙地通过运用自然光来深化头发的纹理，就好像绘画中使用的明暗法那样。毫不奇怪的是，贝尼尼是一个狂热的漫画家。实际上，虽然卡拉奇在几十年前就朝漫画的方向做出了初步尝试，但仍有很多人认为是贝尼尼创造了漫画这一体裁。贝尼尼在为一些名人（如希皮奥内·波各赛）塑像之前，会画一些非常轻松的速写，用几条精准的线条勾勒出对象的核心特质。更引人注意的是，他还

图55
詹洛伦佐・贝尼尼
《希皮奥内・波各赛肖像》
1632年
大理石
100 cm × 82 cm × 48 cm
波各赛美术馆
罗马

会描绘在街上碰到的人，将其表现成一种具有当时特点的、怪异且滑稽的形象，比如他的《乌尔班八世城市军队队长》（1644年之前），画面中的人物有着如乌龟般的脖子和愚蠢的卷发（图57），贝尼尼把他的面部简略到只用笔快速地勾了五下，把他的眼睛藏在头发后面，并把他的鼻孔、胡须和眼睛变成了第二张脸。正如他的儿子和他的传记作家多美尼科・贝尼尼所写的那样，贝尼尼意在“把肖像的某些部分变形，开开玩笑，而从某种程度上来说，这些变形和玩笑正是为了表达对象的本质”。

虽然英格兰国王查理一世也追求专制统治，但比起公开展示权力，他更青睐“潇洒”。这可能是因为他很警惕国内外那些威胁到他统治的危险（他在1649年被斩首）。安东尼・凡・戴克绘制的《查理一世捕猎肖像》（图58）把那种漫不经心风格的全身像引入了英国，后来这种风格称霸了英国画坛。从1632年起，查理就委任凡・戴

克为宫廷画师，让他用绘画来宣扬自己的慈悲，但同时也要显示国王的绝对正确性。但是凡·戴克也强调了他的绅士风范，这与亨利·皮查姆的畅销作品《真正的绅士》（伦敦，1622 年）所推动的新思想保持一致。这本指导宫廷礼仪的手册被伦敦大众抢购一空。查理站得笔直，挺胸抬头，但他随意地弯曲着自己的左膝，并随便地戴着帽子。画面中完全没有显示出任何传统的皇室象征，没有皇冠或者纹章的出现。查理微睁双眼，高傲而冷漠地注视着我们，且与贝尼尼的波各赛不同（图 55），他完全没有想要表现出自己是一个博学之人。实际上，这位国王的华丽显得非常肤浅：那闪闪发亮的无袖短袍和华丽的紫罗兰裤子对于打猎来说太花哨了，甚至比他的脸部更惹人注意。他的身体瘦得不自然，这符合了英国肖像的潮流，让我们想起布龙齐诺奉承的夸张手段。两位马夫则显得很年轻，动作优雅，且在对比之下，查理的坐骑显得壮实又令人着迷——那华丽的鬃毛是画面的最高点之一。甚至画面中的风景都具有田园风味，且有着古典式的平衡——右边的大树平衡左侧的天空，而树冠则像华盖一样垂向国王。凡·戴克把我们带到了阿卡迪亚，但是画面中却没有普桑作品中那种死亡的象征。虽然现在的历史学家阐释说查

图56
詹洛伦佐·贝尼尼
《法兰西路易十四肖像》
1665年
大理石
80 cm
凡尔赛宫
巴黎

图57
詹洛伦佐·贝尼尼
《乌尔班八世城市军队队长》
1644年之前
白纸上
钢笔及棕色墨水
18.8 cm × 25.6 cm
科尔西尼基金
罗马

理已经完全意识到了他面前的危险，但是在这幅画里，这些危险都没有显露出来。

到了 18 世纪，洛可可已经在英格兰站稳了脚跟，甚至在小贵族的肖像画中，“潇洒”、贵族的那种不屑的神情以及不可能拉得更长的人物形象，都已经是肖像画的标准了。这一风格无可争议的倡导者就是托马斯・庚斯博罗（1727—1788 年），他是不列颠上层社会的画家，他大部分的职业生涯都在巴斯这一时尚的度假胜地度过，他把平淡无奇的客户画成一个个美丽的、厌世的典范。他的肖像画《尊贵的格雷厄姆夫人肖像》（图 59）画的是一个妖艳的女人：俄国凯瑟琳大帝大使的孙女、未来的莱恩德赫王的妻子。这幅画为我们展示了一个拉长的人物形象，和德国洛可可的石膏圣徒和丘比特一样有弹性（图 103）。为了向凡・戴克致敬，格雷厄姆夫人服装的细节——尤其是她锯齿状的蕾丝衣领——让我们想起 17 世纪的服装。她像文艺复兴时期的女士一样秀丽，但是又像一个古典的智慧女神一样冷酷。格雷厄姆夫人的目光高傲地避开了观者的视线，且她的身体似乎没有重量，实际上，乍看上去，她的小脚似乎飘浮在地面上，就好像卡拉瓦乔的落雷托的马利亚一样（图 34）。她红润的脸颊和

噘起的嘴立刻就成为当时美的范例，也是一次描绘“轻浮”的尝试。庚斯博罗的笔触甚至比凡・戴克的还要松，这柔化了人物形象、服装和风景——表现鸵鸟的羽毛是他的绝技——且她缎袍上斑驳的白色光点和褶皱的天鹅绒裙装，展现出了她毫无表情的面部所没有表现出来的活力。

自画像，以其直白且诚实的表现方式来说，似乎与庚斯博罗带有欺骗性的理想主义大相径庭，但是自画像也并非毫不做作。自画像展露出来的只是艺术家希望观者看到的东西，尽管有时这些作品看上去直接触及了艺术家的灵魂，但他们也可以进行微妙的操控。这一体裁在巴洛克时期是比较新颖的，因为早期文艺复兴时期的艺术家倾向于仅在宗教画或历史画中把自己的自画像包含进去，通常是作为一个签名的替代品。但是在 16 世纪中期，自画像就已经有了

一套自己的修辞和视觉把戏。其中的一种概念就是用艺术家的面部作为对现实的镜射：镜子在自画像中是非常常见的，因为艺术家的作品应当“反映”事实。自画像也标榜着艺术家混淆真伪的能力——这得感谢老普林尼的古希腊艺术家传记——画家喜欢模糊现实和虚幻之间的界限。另有一些自画像强调了艺术家的公众形象，不仅强调了他的智识和社会成就，也强调了其人格特质，譬如忧郁或者躁动。而这些特质自瓦萨里的《大画家传》出版之后就与“天才”的概念联系在了一起。很多自画像颂扬的是绘画这一行业，描绘正在工作的艺术家，画面中还有画笔、颜料和画架。这一主题也与帕拉贡争论有关，在其中，各类媒介的支持者都宣称着他们所使用的工具和技术的优越性，譬如就米开朗琪罗来说，他强调创造过程中体力劳动的必要性。

四张自画像——两张是男人画的，两张是女人画的——说明了

图58
安东尼・凡・戴克
《查理一世捕猎肖像》
约1635年
布面油画
2.72 m × 2.12 m
卢浮宫
巴黎

图59
托马斯・庚斯博罗
《尊贵的格雷厄姆夫人肖像》
1777年
布面油画
2.37 m × 1.54 m
苏格兰国立美术馆
爱丁堡

这些不同的修辞手段。第一张是伦巴第画家索弗尼斯瓦·安古索拉（约 1527—1625 年）所作，她在巴洛克风格出现之前就画了这张画。在那时自画像刚刚成为一个体裁，且这幅画也应和了当时女性艺术家日渐被认可的地位（图 60）。虽然女性很少画历史画或者其他“高尚的”学院绘画体裁，但是她们还是很快地在“较小的”体裁中赢得了一片消费市场，这些体裁包括肖像画、静物画、表现女人及孩子的画。由于女性艺术家吸引赞助人（通常是男性）的魅力之一就在于描绘女人和其他“女性化”的主题上，女性艺术家被认为要比男性更有优势，所以她们的女性特质是成功的关键。一些人，如安古索拉和伊丽莎白·西拉尼（1638—1665 年），就把她们本人宣传为女性贞洁的典范，而阿特米西亚·真蒂莱斯基——她是极少数专攻历史画的女性画家之一——则把她于 1612 年公开审讯的强奸案作为资本，专门去画英勇且具有报复行为的女性，同时她也画性感的裸体（图 83）。其他同时代著名的女画家有拉维妮娅·丰塔纳（1552—1614 年）、克莱拉·彼得斯（1594—约 1657 年；图 79）、茱蒂丝·莱斯特（1609—1660 年）、玛丽·凡·奥斯代克（1630—1693 年）和雷切尔·勒伊斯（1664—1750 年；图 4），她们之中的很多人都享有国际声誉，安古索拉本人就在 1559 年被菲利普二世邀请到西班牙做皇家画师。

图60
索弗尼斯瓦·安古索拉
《贝尔纳迪诺·坎皮在作画》
约1558—1559年
布面油画
111 cm × 109.5 cm
国立美术馆
锡耶纳

在《贝尔纳迪诺·坎皮在作画》（图 60）中，艺术家索弗尼斯瓦·安古索拉采用了一个新颖的构思：在她的自画像中，她成为她导师的画中人，这让人们很难分清谁是画家谁是模特。这不仅是向坎皮致敬——就像皮格马利翁那样，他赋予了他的学生（或说得更加具体些，他学生的艺术技巧）以生命——也是画家创作过程的一个展示。但是，毫无疑问的是，在这幅画中，安古索拉才是主角：安古索拉不仅比她的导师体量要大，而且也占据了较高的位置，表示着作为一个艺术家，她已经超越了她的导师。安古索拉也通过她昂贵的天鹅绒礼服和蕾丝衣领来展现出她的社会地位，她出身于一个小贵族家庭，但她像一个真正的贵族那样摆弄着自己的手套。

捷克画家简·库普恰克的《有棋盘的自画像》（图 61）画于

175 年之后，这幅画也同样关注了社会地位的问题。作为最著名的波希米亚艺术家之一，库普恰克在还是个孩子的时候，就因为他的新教信仰而被迫离开了他的出生地布拉格，并最终在维也纳开始为宫廷工作，后来他又迁往纽伦堡继续做宫廷画师。幼时在斯洛伐克，库普恰克好不容易才摆脱成为一个织工学徒的命运，所以他后来通过将自己置身于高层赞助人中间，急切地为自己投射了一个绅士人格。画面中艺术家在观者面前骄傲地站着，挺着胸，像凡·戴克所

画的查理一世那样把手叉在腰上（图 58），而且他严厉的表情看起来几乎是咄咄逼人的，就好像要挑战任何质疑他出身的人。库普恰克身着休闲但是不失优雅的服装，天鹅绒帽子倾斜着，而且他豪华的晨衣的腰间还系着一根有着精巧图案的土耳其饰袋。画面中的棋盘则表明他是一个喜静的人。但是这幅画并非完全虚张声势，库普恰克是一个在理想主义的时代出名的现实主义者，且其精确的笔触

赋予了画面中人物形象的面部和轮廓以一种锋利感，在大多数同时代的画家松散地处理画面的方法中，这种画法独树一帜。库普恰克看上去早已不再年轻，他有着明显的双下巴、爬满皱纹的额头以及后退的发际线，但是他的表情中出现了一丝忧郁——正是这种心理因素的出现，让批评家把他与伦勃朗相提并论。

玛丽·路易莎·伊丽莎白·维杰-勒布朗（1755—1842年）因在其令人愉快的《戴草帽的自画像》（图62）中使用另一种修辞手法而闻名于世，而这一手法也被其他自画像画家频频征引。自从普

图61
简·库普恰克
《有棋盘的自画像》
1733年之后
布面油画
94 cm × 74 cm
州立美术馆
斯图加特

林尼赞扬了希腊画家阿佩莱斯的优雅以来——这一概念在瓦萨里为拉斐尔所写的传记中被重新提出——认为艺术家应该是富有魅力、喜爱交际的这一观点赢得了普遍的认同（贝尼尼正是因为拥有这样的性格特点而被赞颂）。维杰-勒布朗是一个极致的上流社会画家，她受到的皇家赞助——尤其是接受那些有权势的女性的赞助——远超所有与她同时代的女性艺术家。她不仅是法国玛丽-安托瓦内皇

后（1755—1793 年）的首席肖像画师，还为奥地利的玛丽亚・特蕾莎女皇（1717—1780 年）、俄国沙皇凯瑟琳大帝（1729—1796 年）、普鲁士的伊丽莎白女王（1715—1797 年）以及英格兰的摄政王（未来的乔治四世，1762—1830 年）的宫廷效力过。她所获得的荣誉放在任何与她相当的男性画家身上都会让其感到骄傲：她在 1783 年成为巴黎皇家学院的成员，1790 年成为罗马圣路卡学院的成员，1800 年成为圣彼得堡帝国学院的成员，并紧接着进入了柏林绘画学院。维杰-勒布朗也是第一个撰写自传的女画家，在 1835—1837 年的时

图62
玛丽・路易莎・伊丽莎白・维杰-勒布朗
《戴草帽的自画像》
1782年之后
布面油画
97.8 cm × 70.5 cm
英国国家美术馆
伦敦

间里，她写了不乏幽默而又引人入胜的《我的生活回忆》一书。自传描述了她在法国大革命之后的生活，其中她以一个经验丰富的朝臣的身份，用客观的实用主义态度为肖像画家做出了一系列指导。对于由烦躁的女模特所带来的绘画难题，她给出了以下建议："你必须讨好她们，说她们很漂亮，她们有着鲜嫩的肤色……这能让她们有一个好心情，而且让她们更容易久坐。"维杰-勒布朗的活力

以及她对其行业的热忱都体现在了《戴草帽的自画像》中：她站得离画面很近，左手拿着调色盘和画笔；她动人地看着观者，双唇微启，饱含笑意，是一个典型的“会说话的肖像”——但是又完全没有《希皮奥内·波各赛肖像》雕塑中的那种紧张感（图 55）。这个活力四射的自信的女人与庚斯博罗的《尊贵的格雷厄姆夫人肖像》(图 59）完全不同，后者所有的是一种冷漠的、被物化的美。维杰–勒布朗展现出了一种女性的“潇洒”——这是一种在玛丽–安托瓦内皇后的宫廷中备受赏识的态度——她开得很低的露肩领在胸前系了一个简单的结，而她有些古怪的草帽上装饰着鲜花和鸵鸟的羽毛，她的缎面礼服和蕾丝边的披肩则彰显着她的宫廷地位。

伦勃朗 1659 年的《自画像》（图 63）则是一种完全不同的绘画。作为那一时期自画像画得最多的画家，从他 23 岁到 1669 年去世，伦勃朗创作了百余张自画像，其中有油画也有版画。这其中的许多——尤其是我们现在所讨论的这类晚期自画像——在传统上被视为某种视觉自传。在这些自画像中，艺术家用画像来与自己对话，他面部表情中那与日俱增的忧郁，反映出他逐渐变得困难且悲剧的人生。但是这类自我分析更像是 19 世纪和 20 世纪的产物。近期有研究专注在伦勃朗早期的自画像上，研究表明这些自画像也承担着更为世俗的目的。一方面，它们满足了大规模的中产阶级对名人肖像画的需要（伦勃朗成名早，他的大多数肖像画都卖得很快），另一方面自画像给艺术家创造了一个去试验不同情绪的机会（悲伤、恐惧、愉快），这成为完善艺术家绘画技巧的手段。在许多艺术家的培训过程中，对人类情感进行科学研究都是一个非常重要的方面，博洛尼亚的卡拉奇学院就是这么做的（见第 1 章）。伦勃朗谨慎雕琢的自画像不仅彰显出他描绘人类感情的技巧，而且也体现了他自我推广的企图——比起同时代的艺术家，他的形象更为人所熟知。

在这张半身自画像中，像塞巴斯蒂亚诺·德·皮翁博的《基督背负十字架》（图 23）似的，伦勃朗把自己放在一块深色的油布前，且两幅画能够唤起观者相似的沉思。这是一项关于棕色的研究，画面用不断增强的色调来配合从画面左上角到人物正面的那一条倾斜

图63
伦勃朗・凡・赖恩
《自画像》
1659年
布面油画
84.5 cm × 66 cm
国家美术馆
华盛顿

的光线。光线爬到人物那里就停下了，并在右下角投下了深深的阴影。相比之下，人物面部及紧握的双手上那鲜亮的色调吸引了我们的注意，并让我们更接近画面的对象——在面部所使用的厚涂法和背景中剩余颜料的刮抹所产生的对比中，这一亲密的效果得到了强调：伦勃朗直接用刮刀在空画布上刮上背景色。然而，这种亲密感是虚幻的，因为模特的身体实际上是侧对我们的，直切进画面中，而肩膀的透视被阴影削弱了——一个常见用法，让画面中的人物形象看上去像是进入了观者空间。甚至他的视线都是模糊的：乍看上去他好像在直视着我们，但细看画面，他的目光就变得更加内省了。伦勃朗用厚重的笔触跟随着他满是沟壑的脸上的纹路，还增强了那种脆弱和柔软的感觉，这体现在他下垂的下巴、毛茸茸的头发、皱巴巴的帽子和他衣服上那似乎可以触摸到的毛皮质感上，让这幅肖像显得更加容易接近且具有即时性。画面中的痛苦和悲剧似乎是从画家灵魂最深处生长出来的。

但是比起披露心理状态，这幅自画像更像是一幅自我推广的作品。首先，伦勃朗直接把自己的名字签在脸颊左侧极为重要的一个位置，来为这张作品打上“伦勃朗”的商标。更重要的是，这姿势、颜色和服装，甚至是紧握的双手，都赤裸裸地借鉴了拉斐尔的《巴尔达萨・卡斯蒂里昂画像》（1514—1515 年）。这不仅暗示着伦勃朗本人可与文艺复兴大师比肩，也宣称着他是一个有文化和教养的人。因为卡斯蒂里昂不仅是他那个时代最有影响力的作家之一，也是宫廷礼仪的原型书《侍臣论》（1528 年）的作者，术语“潇洒”就出自这本书。甚至连伦勃朗那忧郁的表情，都模仿着传统肖像中的忧郁感，这是另一种带有历史色彩的艺术修辞。在瓦萨里的传记及米开朗琪罗自己的文章中，都讲到这位佛罗伦萨雕塑家具有忧郁的、精心塑造的人格特质。根据亚里士多德的说法，只有忧郁的男人才可以成为天才。到了巴洛克晚期，随着像蒂莫西・布莱特的《论忧郁》（1586 年）这类书的出版，“艺术家是忧郁的”这一构想——尤其是那些离群索居，把自己的时间都投入在创作上的艺术家——变得更加广为人知了。

巴洛克肖像画最伟大的革新之一就是荷兰的团体肖像画，这是一种起源于 16 世纪晚期的群体肖像绘画，并在 17 世纪 20—40 年代达到高潮。这是一个极具挑战性的体裁，它涉及把一大群人的个体肖像画在一幅画面里，这样让他们看上去有着自然的互动，且在最好的那些群体肖像画中，能符合一个单一的主题。这一体裁毫无争议的领袖是伦勃朗和弗兰斯・哈尔斯（约 1580 —1666 年），且这一体裁是随着资本主义的发展，日趋增长的城市繁荣和市民骄傲的直接产物。团体肖像画成为表现非宗教组织的最典型的体裁，这些组织包括城市官员、贸易公司、医生、律师、行会会员和其他希望彰显他们新获得的财富和成功的人群。公民警卫——负责保卫社区的上层男性群体——是这类绘画最常见的顾客。在画面中，他们喜欢把自己置于自己负责保卫的房子前面。超过 120 个公民警卫被这么画过。哈尔斯的《圣哈德良公民警卫的军官和军士》（图 64）描绘了哈勒姆一个连队的步兵。这是一件有着令人震惊的构图技巧的作品，画面被扫过画面中心的一对大对角线所固定，警卫员被分成两个部分，分处画面的两边，并组成了两个相交的直角三角形。画面是典型的哈尔斯风格，每一张脸都得到了细致入微的观察，画家用悦动的笔触让人物表情变得活泛了起来。他们同样也是“会说话的肖像”，因为他们之中的每一个人都好像正在进行对话似的。哈尔斯通过人物姿态和道具强化了场景的熙攘感：几个男人在讲话中伴随着手势，一些人把酒杯举向空中，而在桌前手持餐刀的男子则被打断了用餐。色彩鲜亮的服饰、飘扬的旗帜以及闪闪发亮的酒杯和餐具，让整幅画几乎要从布面中爆出来了，而酒杯和餐具的表现则让我们想到荷兰绘画在静物画方面所取得的至高无上的成就。然而，这幅画面表现上所体现出来的集体性是一种误导。细看每个人的表情，发现他们并未看着彼此，让这张画仅仅是一群个体肖像的并置。实际上，画面中的每个人都为自己在这幅画中的肖像单独支付费用，且画面中的人物是按照地位高低排位的。哈尔斯和他的客户们最在意的不是要创建一个生动的交谈场景，而是要表现出模特们的地位。

伦勃朗的《杜普医生的解剖课》（图 65）用了一个巧妙的手段把八个对象画入了一张画面里：七个求知若渴的医学学生和一个老师——阿姆斯特丹最著名的内科医生之一。伦勃朗用画历史画的方法来表现他的对象，并给予了画面一个戏剧性的中心。这样一来，在同一化人物姿态和眼神方面，他就比哈尔斯更胜一筹，让画面中的每个人在面对中心场景的时候都表现出不同的反应。伦勃朗终其一生都着迷于情感和面部反应之间的关系，这幅画就是另一个例证。比起哈尔斯，伦勃朗也把他绘画的意义上升到了一个更高的级别。表面上来看，画面描绘了一个解剖教授在演示手臂的肌腱功能以及手的工作原理（注意到画面中医生用自己的手巧妙地模仿着死者手部的动作）。其中五个学生认真听着教授的每句话，或是漫不经心

图64
弗兰斯・哈尔斯
《圣哈德良公民警卫的军官和军士》
约1627年
布面油画
1.83 m × 2.66 m
弗兰斯・哈尔斯博物馆
哈勒姆（荷兰）

图65
伦勃朗・凡・赖恩
《杜普医生的解剖课》
1632年
布面油画
1.69 m × 2.16 m
皇家收藏陈列厅
莫瑞泰斯皇家美术馆
海牙

或是聚精会神地盯着老师或是浮肿的尸体（一个被处死的谋杀犯）。其中一个学生的脸上还露出了反感之情，而另两个学生则看向观者的空间，好像正在看画的我们也身处在这个课堂里。一本安德雷亚斯・维萨留斯的著作《人体运作论》（1543 年）被摊开来放在画面右前侧，几乎要处于观者的视线之外了。而最右侧最远处的学生在检查他的观察和他所写下的笔记是否一致。但是一切并非如图所示的那般简单。画面的焦点在死刑犯身上，死刑犯的尸体被用来造福社会的方式暗示着犯罪与惩罚的道德体系。画面最高点的学生看向观众，并用手指着尸体，也把这幅画变成了一个死亡警告，提醒着人们肉身终将腐朽。画面中光线照亮了被学生围绕起来的裸体，让我们想起了基督下葬的场景（对比图 25 和图 32），在那一场景中，基督的尸身被悲伤的人群团团围住。一个近期研究表明，这幅画聚焦于人类手臂的功能属性，这是一种更为明确的对上帝的指涉，因为希腊医生盖伦（129—216 年）在《肢体的有用性・卷一》中写道，人类的手是神造物技艺的典范。杜普医生很可能提出过这种阐释，原因是可以理解的，即为了给他可怕的职业一个更为正面的名声。

在巴洛克，风景画第一次独立出现了。在晚期哥特以及文艺复兴时期，风景画是作为历史画的背景而出现的——尤其是在文艺复兴北部地区，那里的人们无比富裕又深受自然主义的影响。但到了 17 世纪，艺术家们开始探索用自然环境本身来表达情绪或情感，且他们把这种表达看得更加重要了。巴洛克风景画有两种类型，一种被意大利和法国所推动，另一种则在以荷兰为代表的北欧有了长足发展。第一种受古典样式的启发，其特点是使用温暖的地中海色调，并表现出理想化的和谐感 [一种与普桑的《阿卡迪亚牧人》（图 52）相似的美学]。风景画家取景自然，但是总是在画室中调整并“改正”这些风景速写以使其符合古典的准则。南方的风景画是慢慢从宗教绘画中脱离出来的，甚至是最生动的早期巴洛克风景画都装点着直接画上去（一次画完不再修改）的小小的人物形象，并起上类似《逃亡埃及途中的休息》（图 66）或是《托拜亚斯和天使》之类的名字。诚然，许多牧师相信风景画反映出了被神创造的世界，而

图66
阿尼巴莱·卡拉奇和多梅尼基诺
《逃亡埃及途中的休息》
约1604—1606年
布面油画
1.22 m × 2.3 m
多利亚潘菲利美术馆
罗马

这也就折射出上帝的光辉。荷兰的风景画生发于一个完全不同的社会——宗教环境之中。在荷兰，加尔文主义清洗了所有公共宗教图像，贵族和市民阶层就需要从世俗的社会中汲取养分，去赞助那些描绘他们周遭世界景象的作品。这些艺术家把他们在户外所画的墨水速写和油画习作进行调整和优化，在他们理想化最终作品的时候，以及有时在创造梦幻的风景画的时候，他们的目标不是追求古典的、完美的自然，而是去描绘一个驯化的、人化的自然。在这里，版画和油画一样重要。有时候这些画有纪念碑性，有时候这些画甚至带有不祥的色彩，但是总体上来说，它们是熟悉且令人舒适的。

早期巴洛克画家，比如阿尼巴莱·卡拉奇和多梅尼基诺，他们不仅受到南方大师的熏陶，也受到威尼斯文艺复兴绘画中丰富的自然景观和阴晴不定的天空的影响，这让风景画作为一种体裁在意大利中部土壤上的生根发芽成为可能。阿尼巴莱在他事业发展早期就尝试过风景画，描绘野蛮生长的树木和山丘的羁荒野景，画面中还有猎人和渔夫。但是当他到了罗马以后，他就把这些景色融入更“易于接受”的宗教绘画之中了。阿尼巴莱选择罗马的平原或者农村作为画面的对象，画着略显乏味的古典主义风景，其画面的特点是有着更宽广的地平线、更高大的树木、更微妙的光影和金色的光线。《逃亡埃及途中的休息》（图 66）是阿尼巴莱和多梅尼基诺的合作画。画面中央的一大块空地被下方的一条河流和中景处的城堡锁在中间，三者形成了微妙的平衡，并被画面左侧长满树木的小丘和画面右侧远处的树木连接起来。人物总是出现在前景处，城堡在画面中央重要的位置，而圣家族则出现在两条对角线的交叉处，被画面上方的城堡和两侧的树木所保护着。这种理想主义与乔万尼·巴蒂斯塔·阿古尼奇的理论密切相关，他是“完美的自然”的倡导者，强调风景与古希腊罗马田园文学之间的关系（见第 1 章）。

寻找古典的世外桃源也成为从法国出逃的前糕点师克劳德·洛兰（1600—1682 年）的动力，大家都叫他克劳德。和普桑一样，他职业生涯的大部分时间在罗马度过（1627 年之后），他的作品融合了阿尼巴莱的古典主义和南方流亡者的那种敏锐的现实主义和明

图67
克劳德・洛兰
《海港日出》
1674年
布面油画
72 cm × 96 cm
古代绘画陈列馆
慕尼黑

亮的光线，后者以佛兰芒的保尔·布利欧（1554—1626 年）及德国的亚当·埃尔斯海默（1578—1610 年）为代表。很快，克劳德的作品就受到了罗马最重要的赞助人们的喜爱，教皇乌尔班八世就是其中之一。克劳德也成了欧洲最受欢迎的风景画家——实际上，当时市场上充斥着模仿克劳德的假画，克劳德还把他的作品编成书来帮助收藏家辨别真伪（《真理之书》，第一版于 1777 年以版画的形式出版）。《海港日出》（图 67）创作于他职业生涯晚期，那时他已经试验出了诸多风景画类型，其中很多都使人想起古罗马田园文学，尤其是罗马诗人维吉尔的《埃涅伊德》和《农耕诗》。克劳德深入乡村用墨水勾勒风景速写，随后上淡彩以增强效果，有时候也画油画写生。在他的作品中，他把这些风景写生转化为古典和谐的场景，直接在油画布上画出构图方案。《海港日出》是克劳德晚期作品的典范，他的晚期作品中，水面、建筑、树木和人物都被夕阳或落日所放射出的光线镀上了一层金色。画面展示的是罗马帝国最后凋零的日子里意大利南方的一个海港，画面中还有着长满植物、摇摇欲坠的凯旋门和城堡废墟的残骸。闷热的黎明湿润的空气让冉冉升起的太阳不那么刺眼（克劳德是第一个直接在画面上表现太阳的人）。前景处的女人和船夫在黎明时分静静地走着，随意地交谈，准备开始一天辛勤的体力工作——他们在满是天空和海景的画面里只不过是点缀罢了。

荷兰风景画（我们从荷兰风景中得出这一概念）是一个与众不同的现象。比起去追寻奥古斯都的黄金时代，它们更注重当下：那骄傲的年轻共和国以及富有的中产阶级所熟悉的风景、都市风光和海景。尽管如此，荷兰风景画和南方的风景画一样的人为化和理想化，也被它们自己“完美的自然”的烙印所驱动着。虽然学者们最近试图在类似萨洛蒙·凡·雷斯达尔（1600—1670 年）和扬·凡·戈因（1596—1656 年）这类画家所画的那些麦田、瀑布和云隙间射出的阳光之中，解读出有关上帝的宗教象征，但是，无论是从画名还是从同时代的评论中，都很少有证据能证明画家有意传递出这样的信息。像克劳德一样，荷兰艺术家在户外写生，然后在工作室中

图68
克拉斯·詹斯·维斯切尔
《有滑冰者的冬日风景》
科内利斯·克莱茨·凡·维灵恩设计
蚀刻版画
美术博物馆
波士顿

修正构图：放大山峰、合并建筑或者降低地平线。通过沿着戏剧性的对角线或者是纵轴来构图，艺术家为画面增加戏剧效果和活力。哈勒姆是风景画的早期的中心，在 17 世纪初，那里的人们就开始对知名地区的风景作品很感兴趣，尤其是版画作品。克拉斯·詹斯·维斯切尔（1587—1652 年）的《有滑冰者的冬日风景》（图 68）是他 14 幅系列版画中的一幅。这一系列版画名为《荷兰风景》，由他哈勒姆的画家同行科内利斯·克莱茨·凡·维灵恩所设计。画面展现了荷兰特有的风景，有堤坝、冰湖、山墙和茅草屋，维斯切尔把这类场景称为“令人愉快的地方”。但是同时画面中又充斥着普通人，他们在其中工作或者进行休闲活动，比如滑冰（是荷兰人发明了滑冰）或者造船。维斯切尔的版画也着重强调了天空：地平线在画面的中央，天空和大地一样重要，且画面上方的云团和画面下方的人物一样充满活力。正如其名所示，“令人愉快的地方”，这类版画的主要目的就是给观者以愉悦感。相同的目标在风景艺术成熟之后依然延续着，在 1650—1675 年，凡·雷斯达尔和凡·戈因的作品仍遵循着这一目标。

凡·雷斯达尔一幅名为《雨后》（图 69）的早期绘画，展现了

图69
萨洛蒙・凡・雷斯达尔
《雨后》
1631年
木版油画
56 cm × 86.5 cm
美术博物馆
布达佩斯

图70
扬・凡・戈因
《哈勒姆海》
1656年
木版油画
40 cm × 56 cm
施泰德博物馆
法兰克福

图71
雅各布·凡·雷斯达尔
《有橡树的沙丘风景》
1650—1655年
黑色粉笔
笔刷
灰色水彩
水粉、边线由铅笔和棕色墨水勾勒
21.0 cm × 19.1 cm
大都会艺术博物馆
纽约

他那无与伦比的、通过操纵画面中的云团和光影来营造期望感与不祥感的能力——正是这种情绪激发了学者在他的作品之中寻找宗教信息。凡·雷斯达尔用棕色和灰色加深了云的阴影来画出云团翻滚的感觉，画面的左上角留出一小块天空，显露出一缕阳光，但这只照亮了画面下方的一小块风景——一些刚刚收割的禾秆和群马中的一匹。小屋、马车、干草车和人物形象都被沉重的深棕色和深绿色模糊掉了，人物及其装扮在场景中显得如此渺小，展现出了自然的生命力和令人恐惧的力量。凡·雷斯达尔细致地画出了风吹过树的效果，以及阳光穿过云隙落下的斑驳的光点。他把地平线画得比维斯切尔还低，这样天空就成了画面主要的表现点，且其丰富又多变的用色使他的作品与凡·戈因笔下那几近单色的世界区分了开来。凡·戈因的作品《哈勒姆海》（图 70）也有着低海平线、翻滚的云团和海风吹拂的阴雨天气，但是画面前景处很大一部分都被用来表现海水，在其中，凡・戈因通过荡漾的水波和水面的反射，画出了云团动态的倒影。比起凡・雷斯达尔，他画的云团少了一些戏剧性，多了一点人性。海浪对船只或者渔夫来说都不是威胁，人们静静地完成着自己的工作，完全没有注意到周遭的天气。但是人力还是无法与自然的力量相比。比起凡・雷斯达尔而言，凡・戈因粗略勾勒的风车、村舍和远处的塔尖在画面中则显得没那么重要了。

虽然作为一个体裁，风景画是基于户外速写之上的，但速写可能也是具有欺骗性的。萨洛蒙的侄子雅各布・凡・雷斯达尔（1628/1629 —1682 年）——他们姓氏的拼写方法不同——被认为是荷兰黄金时代最伟大的风景画家，且他赋予了寻常物（比如树木或者风车）一种通常在历史画中才能找到的纪念碑性。乍看上去，他的《有橡树的沙丘风景》（图 71）像是某天下午在户外溜达的时候随手画的速写，但是实际上这幅画是一个完整的、有签名的、精心构建的示意图，而且它本身就是一件艺术作品。凡・雷斯达尔使长在崎岖沙丘上的大树所形成的强有力的对角线，与右下角蜿蜒的小溪和左上角的人行桥形成了平衡。他让我们从较低的视角看到这棵树，并让这棵树挤占画面上部边缘并遮盖住了一半的天空，从而强调了这棵树的高度。通过小心地将黑色粉笔、水彩和水粉交错使用在一幅作品之中，凡・雷斯达尔给我们呈现了一幅有着戏剧性的光影效果的速写，而这种效果在他的油画中更为出名。和他的叔叔萨洛蒙一样，他故意让他画面中的人造因素——在这幅画中是桥和小茅草屋——看上去在大自然建构的威严面前微不足道。

在洛可可的威尼斯和罗马，一种完全不同类型的风景画发展起来了。有别于荷兰风景画中的那种有感染力的云景和海景，以及多梅尼基诺和克劳德的那种田园古典主义，乔万尼・安东尼奥・康纳尔（被称为“卡纳雷托”，1697—1768 年）以及他的老师乔万尼・保罗・帕尼尼（1692—1756 年）的风景画（城市景观图）旨在描绘清晰、逼真而精准的世界，忠实呈现了灯火通明的景色，他们的绘画更接近我们今天所谓的照相写实主义（实际上，卡纳雷托晚期的作品使用了暗箱，或者像箱子一样的光学设备，在用颜料作画之前先直接把风景投射到画布上）。这两位艺术家都因为参加壮游（Grand Tour）而变得闻名于世。壮游是 18 世纪的成年仪式，年轻的北欧贵族用数月甚至数年的时间跑遍意大利，学习文艺复兴和古代的艺术与文化，并在壮游中建立重要的社交关系。约瑟夫·史密斯是威尼斯的英国领事，也是卡纳雷托主要的赞助人之一，他帮助艺术家向世界各地的客户售卖他们的作品。卡纳雷托从 1746 年开始在伦敦工作，在他回到威尼斯之前，他在英国待了十年左右。《大运河：看向西南》（图 72）用一种典型的卡纳雷托视角，绘制了威尼斯运河和主要古建筑。画面是直接在油画布上写生创作而成的，生气勃

图72
乔万尼·安东尼奥·康纳尔（卡纳雷托）
《大运河：看向西南》
约1740年
布面油画
1.24 m × 2.05 m
英国国家美术馆
伦敦

勃的贡多拉和小船队列让城市景观变得鲜活起来。像个摄影师一样，卡纳雷托用聚光效果带出了黄昏时分更加丰富的色彩，光线打亮了左侧的圣西蒙尼·皮科洛教堂，而另一侧的圣马利亚·蒂·拿撒勒教堂则落入阴影之中。这幅画的创作时间与圣西蒙尼完工的时间在同一年，故这件作品可能旨在纪念这一事件。对阳光打在物体表面所产生的效果的细致描绘——尤其是海浪上那悦动的光线——以及画面对深层次的道德意义的缺乏，占了法国印象主义之先。帕尼尼的《有现代罗马景观的画廊》（图 73）使用了幻觉主义式的手法，画出了从建筑内部所展现出的其外部的景色：他把文艺复兴和巴洛

图73
乔万尼・保罗・帕尼尼
《有现代罗马景观的画廊》
1757年
布面油画
1.7 m × 2.44 m
美术博物馆
波士顿

克时期所见的罗马建筑绘制成了画中画。帕尼尼不仅是一个风景画家，他也画肖像画、壁画，做舞台设计，还为庆典创作暂存的艺术作品。早在 18 世纪头 10 年，他就用罗马废墟的现实景象和想象景象作为画面的背景，为壮游的客户画像。但是在今天，他最为人所熟知的就是他画的宫廷内景，里面挂满了帕尼尼画的装了框的架上绘画。这些画作描绘的是古罗马或者文艺复兴时期的景色，以及古典时期的雕塑。这种在结构上缺乏一致性的建筑都有着戏剧化的透视，它们不像是建筑，倒更像是舞台布景。在这幅画的下方，鉴赏家和艺术商观看着这些画，并讨价还价，与此同时艺术学徒们或跪或站，做着作画前的准备。

日常生活的场景——令人困惑的是，也被称为“世俗场景”——在小体裁绘画中排位很高，因为尽管它们描绘的对象地位较低，但是其中包含了多重的人物形象和动态（它们等同于亚里士多德定义

图74
扬·斯滕
《颠倒的世界》
1663年
布面油画
105 cm × 145 cm
维也纳艺术史博物馆
维也纳

图75
扬·维米尔
《在窗前读信的少女》
约1657年
布面油画
83.2 cm × 64.4 cm
德累斯顿绘画馆
德累斯顿

中的“喜剧”）。和风景画一样，它们的感染力在于其描绘的是熟悉且同时代的对象——从安详的家居场景到下流的小酒馆中的嬉闹。这一体裁始于佛兰德斯画家老彼得·勃鲁盖尔（约 1525—1569 年）所画的乡下场景。虽然作为一个小体裁，风俗画在 17 世纪早期的意大利十分流行——阿尼巴莱·卡拉奇和卡拉瓦乔都涉足过风俗画，意大利当时还有专门的俗世画（Bamboccianti）的分类——但荷兰迅速地占据了这一体裁的领先位置。比起风景画，风俗画更倾向于传递道德意义：小酒馆的场景表面看上去仅仅是搞笑或粗俗的，但其常常有着劝诫的功能；而家居内景则宣传着家庭价值观念，比如整洁，并颂扬女人在家庭中扮演的角色——比起没那么富裕的年代，当时的女性第一次从烦琐的日常体力工作中解脱了出来。但是这些隐喻通常被夸大了：这些作品主要是要描绘司空见惯的现实，并因为它们模仿现实的能力而被欣赏。

扬·斯滕的《颠倒的世界》（图 74）和扬·维米尔的《在窗前读信的少女》（图 75）分别代表了这一体裁绘画相反的两端。斯滕画面中的房间乱成了一锅粥，和有秩序的家庭完全不搭边。前景处一对醉醺醺、互相动手动脚的恋人几乎要从凳子上摔下来了，与此同时，一位小提琴手正在演奏。画面右侧，一个修女正在和一个贵格会教徒讲八卦，而在画面最左侧，一个女孩正在从橱柜里偷钱。她的弟弟完全被她那熟睡的、可能酗酒了的妈妈所忽略了，正在抽着一支烟斗，而一个没人管的婴儿正在把家里的贵重物品往地上摔。旁边的一只小狗跳到桌子上，狼吞虎咽地吃着一块馅饼，且（在右侧的厨房中）一块被丢掉的烤肉掉进了火堆里。一叠扑克牌散落一地，左下方的一只啤酒桶也漏了（一只猪正咬着壶嘴），而这让这一场景显得更堕落了。但是这些细节的展现并非偶然，它们都是与谚语、文学和戏剧相关的象征和典故。闻着玫瑰的猪令我们回想起荷兰谚语“对牛弹琴”（pearls before swine），英语中也有相似的谚语。在老男人肩头的鸭子让人把贵格会教徒（Quaker）与“鸭子叫”（quacker）联系起来，而玩着钟的猴子则隐喻着“生活不是游戏”（life is no ape's game）。画名本身就是一个游戏的名字，质疑着生活的意义和社会的准则，且艺术家在画面右下角的黑板上写下“谨防奢华”。斯滕是一个生活在新教国家的天主教徒，他的信仰可能导致他喜爱描绘可以传递道德启示的场景。不管怎么说，他并非对他画面中的形象毫无怜悯之意，且他用这种无忧无虑和滑稽使观者感到愉悦。

维米尔的画则完全不同。《在窗前读信的少女》是一篇专注的散文：少女站在构图的中央，她全神贯注地读着信，好似她的灵魂已经离开了她的身体。实际上，与窗户、墙壁、窗帘、地毯、家具及装满水果的大碗一起，她变成了静物中的另一道风景。少女侧面出镜，让我们读不出她的心思，但是却让我们能瞥见她的脸在窗户上的倒影。借此，维米尔邀请我们暂停并冥想，就好像在观看宗教图像那样。遵循着他的一贯画法，维米尔颜料上得很薄，他没有使用戏剧化的阴影，而是用细微的色调变化描绘出了质感和轮廓，这样一来画面看上去雾蒙蒙的或好像失了焦。尽管如此，布料以及桃子的质感、窗户上光影的效果，以及地毯和大碗的装饰纹样都被十分细致地描绘了出来，比起斯滕的绘画，维米尔的作品给了没有生命的物品以更为突出的表现。有些物品非常重要，比如土耳其的地

图76
让-安东尼·华托
《舞会的乐趣》
1715—1717年
布面油画
52.6 cm × 65.4 cm
达利奇美术馆
伦敦

毯和中国的陶瓷，表现出荷兰家庭生活的富有。通过几条突出的垂直线（窗帘、站立的女人、窗户的接点、窗框），维米尔创造出了用线和空间所组成的有韵律的图样，而在其中他遵循着把画面分成了明暗两区的对角线，并在此基础上叠映作画。他让那些大胆的颜色（红色、绿色和金色）完美地融合在画面之中。阳光从左上角进入房间，赋予了房间以生命，投下阴影，点出高光，并随着它的移动在玻璃和陶瓷上留下反光。有些人认为维米尔可能用了暗箱或者

针绳系统（绳子直接被固定在油画布上，来帮助艺术家画出透视线）之类的光学仪器，并以此来解释维米尔创造出这一视觉幻境的方法，但是这些机械并非重点：维米尔对于视觉的理解压倒了一切他所使用的方法，背离了那种机械所制造的完美，维米尔创造出了一个完全属于他自己的风格。

专注也同样是洛可可画家让-安东尼·华托（1684—1721年）画面的主题。虽然法国洛可可通常被看作是无忧无虑的，甚至是有

图77
伦勃朗·凡·赖恩
《门前的乞丐》
1648年
蚀刻版画
16.6 cm × 12.8 cm
阿姆斯特丹国立博物馆

些轻浮的，从描绘休闲场景的绘画的不断激增中，我们就可以看出这一点，这些绘画中的场景通常发生在开阔的乡村风光之中（被称为宴游），但学者们开始发掘那些有着更严肃主题的作品，比如对谈、着迷或者灵性主题。在洛可可田园式作品中，数量不等的小小的人物形象成组出现，享受着亲密的野餐，或者和他人交谈。常见的就是剧院演员和音乐家静静地站在一群更为生气蓬勃的人物形象之中。

图78
胡安·德·瓦尔德斯·莱亚尔
《在闪烁的眼睛里》
1670—1672年
布面油画
2.2 m×2.16 m
慈善医院教堂
塞维利亚

甚至松快的颜色处理也令人想起了“对话”那极具魅力的、千变万化的本质。然而，这些引人入胜的场面有一种神秘的特质，即其反抗了叙事性：它们描绘了对话，却没有表现具体的故事，且即使这些人物形象表现得栩栩如生，观者也无法知道他们究竟在说些什么。在华托的《舞会的乐趣》（图 76）中，画家强调了处于两侧的两组人物之间的互动，这样一来在拱门下的舞者——他们的出现暗示着这幅画的主要主题——在对比下就显得刻板且没有特色。在当时法国社会中，社交，尤其是对话，是至关重要的：在 18 世纪早期，品行手册极为泛滥。这类书籍的重点在于讲述在人类交流过程中道德规范和端庄礼貌的重要性，而对话本身也成为沙龙的重点。沙龙是由巴黎的贵族女性所组织的论坛，她们邀请当时最重要的知识分子来参加，从让-雅克·卢梭到伏尔泰都受邀参加过。举办沙龙的目的，是在此进行有礼貌的辩论和讨论。诸如此类的绘画就好像非宗教性质的冥想图像一样，强迫我们不由自主地跟上画面中的讨论。

世俗场景也是较为廉价的蚀刻版画中经常出现的主题，蚀刻版画是版画的一种工艺：草图被刻在一块涂满了防酸树脂的金属板上，然后把刻板泡进酸水中让刻痕在金属上腐蚀出更深的痕迹。伦勃朗是巴洛克时期最为高产的蚀刻版画家之一，他创作了数百幅宗教场景、寓言研究、肖像画和世俗场景作品，实际上他主要是因为蚀刻版画作品而声名远扬的。他的《门前的乞丐》（图 77）不仅展现了他超群的技艺，也显露出他对穷人和受压迫者的同情，这类主题我们已经在他的宗教画中看过了。乞丐一家站在门前，接受一个头戴皮帽、身着时兴裘皮大衣的富翁施舍给他们的一枚硬币。但是，乞丐们才是画面关注的焦点，不仅因为他们是画面的中心，更因为乞丐们的镇静吸引了观者的目光。他们在这幅画的中心，富翁几乎被隐藏在门道里了。他们有尊严地穿着破烂的衣服。男人歪歪斜斜

图79
克莱拉・彼得斯
《有鲜花、高脚杯、干果和脆饼的静物》
1611年
版面油画
52 cm × 73 cm
普拉多美术馆
马德里

戴着的帽子和男孩脚蹬的折边靴，几乎透露出了一种贵族般的“潇洒”（与图 58 对比），这对带着孩子的夫妻让我们想起伦勃朗本人在《逃亡埃及途中的休息》中所描绘的圣家族。就像一幅理想的世俗图像所该有的那样，乞丐们被表现得极端真实，正如那个盲人乐手拿着的手摇风琴，就是当时典型的流浪音乐家乐器。版画的线条刻得很随性，有着速写的即时性，且画面对光影细致入微的表现可与任何油画相提并论。画面暗部用铜版画技法加以强化，也就是画面暗部

图80
威廉・凡・万・艾斯特
《有死鸟和猎枪的静物》
1660年
布面油画
86.5 cm × 68 cm
柏林画廊
柏林

是艺术家直接在金属板上刮刻出来的，但被刮下来的碎屑——也被称为“毛边”——被留在刮刻的边缘，这块区域可以留住更多的油墨，从而创造出一种柔和的天鹅绒的效果。

静物画——也就是描绘一堆靠近画面的、精心挑选的物品——本身也是宗教画中的细节。静物画作为一种体裁第一次出现在尼德兰，到了 17 世纪，蔓延到意大利和其余南欧国家。术语“静物”从荷兰语的“stilleven”（静物）直译而来，字面意思就是指“死去的生命”，且画家用这一自相矛盾的奇喻来传达“虚空”的寓意，并暗示死亡的迫近（很多静物画都是“死亡警告”）。这一体裁发展的令人毛骨悚然的极致体现在西班牙画家胡安·德·瓦尔德斯·莱亚尔（1622 —1690 年）的作品之中，他是穆里罗在塞尔维亚最主要的竞争对手。他的《在闪烁的眼睛里》（图 78）——题名在画面上方——描绘了一座坟墓，上面撒满了尘世浮华，包括缎袍、三重冕、皇冠、宝剑、盔甲、书籍、一根权杖和一个地球仪，而一具骷髅阴森地出现在上方，左臂夹着裹尸布和棺材，左手持镰刀，在用脚转动着地球仪的同时用右手熄灭了蜡烛。这服装、物品和书籍——可以通过书名和摊开的书里的版画来确定它们具体是什么书——直接指涉着教皇和西班牙的哈布斯堡王朝：瓦尔德斯要传达的信息是，再伟大再有权力，也逃不过死亡，凡人终有一死。

荷兰和佛兰芒的静物画以其令人眼花缭乱的、多种多样的主题而著称，其中有些有道德色彩，有些没有。克莱拉·彼得斯的《有鲜花、高脚杯、干果和脆饼的静物》（图 79）是四幅荷兰餐食绘画中的一幅，画面用一顿被打断的午餐来暗示生命的无常和奢华的危险。彼得斯是最早把鲜花和食物画在一幅画面中的人，她把画面分成了垂直的三部分。中间部分的主体是一个镏金高脚杯，高脚杯后面是一个大瓷碗，里面装满了坚果、无花果和枣，这部分和画面最右边的部分形成了一种平衡，右边的部分描绘了一盘胡乱摆着椒盐卷饼和坚果的盘子、一把锡镴壶和一杯酒。画面左边，一只插满了鲜花的陶花瓶和散落在桌面上的花瓣平衡了整幅画面的构图。场景的即时性被画家的技巧所加强：画面中的大多数物品都摆得离画面

图81
安东尼・凡・戴克
《圣弗朗西斯泽维尔会见丰后的大名大友宗麟》
约1641年
布面油画
1.92 m × 1.37 m
格拉夫・冯・施波恩艺术收藏
波默斯费尔登（德国）

很近，所以离观者也很近。所以我们不得不从下到上来观看这张桌子，就好像我们正坐在桌边一样。虽然画面中的鲜花画得好像真的一样，但这正是彼得斯的障眼法，这些花——水仙、郁金香、鸢尾、玫瑰和牡丹——开放的季节是不同的。

花卉是静物画中最受欢迎的主题，其价格可以高过像伦勃朗这样的著名艺术家所画的历史画的价格。我们在引言中提过荷兰艺术家雷切尔・勒伊斯的《有玫瑰的静物》（图 4），她是最为成功的花卉画家之一。荷兰人对进口中东花卉十分迷恋，尤其是郁金香。郁金香如此珍贵，人们在市场上甚至会投资它们的球根。勒伊斯的绘画满足了他们的需求。她是植物学教授的女儿，从小就收集珍贵花卉的标本，她了解不同的花卉和水果的质感、花身和湿度上的每一处细微的差别，譬如画面中的光线在葡萄上就留下了不同的质感——这让她在疯狂热爱郁金香的商人阶层中间赢得了无与伦比的名声。她的老师是威廉·凡·万·艾斯特（约 1627—约 1683 年），专攻一种完全不同的静物画，画面暗示着死亡和腐朽。万·艾斯特曾经是佛罗伦萨斐迪南二世德·美第奇大公的宫廷画家，但他还是回到了荷兰，在那里他的狩猎画十分抢手。在 1652 年到 1681 年间，他创作了超过 60 幅的狩猎场景。他的《有死鸟和猎枪的静物》（图 80）把劝世良言和对狩猎的颂扬结合起来。狩猎是著名的富人专享的活动。画面中三只猎禽被挂起来，下面是一件折起来的绅士外套、一只狩猎号角和一把闪闪发亮的、制作精良的火绳枪。万·艾斯特用雷切尔画花瓣的方式，把每一片羽毛都描绘得无比精致且独一无二，且他熟练地画出了大衣的亚光麂皮、枪身明快发亮的金属以及鸟胸脯上的绒毛之间不同的质感。通过把鸟松软的羽毛和折断的脖子进行对比，他确实让我们心头一颤。万·艾斯特没有遗漏任何一处细节，沿着通过鸟和火绳枪所组成的互相交叉的对角线安排了他的构图。他用深一点的大地色调平衡了画面中的亮部，给了画面一种宁静的和谐感。

虽然并没有成为单独的体裁，但异域情调等作为风俗画下属的绘画类型，在当时也是很典型的。巴洛克和洛可可是不断有奇异事物出现的时代，比起 16 世纪那征服的年代，已知世界的边界在当时被推得更远了（见第 7 章）。虽然某些贵族家庭，譬如托斯卡纳的大公或者因斯布鲁克的哈布斯堡王朝，较早地显露出了对异域情调的兴趣——更详细点说，是对亚洲、非洲和美洲的自然景观、民族和手工艺品的兴趣。但在 17 世纪和 18 世纪之前，这些异域图像并没有在欧洲艺术中传播开来，而只是在罗马的天顶画或者巴伐利亚的灰泥装饰中，偶尔会出现一个亚洲的公主或者美洲的原住民勇士。正如我们将要在第 5 章讲到的，洛可可时期的室内装饰尤其偏爱异域题材，特别是随着受中国影响的装饰运动的引入——被称为“中

图82
扬・韦雷斯特
《六国之王》
1710年
布面油画
91.5 cm × 64.3 cm
加拿大肖像美术馆
地点可变

国风”（chinoiserie）——让这一偏爱更加明显。佛兰德斯和荷兰画家为达官显贵画像，这些人可能来自欧洲贸易帝国可触及的最远的地方，这些绘画的目的要么（在西属尼德兰）是庆祝基督教的环球传播，要么（在荷兰）是试图要搞清楚与他们建立贸易交易的文化。乍看上去，凡・戴克的《圣弗朗西斯泽维尔会见丰后的大名大友宗麟》（图 81）似乎是要展示耶稣会传教士在向一位欧洲王子表示敬意，而不是展示他在对一个日本的军阀致敬（丰后的大名是 16 世纪日本对耶稣会最重要的早期支持者之一）。这一日本领主有着红彤彤的脸颊、红色的头发，身着波澜起伏的西方君主的长袍（他甚至穿着罗马皇帝的便鞋），且他被一个身着闪亮欧洲铠甲的男人守卫着。

这画面有很强的戏剧性，尤其体现在沿着平行线站立的主角们那热情的目光和姿态上，也体现在由延伸到画面边框之外的高阶和立柱所组成的构图手法中——这些都被鲁本斯在《罗耀拉的依纳爵的奇迹》（图 46）一画中使用过。但是作为一幅人类学作品，凡·戴克的这幅画有些差强人意。他可能没有见过准确地描绘日本人或日本服装的图画，但是准确性并非这幅画的重点，凡·戴克的目标在于让这个日本领主更容易被欧洲观众所接受，因为人们很难和与他们长得不像的人产生共鸣。

荷兰画家扬·韦雷斯特在《六国之王》（图 82）中所要表现的和凡·戴克完全不同。这幅画是英格兰安妮皇后的委托订件，属四幅易洛魁人肖像画中的一幅，作为对其中三个人（剩下的一个人在海旅中去世）来访伦敦的纪念。画面中的主人公是出生于狼族的莫霍克人，来自现位于纽约北部的地方，由于他的英国东道主很难念出他的名字，所以他取了化名亨德里克王，或者亨德里克·彼得斯。此次会面是由荷兰人彼特·斯凯勒精心策划的。斯凯勒是在荷兰贝弗韦克的贸易殖民地、后来的奥尔巴尼市的市长。此次会面的目的是要赢得王室支持，与莫霍克人成为同盟，以对抗在魁北克的法国人（这次会面最直接的结果是安妮皇后下令建造了一个莫霍克教堂，位于今天纽约的福特亨特，建成于 1711 年）。韦雷斯特的画面中缺少了凡·戴克的那种技巧或活力，他画得煞费苦心、异常精确，通过描绘全身像，画家暗示了模特尊贵的身份。这位莫霍克领袖有着美国土著的面部特征和肤色，他手持的贝壳串珠腰带被画家精心地描绘了出来，这条由紫色和白色的贝壳珠所制成的腰带，是一个高等级的美洲印第安人艺术品，它的编制是为了记录下两国人民之间的和平条约及其他协定。他的服装呈现出半英格兰、半莫霍克风，他穿着西方的鞋子、绑腿和衬衫，但是又身着美洲土著的披肩，腰上还绑着串珠花。通过贝壳串珠和右下角的短柄小斧，画面主角表明他是愿意谈判的——为了以示友好，他把斧子放在地上。韦雷斯特甚至试图在背景处还原北美的森林，与此同时，他还用平涂方式画出了画面左下角的狼，来作为主角的纹章符号。

图83
阿特米西亚·真蒂莱斯基
《达娜厄》
铜版油画
40.5 cm × 52.5 cm
圣路易斯美术馆
密苏里州

更有异域风味的图像，譬如对“东印度群岛”的风光或者其居民聚会场景的描绘经常出现在宫殿天顶画上。这些图像充满了原始生活的气息，满足了人们猎奇的心态。这种展现人性的绘画在文艺复兴时期十分常见，但它们常常用神话或者《旧约圣经》中的场景来掩饰（其中，苏珊娜和长老或莎乐美是最常见的题材）。例如阿特米西亚·真蒂莱斯基的《达娜厄》（约 1612 年），描绘了阿戈斯国王的女儿（图 83）。这幅画画在铜版上，铜版很适合画小尺寸的私密场景，因为油画颜料在铜版上比在油画布上要鲜亮得多（同见图 27）。达娜厄躺在一个被画得很漂亮的铺着红色天鹅绒布料的睡榻上，她胳膊紧贴着身体，并顺从地闭着眼睛。与此同时，她的女佣拿着她的斗篷，希望能接住几枚散落的金币。阿特米西亚所画的人体在男赞助人中尤其流行，画面中那些精巧的细节，比如达娜厄的右乳碰上了她的胳膊所形成的皮肤的纹理，以及她小腹上的褶皱，都深受艺术世界的赏识。因为女艺术家画出的女性比男人画的女性

图84
卡拉瓦乔
《丘比特》（《或真爱战胜一切》）
1602年
布面油画
1.56 m × 1.13 m
柏林画廊
柏林

图85
弗朗索瓦·布歇
《褐发宫女》
约1743年
布面油画
53 cm × 64 cm
卢浮宫
巴黎

要可信得多。她们同时有一件男艺术家需要花钱买的东西：女模特。

但是巴洛克也出现了纯粹描绘人体的绘画——有些是皇室观众的私人订件——并得到了极高的关注。卡拉瓦乔的《丘比特》（或《真爱战胜一切》）（图 84）描绘了一个戴着假翅膀的男孩。这幅画是红衣主教文森佐·朱斯蒂尼亚尼（1564—1637 年）的委托订件，他是巴洛克时期罗马最博学的人之一，也是那一时期最伟大的艺术收藏家之一。很多著名的艺术家——尤其是查理斯·约瑟夫·瓦图尔（1700—1777 年）、弗朗索瓦·布歇（1703—1770 年）和让-奥诺雷·弗拉戈纳尔（1732—1806 年）——都直接描绘人体。其中的精品之一就是布歇的《褐发宫女》（图 85），描绘了一个趴在自己床上的年轻女性的背部。女孩摆弄着一串珍珠，同时伸出右手抱住一只豪华的枕头。她的右手被拉长了，她的皮肤看上去很温暖，有着柔韧的触感，床单和晨衣爱抚着她的身体。右侧的中国屏风甚至增加了画面的异国情调感。

美的整体 巴洛克和洛可可教堂内饰

图86
安东尼奥・达・柯勒乔
《圣母升天》
1526—1530年
壁画
帕尔马大教堂

美的整体（Bel Composto），或直接叫孔波斯托（composto），可能是巴洛克和洛可可最典型的艺术形式。这是一种在造型和主题上都统一的内饰空间，逾越了文艺复兴在绘画、雕塑和建筑之间划定的界限。孔波斯托就像是精心编排的舞蹈，每一种媒介都在整体中扮演着一个角色，而这一整体旨在引发观者的感官、情感以及智识的反应。在非宗教建筑中——尤其是大沙龙，或者宫殿及市政厅的楼梯——创作这类内饰的目的是要让观者感受到王室的显赫或者市政府的权威，使身处这一空间的人感受到自己的渺小，进而成为一场宏大的、表现权力与忠诚的戏剧的一部分。但是作为这一时代最伟大的发明之一，孔波斯托并非出自非宗教空间之中，它诞生于教堂及其他神圣空间的内饰之中，在这一充斥着冥想、神秘主义和狂喜的时代，孔波斯托不仅满足了教会革新期间天主教神学家所追求的那种直接的公众崇拜，也符合普通天主教徒更为私人的祈祷习惯。虽然詹洛伦佐·贝尼尼早在 17 世纪 40 年代就在罗马创作出了典型的孔波斯托，但其根源要久远得多，其依赖的是自中世纪晚期以来就在使用的空间和图像之间的相互作用。这一章我们将探讨宗教的内饰，把外饰留在第 4 章讨论。本书的这种划分章节的方式，反映出了巴洛克和洛可可建筑中逐渐出现的二元性：在教堂建筑内部，其注重的是为朝圣者创造一个敛心默祷和颇具迷幻的环境；而在教堂的外表上，这两种风格则意在增强基督教团体的市政特质，推动教会和国家之间的和谐等。本章还将着重讨论意大利、伊比利亚半岛、佛兰德斯和中欧地区的教堂内饰，在那里，“美的整体”

的概念产生了巨大影响。

欧洲巴洛克与洛可可那协调的教堂内饰来自两个完全不同的传统，一种是意大利文化传统，另一种是北欧文化传统，这两种传统经常出现在同一座建筑中——在阿尔卑斯山脉北侧和伊比利亚半岛的建筑当中，这一特征尤为明显。更为人所熟知的意大利变体从文艺复兴建筑与艺术典范中生发出来，而北欧变体则从依旧活跃的晚期哥特传统中萌发。虽然到了 17 世纪晚期，二者一般都用古典主义（古希腊罗马）艺术和建筑的语言来表达自己，但是受哥特式影响的北欧内饰与祭坛的基础结构和美学，与意大利风格相比，依旧相去甚远。在划定这两种传统的地理边界的时候，地方主义是一个非常重要的因素。意大利人相信古典主义是他们传统的一部分，并与此同时嘲笑着“德国方式”；而北方人声称哥特是他们的传统，也把哥特与前宗教改革的“黄金时代”联系起来，并从一开始就对外来样式持怀疑态度。西班牙与葡萄牙偏爱哥特风格，这是因为佛兰德斯在很长一段时间里都对其艺术产生着影响，也因为这两个国家对中世纪晚期那探索与征服的年代（在 15 世纪 90 年代，他们的对美洲的“大发现”和通往亚洲海航线的出现）有着自豪感。西班牙和葡萄牙的巴洛克与洛可可内饰与意大利的完全不同，被清晰地盖上了这样的烙印。

从风格上来说，意大利风格的孔波斯托可以追溯到文艺复兴的雏形之中，比如米开朗琪罗在佛罗伦萨圣洛伦佐教堂参与的部分——新圣器安置所（始建于 1519 年），是美第奇家族墓室（图 87）；再比如洛伦廷图书馆（1530 年）的前厅——他通过综合使用不同的视觉媒介，打破了古典建筑的规则。米开朗琪罗像制作雕塑一样随意地前后摆放建筑中的各个部分，借此打破了墙面的完整性——在前厅中，墙面甚至比框住它们的柱子还要突出。而在新圣器安置所中，雕塑则回应着墙面的结构，陷入墙中，或者涌向房内，那巨大的体量赋予了雕塑如同建筑般的纪念碑性。米开朗琪罗本来想要把绘画融入他的综合创作之中，但是弧形墙面上的壁画一直没有被画上去。在壁画的视觉创新上，孔波斯托也贡献了一份力量。米开朗琪罗的西斯廷天顶画（1508—1512 年）仅仅使用透视的技法，就用颜料画出了一个假的建筑架构，而安东尼奥·达·柯勒乔（约 1489—1534 年）的穹顶壁画中（图 86），涌动着使用大透视描绘的人物形象，这些人物形象呈螺旋状排列，在视觉上扩张了穹顶的高度，好似打开了通往天堂的大门——这一主题在巴洛克与洛可可时期都变得平淡无奇了。

孔波斯托这种被主题所统一的内饰的另一个特点，是其所具备的说教和情感功能。这一特点出现于 16 世纪晚期和 17 世纪初期这

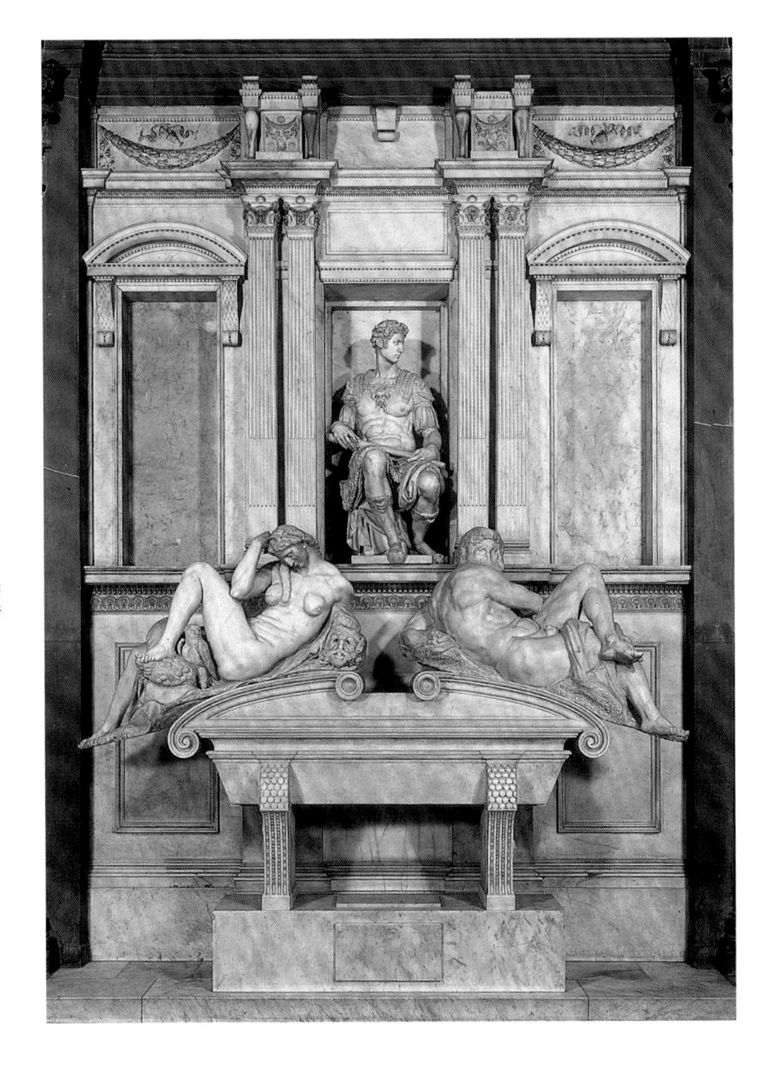

图87
米开朗琪罗·博纳罗蒂
朱利奥·德·美第奇之墓
1521—1534年
新圣器安置所
圣洛伦佐教堂
佛罗伦萨

一过渡时期，出现的部分原因是大众敬礼的风潮，以及新冥想手册的出现，比如《心灵练习》（1548年）、《落雷托的连祷文》（1558年）和《诸圣祷文》（1601年）。还有一部分是因为这一时代认为艺术是某种视觉修辞手段（见第1章）。这些空间中的图像提示来访者进行反思和默想祷告，且这类内饰很适合做布道、教义问答和四旬斋守夜这类宗教活动的背景。三座位于罗马的建筑：奥拉托利会的新教堂（装修于1578年至17世纪20年代）、耶稣教堂的耶稣会礼拜堂（装修于1584—1608年）和早就被毁坏了的为耶稣会的见习修士提供驻地的圣安德烈·阿尔·奎里纳勒教堂（1597—1610年），都吸引了更多的朝圣者。在那朴素的晚期文艺复兴建筑的框架中，这三座建筑的内饰通过把壁画、布面油画、灰泥粉饰、大理石铺面和雕塑组成各类实验性的新形式，并把叙事场景、个体人物形象、符号、徽章和铭文结合在一起，借此传递着它们的信息。即使奥拉托利会的新教堂中藏有早期巴洛克艺术家的作品（这些艺术家中还包括卡拉瓦乔和鲁本斯），学者们还是不愿意把这三座建筑的内饰称作是“巴洛克”。原因是它们缺乏风格上的统一性，而这种风格上的统一性是贝尼尼的“美的整体”的典型特征。

图88
希皮奥内·普尔佐内和加斯帕雷·塞利
耶稣受难礼拜堂
1590—1597年
耶稣教堂
罗马

像耶稣教堂的耶稣受难礼拜堂（图88）中，那种由希皮奥内·普尔佐内（约1550—1598年）绘制的紧密交织的图像，用暴力对比着顺从，启发来者在行动和反思之间不断往复。基督受难中的大多数重要的瞬间都包含在这些图像中，包括祭坛画（后来被拆除了）中的《悲恸》（基督下十字架）、侧面的两幅对基督登上加略山的叙事片段的描绘、对见证基督受难的《四福音》的表现，还有四幅令人哀伤的折磨基督的图像。这四幅图像遵循着塞巴斯蒂亚诺·德·皮翁博和路易斯·德·莫拉莱斯的绘画传统，而图像的高潮在教堂的拱顶的《十字架和受难刑具》上面。这一礼拜堂有多种用途。它可以成为四旬斋布道的背景，也可以作为一个浓缩版的“苦路”的背景（由方济会所推广的祈祷，在祈祷中，沉思和祷告要在耶稣受难的阶段进行），甚至可以在人们使用类似《灵修手册》或者多玛斯·肯璧斯的《效法基督》这类手册的时候，作为对基督受难冥想的一个

图像提示。再者，耶稣礼拜堂中，绘画的不同部分之间越过边框相互呼应，这在意大利内饰中还是第一次出现：左侧的墙面上的耶稣凝视着祭坛中他自己的命运；福音传教士们则看向穹顶上的十字架；而天使们抬着十字架，猛地将其向下刺向观者的空间。这种空间的相互交织成为巴洛克孔波斯托的一个里程碑。

在 17 世纪的前 75 年， 主题统一的内饰在阿尔卑斯山北部非常流行，因为其道德说教和教条主义的内容十分适合对抗新教教义。鲁本斯于 1620—1621 年在安特卫普的耶稣会教堂作了一组祭坛装

饰画（图 46）和 39 幅天顶画（毁于 1718 年的一场大火），描绘了基督战胜异教的故事。鲁本斯描绘这组绘画的方法，让有着不同受教育程度和社会地位的参观者，在这里可以得到不同的观看体验。在德国纽因堡，曾经的路德教会圣母教堂被其新的所有者耶稣会用百余件粉饰灰泥纹章重新装饰（由迈克尔・安东尼奥和彼得罗・卡斯泰利于 1616—1619 年所作），这些装饰描绘了《落雷托的连祷文》和《诸圣祷文》，来帮助朝圣者祈祷（图 89）。主题最为复杂

图89
迈克尔・安东尼奥和彼得罗・卡斯泰利
圣母教堂中的灰泥纹章粉饰
1616—1619年
纽因堡（德国）

图90
汉斯・乌尔里希・来博等
朝圣教堂
始建于1654年
赫格斯瓦尔德（瑞士）

的内饰之一在瑞士天主教教区的赫格斯瓦尔德的朝圣教堂之中，开始创作这一内饰的时间是 1645 年，这与贝尼尼在罗马建立孔波斯托的时间一致（图 90）。赫格斯瓦尔德教堂强调了在这类空间中，观者的参与是至关重要的。嘉布遣会的僧侣路德维斯・冯・维雇了一个团队对这一空间进行改造，团队以雕塑家兼木匠汉斯・乌尔里希・来博（约 1610—1664 年）为首，把一个端庄的圣母神殿——里面有一个实物等大的落雷托圣母之家——改造成了一个多媒介的盛会，像一个神圣的剧场一样，与观者进行着互动。从朝圣者进入建筑的那一刻开始，壮丽的画卷就不断展开。一个两面的基督受难像高高地悬挂在梁柱上，（尘世）流血的基督在一侧，而（另一个世界）天使般的基督在另一侧，标志着这是一条从尘世到天堂的路。穿过十字架受难像，抬头向前，朝圣者面对着的是一个闪闪发光的镏金祭坛屏风。其综合了雕塑、浮雕和绘画，以二维和三维的方式，讲

述了圣母一生的故事。教堂的整个天花板都用来展示各种象征圣母马利亚的天堂幻影，准确地说，有 321 种之多，由卡斯帕尔・梅林格所作。这些象征直接引自《落雷托的连祷文》和其他文献。祭坛屏风的后面是一对天使，这创造了一种他们飘浮在圣洁之屋两侧的幻觉。朝圣者们进入圣洁之屋之后，就被圣家族的雕塑群像所欢迎。隐藏起来的窗户和蜡烛戏剧般地点亮了这些雕塑，创造了幻景般的感觉。而另一些圣母和方济会成员戏剧化地装点着华丽的耳堂拱和侧边祭坛（嘉布遣会属于方济各会）。虽然这些北方的孔波斯托还是缺乏风格上的统一性和完整感——这是由意大利巴洛克所引领的，但它们通过无与伦比的丰富的语义弥补了这一切。

北欧和伊比利亚半岛的内饰不仅深受哥特遗产的影响，也饱受古典传统的熏陶。在“三十年战争”结束之前（1648 年），中欧建筑师所使用的建筑结构从本质上来说还是哥特式的，在此基础上，建筑师在空间内部装点上巴洛克的雕塑和祭坛装饰，以迎合重新建立起来的罗马教会。科隆耶稣会的息焉堂的内饰（图 91），把哥特式网状拱顶、支柱与巴洛克风格的元素结合了起来，其中包括十二使徒的巴洛克风格雕像，雕像由耶利米亚・盖斯勒博（约 1594—约

图91
息焉堂
1618—1629年
科隆

1631 年）所作，它们狂野且具有戏剧性的姿态与哥特美学相去甚远。意大利风格的小孩和天使，以及巴洛克的布道坛和祭坛装饰，共处在德国 50 年来最宏伟的建筑之中。在接下来的几十年内，随着中欧内饰越来越接受巴洛克和洛可可风格，“德国方式”就以一种更为微妙的方式而存在了：中世纪风格的祭坛装饰风格和建筑形制（比如德国厅堂式教堂）都持续增多；错综复杂的拱顶和圆顶坐落在高高的支柱上；建筑平面是复杂的几何图案，比如三角形和五角星形状；教堂装饰种类繁多、数量惊人，有着栩栩如生的现实主义雕塑以及对自然光线的戏剧性运用。巴洛克和哥特可以结合得天衣无缝，其原因是中世纪内饰，如英格兰的伊利大教堂（图 109）的内饰，其所追求达到的效果与巴洛克孔波斯托所追求的惊人的一致。它们融合了种类惊人的各种媒介，把蕾丝状的石窗饰、交错的拱顶与彩色玻璃窗、壁画、雕塑、浮雕和金圣物盒结合在一起。它们让信徒通过幻象、惊奇感和丰富的视觉体验获得了一种神秘的感觉。而光线穿过彩色玻璃，照射到教堂重要的礼拜区域。

和巴洛克的雕塑一样，哥特雕塑家通过惊人的现实主义，以及生动的情感和痛感，引发了观者的悲怅。德国克雷格林根圣父教堂的耶稣受难祭坛（图 92）带有两翼，被称为带翼祭坛，祭坛中间板块的髑髅地场景，装饰着涂以逼真颜色的浮雕，活灵活现地呈现在观者面前。其中抹大拉的马利亚和施洗者约翰在悲痛中或大声哭喊或昏厥了过去，而基督带血的尸体和那两个被钉死的强盗则用他们痛苦的姿势震撼了我们。在祭坛的顶部有着盘旋而上的装饰头，表面凹凸不平，又有锋利的尖状凸起，让我们想起荆棘皇冠。和耶稣

图92
无名氏
耶稣受难祭坛
1487年
木上彩色
9.3 m × 3.73 m
克雷格林根圣父教堂
（德国）

礼拜堂一样，带翼祭坛可以对公众开放，也可以做私人祈祷。其季节性的礼仪庆典的重点是祭坛中不同的圣徒、遗物和叙事场景，而私人礼拜者则用其作为静默冥想的催化剂。当这些祭坛装饰开始要遵循巴洛克风格特点的时候，它们表面上采用了古典的建筑语言，但是它们的人物形象、对镏金彩绘木的使用以及哥特风格的浮雕板，都违背了其中世纪的出身。比如由尼古拉斯·盖斯勒（1585—1663/1665 年）所作的瑞士卢塞恩豪夫教堂精彩的三重侧祭坛（图

图93
尼古拉斯・盖斯勒
圣母安眠祭坛
1640—1644年
卢塞恩豪夫教堂（瑞士）

93），其中人物的衣纹保留着中世纪雕塑的那种棱角分明的线条和平面化的风格，但是框架却装饰着柯林斯柱、涡卷饰、一座凹凸不平的三角形山墙和球形装饰头。哥特的装饰风格也被别出心裁地保存了下来，譬如坐落在“两翼”上、朝着相反方向向上卷曲着的弯曲的檐板。还需要注意的是，和克雷格林根祭坛一样，祭坛的中心板块是雕刻的，而两翼则是画上去的。

西班牙和葡萄牙的巴洛克雕塑家在整个巴洛克时期都一直偏爱着哥特式的超现实主义风格。胡安・马丁内兹・蒙塔涅斯（1568—1649 年）、彼得罗・德莫纳（1628—1688 年）和格雷戈里奥・费尔南德斯（1576—1636 年）就专攻这种率直的图像。西班牙巴利亚多利德的圣尼古拉斯教堂的祭坛中，费尔南德斯所作的那鲜血淋漓但又肌肉发达的《瞧！就是这个人》（图 94），用强烈的自然主义震撼了观者。那剧烈的疼痛是如此地出自本能，这尊雕塑看上去好像已经疼得满身大汗。费尔南德斯的《瞧！就是这个人》同样展现出西班牙和意大利风格之间的相似之处和根本区别。这一雕塑细致入微的肌肉表现和平衡的古典姿势让我们回想起米开朗琪罗的《复活的基督》（1519—1521 年），然而他那细长的女性化的身体、优雅的手部和恭顺倾斜的头则赋予其一种羸弱感，这让我们直面肉身生命的有限性。虽然这些雕塑经常被作为独立的雕塑作品得到陈列和展示，但这些西班牙现实主义的杰作起源于带翼祭坛，其本身是属于祭坛装饰的一部分，只有在节日中才会被从祭坛中取出，并在城市中进行游行。

在这本书所涉及的时代中，哥特式风格从来没有真正地消失过。贝尼尼处于事业巅峰之时，正是哥特式在阿尔卑斯山脉北部繁荣生长的时期。意大利石匠在米兰继续完成尚未建造好的哥特式大教堂，这些建筑在 17 世纪和 18 世纪继续保存着哥特式遗风。在 18 世纪头 20 年，哥特式风格重新出现在波希米亚，出现在乔万尼・桑蒂尼的哥特—巴洛克混合风格建筑之中——下文将详细叙述。在巴洛克和洛可可时期，古典主义和哥特主义传统这两种风格代表着建筑的两极——空间与结构。两者最主要的不同在于，哥特美学非常重视几何秩序和数值的和谐，故而哥特式很重视三角形和其余几何形状。

图94
格雷戈里奥・费尔南德斯
《瞧！就是这个人》
1621年之前
木上彩色、玻璃和布料
182 cm × 55 cm × 38 cm
圣尼古拉斯教堂
巴利亚多利德（西班牙）

相反的是，在古典和文艺复兴的传统中，建筑的比例是基于人体结构比例的，建筑的设计基础则是单个的测量组（被称为“模块”），且“模块”设计倾向于圆形和矩形的空间。

经典的意大利孔波斯托要从贝尼尼的科尔纳罗礼拜堂（图 95）说起，这是巴洛克技艺最精湛的内饰之一，且其组雕《圣德列萨的

狂喜》（图 96），和他的《阿波罗与达芙妮》（图 2）一样精妙和有触感。作为威尼斯枢机主教费德里戈·柯尔纳罗的墓室礼拜堂，它建在罗马圣马利亚·德拉·维多利亚教堂的加尔慕罗教堂之中，它的空间是如此局限和狭窄，让任何一个只从照片看过这一组雕的人，在目睹其真容后都震惊不已。但是贝尼尼没有让这一礼拜堂极

小的面积限制住他宏伟的图景。在将近 50 岁的年纪里，他选择了用这一瞬间来作为他对文艺复兴帕拉贡（见引言）最大的挑战。虽然贝尼尼依旧使用了古希腊罗马的建筑语言，且他受到了同一时代的更具古典主义倾向的画家的影响，但是他把每一种媒介都用到了极致，让上了色的灰泥粉饰与建筑结构重叠，用绘画的技法来创作雕塑。

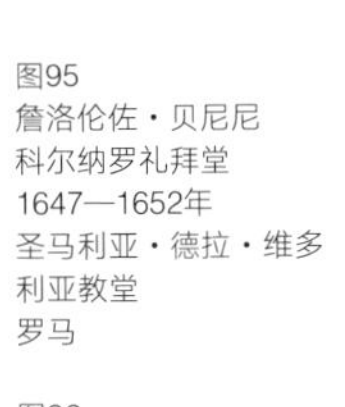

图95
詹洛伦佐・贝尼尼
科尔纳罗礼拜堂
1647—1652年
圣马利亚・德拉・维多利亚教堂
罗马

图96
詹洛伦佐・贝尼尼
《圣德列萨的狂喜》
科尔纳罗礼拜堂
大理石
3.51 m
圣马利亚・德拉・维多利亚教堂
罗马

而最为戏剧化的挑战就在于贝尼尼在这一祭坛装饰本身中反转了绘画和雕塑的角色。从 13 世纪开始，意大利的祭坛装饰在传统上就是板上绘画，随着 16 世纪油画的不断增多，祭坛装饰也有了布面绘画。虽然贝尼尼受到了《科尔托纳的圣玛格丽特的狂喜》（图 97）的构图和丰富的光影效果的影响——作者是阿尼巴莱・卡拉奇的学生乔

图97
乔万尼·兰弗朗哥
《科尔托纳的圣玛格丽特的狂喜》
1622年
布面油画
2.3 m × 1.8 m
碧提宫
佛罗伦萨

万尼·兰弗朗哥，但这幅画还是止步于在二维空间营造三维幻象。贝尼尼超越了他的前辈，把他的祭坛装饰直接塑造成真正的三维群雕——虽然人们还是只能像观看绘画一样从正面观看这一组雕。通过把大理石的祭坛嵌入一对立柱和一座凹凸不平的三角形山墙之中，贝尼尼强调了祭坛装饰的三维空间（这种像门廊的框架被称为龛），并让祭坛扩展到观者的空间，就好像十足的力量把雕塑本身往前推动了一样。这一触即发的动态感让整个礼拜堂都生动了起来。

科尔纳罗礼拜堂把这种幻觉的狂喜当作与神沟通的途径。从一个叙述的层面来说，这座礼拜堂不仅呈现了一个历史的景象——16 世纪的西班牙加尔默罗会的神秘主义者圣徒阿维拉的德列萨（1515—1582 年），而且旨在让观者也产生这种狂喜的反应（我们今天可能会把这种感觉称为灵魂出窍）。空间中奶油色、灰色、浅绿色和赤褐色的大理石所组成的色彩搭配——大多数大理石上都有纹理和斑点，加上灰泥粉饰、雪花石膏和镏金铜装饰的点缀，让

图98
詹洛伦佐・贝尼尼
科尔纳罗礼拜堂
私人礼拜堂细节
圣马利亚・德拉・维多利亚教堂
罗马

这一礼拜堂在绚丽的色彩中颤动了起来。似乎有一束光奇迹般地点亮了中心的群雕——光线透过藏在三角门楣之中的窗户射进来。窗户只能从教堂外部看到，位于墙面的凸起上，凸起所形成的室内空间用来摆放雕塑。这种效果被镏金铜条所制成的下斜的太阳光线所加强了。大理石祭坛的结构被围绕在礼拜堂的下半部分之中，雕塑后方的墙面上铺满了条纹状的大理石板，一对假祈祷室（礼拜堂中的楼座，贵族在里面参与教堂事务）分别处于祭坛的左右两侧（图98）。这一对假祈祷室看上去比祭坛要靠后得多，因为贝尼尼在雕刻这对假祈祷室那浅浮雕的拱顶和立柱的时候使用了线性透视——这也是从绘画中借用的技巧。在祈祷室中的一群观众是科尔纳罗家族的成员，在科尔纳罗礼拜堂装修的时候，在世的仅剩一位了。作为意大利巴洛克最早的群体肖像之一，他们处于鲜活的来访者和祭坛中的天堂幻象之间。这群人进行了讨论、祷告或沉思——有一个祈祷文本把他们与基督变形时的使徒相对比，但面对德列萨的狂喜，他们的反应很平静（没有一个人看向祭坛），这促使来访者不再依靠贝尼尼的视角，转而去感受属于他们自己的内心的狂喜。

一个曾让上层沐浴在白光中（没有装彩色玻璃）的长方形窗户，现在被装上了建筑浮雕板。一团上了色的灰泥云朵好似是从天堂落下来的，掉在礼拜堂的这些浮雕板上并散开来。这些云团旁边被画上（吉多贝多·安巴蒂尼所画，约 1600—1656 年）爱抚着圣灵之鸽的天使，最低的一位天使悬在窗户的边缘，而在建筑空间上部的拱、楼层之间的饰带、凹凸不平的三角形山墙的正中央都装饰着三维的灰泥天使。贝尼尼是第一个达到聚焦自然光效果的艺术家。通过隐藏的空间，贝尼尼让自然光投射在由人造云团和天使组成的背景中——这种场景通常被称为“天堂荣光”（heavenly glory）或者“荣耀”（gloria）。这一临时的背景作于 1628 年，是贝尼尼用石膏和木头做的，放置在梵蒂冈宫的保禄小堂中，在“四十小时奉献”（一个四旬斋的守夜仪式，见第 6 章）时被“千盏”隐藏的灯所照亮。这个背景中临时搭建的结构、夸张的透视和灯光效果，极大地启发了贝尼尼用更耐用的媒介所做的尝试：正如我们将要在后文中讨论到的，贝尼尼设计了许多临时的节庆装饰和舞台布景。

对于科尔纳罗礼拜堂来说，贝尼尼选择了圣德列萨 1562 年的自传中的一瞬间：一个天使接见了她，并用一支带着神圣之爱的、顶部还在燃烧的金矛刺穿了她的心脏。“他插进我心脏数次，这样矛就彻底穿透了我的内脏……疼痛如此剧烈，让我数次呻吟了出来。这由强烈的痛感所造就的美妙是如此极致，我简直不想让它停止……”（图 96）。由于长期受弗洛伊德理论的影响，今天的观者将这一时刻阐释为一种神秘的高潮。从某种程度上来说，这一瞬间的确是有感官的元素在里面，但是德列萨所经历的这种“美妙”是精神上的。据 13 世纪莱茵兰地区的传统，女性神秘主义者曾使用《圣经》的《雅歌》中的相关语言，配合爱伤的意象等作为一种与上帝冥想共融的方式。正如 13 世纪撒克逊的神秘主义者赫福塔的格特鲁德（1256—约 1302 年）所述：“通过肉体的东西所展现出来的东西不应受到鄙视，我们应研究任何通过肉身的图像所引发的精神愉悦，我们的头脑值得品尝这样的美妙。”德列萨和贝尼尼在这一相同的文化背景中通力合作，旨在用感官的方式，把灵魂从肉体的躯壳中释放出来。

德列萨的文本等同于那一时代的畅销书。贝尼尼忠诚地跟随着德列萨的文字，为他的组雕构图。天使，那没有性征的青年人，身上的衣纹翻滚着，脸上带着庄严的微笑。天使在圣德列萨面前站得笔直，右手中的镏金铜箭呈现出一种精致的平衡。德列萨本人陷入顺从的晕厥之中，但即使如此她的上肢和脸部仍旧向上伸着，仿佛在渴望着上帝的光芒。通过她沉重但又颤动的衣纹，贝尼尼展现出了她的灵魂——那令人激动的疼痛与愉悦的混合。贝尼尼还塑造了赤裸的双手和左足——毫无疑问是艺术史上最感性的脚之一。德列萨的狂喜也体现在她的脸上，她的嘴唇在呻吟中张开，眼皮松弛且没有瞳孔。这一组雕中最核心的戏剧冲突在天使的镇定（精神）和圣徒的狂喜（肉体）所产生的对比之中。贝尼尼确保了观者明白这一组雕是一场瞬时而短暂的幻景，而这也是他对大理石永恒性的蔑视。观者无法接近组雕中的人物形象，也不能从背后观看，且这些人物形象飘浮在云床上，好似没有重量似的。

科尔纳罗礼拜堂承载了过多的感官感受，而这正是问题所在。典型的孔波斯托内饰可以用多种方式来观看，观看方式可根据观看者的倾向而定。如果我们从上往下看，我们会首先看到天堂的幻象，然后看到上了色的灰泥天使中的一位出现在组雕之中的大理石天使旁边。当我们接着开始看组雕本身的时候，我们的眼睛可能会向上看向圣德列萨凝视的方向，看到那沐浴在光亮中的天堂，那也是德列萨眼中的景象。中途，我们可能会转身去看科尔纳罗家族的那些观看者，他们的表情和姿势让我们明白了面对这一组雕的时候，什么才是适宜且虔诚的反应。我们的眼睛用一种流畅又偶然的方式从一个元素转向另一个元素——一位学者将其与电影蒙太奇相对比——而思绪则在叙事与象征、理性与感性之间摇摆着。作家早就把贝尼尼操纵感官的方式，与《心灵练习》（见第1章）中的“空间构成”联系了起来，“空间构成”练习非常适合使用五种感官来

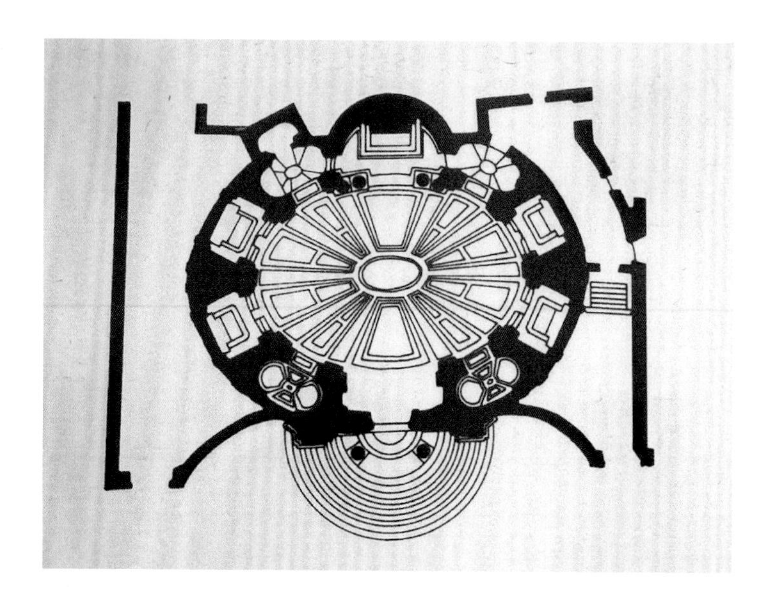

图99
詹洛伦佐・贝尼尼
平面图，圣安德烈・阿尔・奎里纳勒教堂
1658—1672年
罗马

图100
詹洛伦佐・贝尼尼
圣安德烈・阿尔・奎里纳勒教堂
罗马

一起进行。据了解，贝尼尼本人就常做这一练习，而且他是耶稣会传教士吉安・保罗・奥利瓦（1600—1681年，后来耶稣会的总会长）的密友，并定期在耶稣教堂参加晚祷服务。我并非要试图在这里进行一个冗长的文本比较，学界已经做过数次这样的研究了。我要强调的是贝尼尼创作的小礼拜堂与《心灵练习》一样有着劝诫的意味，观者身处其中，使用其自由的意志和个体创造性重组和阐释围绕在他们周围的视觉数据。

在罗马，贝尼尼用了两个更大的空间来探索孔波斯托的可能性。一个是圣安德烈・阿尔・奎里纳勒的新耶稣会见习礼拜堂（图99、图100），这是受教皇英诺森十世的侄子卡米洛・潘菲利的委托，用一个新的建筑去替换一个拥挤且不稳固的16世纪建筑结构。像在科尔纳罗礼拜堂一样，贝尼尼的挑战在于要在一个有限的空间里创造富丽堂皇的感觉。通过别出心裁的建筑平面设计，以及一个结合了主祭坛、圆顶和天窗的气场强大的孔波斯托，他做到了这一点。贝尼尼选择用椭圆形来构成自己的建筑平面设计，这一形状很快变成了巴洛克和洛可可最受偏爱的形状之一，且入口处和主祭坛之间的空间就是一个椭圆形，该椭圆形的最短轴距就是二者之间的直线距离。这样一来，当我们进入这一礼拜堂的时候，其恢宏就自然而

然地流露了出来。当我们从入口处进入礼拜堂中后，会发现两侧的空间（椭圆形的最长轴距）长得令人难以置信，且由于我们在短时间内没有意识到入口处到主祭坛之间的距离有多近，所以主祭坛看上去比它本身还要高大。贝尼尼在椭圆形长轴的两端装上实体的墩柱，而不是遵循传统模式将其作为礼拜堂的入口，这让人们本能地将注意力集中在前方，从而让主祭坛显得更加重要了。他使用光来给内饰做出象征意义上的分割，把天堂与人间区分了开来：除了主祭坛的神龛和礼拜堂背面的半月窗之外的地面都是暗的，而穹顶则沐浴在自然光之中。

主祭坛是科尔纳罗礼拜堂的变体，但是在这里，祭坛歌颂的是死亡和显容。主祭坛的神龛有一对和科尔纳罗礼拜堂的孔波斯托相似的柯林斯柱，以及一个凹凸不平的三角形山墙，且因其形成了一个只允许牧师进入的区域，这就阻止了外行观众进入参观。然而，圣安德烈的神龛更简朴一些，没有科尔纳罗礼拜堂的那些灰泥装饰，而且整个神龛只有一种颜色，就是条纹大理石的暗粉色。最主要的区别是祭坛结构向内退了，这让观者在观看过程中不自觉地向前靠近。在祭坛装饰中，贝尼尼没有用像绘画般的雕塑，而是直接用一幅画作《圣安德鲁的受难》占据了祭坛的中心位置（古列尔摩·柯蒂斯绘制，1628—1679 年），画面中那结实的形体和强烈的光影让这幅画有了一种强烈的雕塑感。和在科尔纳罗礼拜堂一样，祭坛被隐形光源点亮，在这里光源来自一个小小的椭圆穹顶，且自然光被一系列镏金“光线”装饰所反射。围绕在“光线”周围的，还有小天使和全身天使像，其中四个托着画，而剩下的似乎不受阻碍地穿过墙壁，挑战着石材的不可穿透性。绘画边框和龛体是大理石材质的，其白色纹理隐隐地闪烁，就好像被其身后的奇迹之光穿透了一样。

圣安德鲁的显容就在我们眼前发生了。这幅布面绘画展示了一个几近全裸的、肌肉发达的凡人，他在折磨中挣扎着，并寻求上帝的帮助。当我们看向阳光的来源的时候，我们就会非常惊讶地看到，由安东尼奥·拉吉所作的比绘画大得多的圣安德鲁的雕塑（这是圣安德鲁乘坐着云团的灵魂）穿过了神龛上凹凸不平的三角形山墙，迸发出火山般的力量。贝尼尼所选择的媒材增强了奇迹感：圣人是用灰泥塑造的，灰泥是一种轻且有韧劲的材料，但是他却穿透了三角门楣沉重的大理石。拉吉雕塑的上半部分刺入了代表天堂的穹顶之中，穹顶处有着镶金边的六角形凿井以及纵向的、组成阳光光束的肋条。在穹顶的天窗上，三位灰泥小天使和成对的灰泥渔夫组成了一个封闭的环状，来迎接即将进入天堂的圣人，这些人物形象是根据米开朗琪罗在西斯廷天顶上画的裸体来创作的。最后，在天窗上，一个隐形的圣安德鲁的灵魂穿过了由带翅膀的小天使所组成的第二个环，径直向上进入了上方明亮的区域，感受着和圣灵（拱顶上的一个灰泥像）的结合。科尔纳罗礼拜堂和圣安德烈礼拜堂最关键的区别在于后者中贝尼尼给在神龛之中主持弥撒的牧师创造了一个不同的景象。从这一有利的位置，牧师可以直接从绘画（牧师在弥撒中面对祭坛，而不是面对礼拜会众）一直看到椭圆天窗，而礼拜会众是看不到天窗的。椭圆天窗完全被镏金光束所环绕，并被一群镀金小天使所簇拥着，而离天窗最近的是壁画《天父》，天父本人也将沐浴在一圈炙热的光里——至少在晴天时是这样。

贝尼尼创作的所有内饰空间中，最宏伟的当数圣彼得大教堂的柱廊大厅。圣彼得大教堂在 16 世纪初由多纳托・布拉曼特（1444—1514 年）开始主持兴建，1615 年由卡洛・马代尔诺（1556—1629 年）封顶。贝尼尼为大教堂的内饰做出了两个突出的贡献：青铜华盖（图 101）和伯多禄宝座（图 102）。虽然只有后者才是一个真正的孔波斯托，但是这两者都是对帕拉贡的挑战：前者是一个建筑体量的雕塑作品，后者是雕塑、大理石、浮雕、绘画和自然光线的炫目结合。当贝尼尼在用这些材料设计伯多禄宝座的时候，他为了让青铜华盖和伯多禄宝座可以从一个视角上被一览无余而煞费苦心，因为青铜华盖是伯多禄宝座的支架。

贝尼尼的青铜华盖因巴格达的织锦而得名，早期基督教中有一种被称为祭坛天盖的结构，这也是贝尼尼青铜华盖的原型。祭坛天盖被置于祭坛之上，通常有四根立柱，立柱上方架着一个半圆穹顶。受教皇乌尔班八世巴贝里尼（1623—1644 年在位）的委托，贝尼尼的青铜华盖被直接放在圣彼得的墓碑之上，位于米开朗琪罗的纪念碑性的穹顶之下。在早期的基督教教堂中，因为祭坛天盖所使用的材料非常昂贵（原先教皇里奥三世放置在老圣彼得大教堂里的祭坛天盖就是银的），所以其体量通常是非常小的。虽然青铜华盖有将近 28.5 米高，但是对比起教堂空间那惊人的体量，它依然显得比较小。实际上，贝尼尼所设计的这一结构的天才之处，就在于它有能力去调节教堂的巨大体量和渺小的来访者之间所形成的对比关系。

图101
詹洛伦佐・贝尼尼
青铜华盖
1624—1633年
青铜及镏金
28.5 m
圣彼得大教堂
罗马

青铜华盖有早期基督教的特征，比如那四根扭转的所罗门立柱（它们是对四处遗骸的模仿，可能是所罗门神庙的遗骸，且把它们用在这里可能不是贝尼尼的创意），以及青铜华盖对昂贵材料的强调。贝尼尼没有使用祭坛天盖的穹顶，而是用青铜来模仿传统的布面华盖，这种布面华盖用在贵族出行之中，或者用来标记圣地。这样一来，

图102
詹洛伦佐·贝尼尼
伯多禄宝座
1657—1666年
镏铜包裹、灰泥、彩绘玻璃
圣彼得大教堂
罗马

贝尼尼就把两种传统形式结合了起来。但是贝尼尼没有在顶部做一个王冠，而是用四根蜿蜒的涡卷饰组成了一个轻盈的锥体，将顶部的圆球体和十字架进一步抬升起来，这样一来他就又打破了这种传统——注意在这里，贝尼尼仍然用坚固材质创造出了通透的感觉。青铜的小天使在上方展示着教皇的徽章，而巴贝里尼家族的纹章符号（蜜蜂、太阳和月桂叶）则给华盖结构增添了节奏感——尤其是那精致的月桂叶脉，盘旋缠绕在立柱的上三分之二部分。贝尼尼通过扭转的立柱、动态十足的天使、悬吊的绣锥和旋转的涡形花样，赋予了青铜华盖一种动感。既有永恒性，又有瞬时感，青铜华盖探索出了一种反差感，这种反差感成为巴洛克的主旋律。

伯多禄宝座于几十年后建成，坐落在大教堂的半圆形后殿。伯多禄宝座使用了多种在科尔纳罗礼拜堂和圣安德烈礼拜堂中所使用过的视觉效果。和青铜华盖一样，伯多禄宝座也是一个圣骨匣，其中盛放着的是一把相传属于圣彼得的木椅。贝尼尼把这把木椅封存在了一个巨大的青铜宝座中，宝座背面刻有《彼得蒙召》的浮雕，宝座两侧有一对身着火焰般长袍的天使。在强调教皇体制合法性的同时（两个丘比特为其戴上三重冕），这一空椅子也代表着基督作为弥赛亚的回归——空椅子的图像有着早期基督教渊源。贝尼尼精心地为伯多禄宝座配色，为雕塑主体施以和青铜华盖相似的深铜色，并也在高光处镀金。另一处对青铜华盖的征引是宝座下那一对斜着的涡形饰。乍看上去，椅子似乎是被四个生动的教会圣师形象所支撑着，但是细看就会发现，椅子奇迹般地自己飘浮着，就像圣德列萨组雕和布面油画《圣安德鲁的殉难》中所表现出来的效果一样。在椅子上面，贝尼尼把上帝的力量形象化了——这是贝尼尼对这一主题最重要的尝试（也是最常被模仿的）：厚厚的半圆壁龛被一扇椭圆形的窗户所轻松穿透，窗户中间还有一只圣灵之鸽，这让合唱席沐浴在自然光中。围在窗户周围的，是爆发开来的镏金铜的阳光光束，以及成群的天使、小天使和一朵朵云团，这一景象是典型的天堂荣光。在科尔纳罗礼拜堂和圣安德烈礼拜堂中，贝尼尼把光源从观者眼前藏了起来，但是在这里，他把炫目的救赎景象完全曝光在我们眼前。

贝尼尼创作的“天堂荣光”的图像立即越过阿尔卑斯山和比利牛斯山脉，启发了那里的建筑师和雕塑家。其中最令人惊奇的可能是位于罗尔（德国）的组雕《圣母升天》（图 103），雕塑家是巴伐利亚人埃吉德·奇林·阿萨姆（1692—1750 年），他和他的画家兼建筑师兄弟科斯马斯·达米恩·阿萨姆（1686—1739 年）组成了中欧洛可可的首席装饰小组。罗尔的《圣母升天》是对贝尼尼三个最重要的孔波斯托的变体。当我们进入教堂的一瞬间，就会被这一巨大的白灰泥组雕所深深吸引，与圣安德烈礼拜堂和科尔纳罗礼拜堂的孔波斯托不同，我们必须穿过长长的拱形殿才能接近这一内饰。吸引观众注意力的任务被教堂本身弄得更简单了，教堂没有壁画，本身色调很柔和，只有一些微妙的镏金。和科尔纳罗礼拜堂一样，《圣母升天》被放置得高高在上，与观者保持着一定的距离，这就强迫我们要仰头向上看。埃吉德·奇林没有用贝尼尼的那种凸起的龛，而用了成对的立柱和凹凸不平的三角形山墙组成了一系列相互嵌套的、舞台般的背景，使这一空间看上去比实际更深邃。深蛋壳蓝和金色的假绣锥成为三个上升的人物形象（圣母马利亚和两个天使）的背景，戏剧般地凸显了他们的洁白无瑕，并衬托了他们随风飘荡的衣纹的闪亮，而这一效果被侧边窗射入的强烈的自然光线加强了。下方，在发现墓穴和裹尸布空空如也之后，使徒们的姿态非常失控，他们之中的一些看向墓穴，而其他人则在等待奇迹的发生。使徒们的表情从不敢相信到充满热情，与观者的反应交相呼应。圣母马利亚展现出强大的存在感，她的站姿有力且笔直，手臂外伸好似要环抱整个空间（与图 1 相比）。像圣安德烈礼拜堂的圣安德鲁一样，圣母马利亚面向天堂——然而她比圣安德鲁显得更厚重，而这样的一个雕塑可以在没有可见支撑的情况下飘浮起来，就显得更加神奇了。埃吉德·奇林借鉴了伯多禄宝座的做法，让云间阳光和天使荣光从墙面和祭坛结构的一端喷射而出，让整个构图都一览无余。在孔波斯托两侧的窗口处，耶稣和天父正在等待圣母，穿越圣光，准备为她戴上冠冕。阿萨姆兄弟把建筑的可穿透性这一主题

图103
埃吉德·奇林·阿萨姆
《圣母升天》
1721—1736年或
1717—1725年
大理石或灰泥
修道院教堂
罗尔（德国）

提升到了新的高度。

贝尼尼的孔波斯托最奢侈的后继在西班牙，而矛盾的是，在那里，巴洛克充满了哥特甚至伊斯兰教特点（在中世纪时期，大部分西班牙地区都被穆斯林所统治），相比之下，意大利对西班牙的影响只能算是一个小小的插曲。因为在中欧，在古西班牙和其王朝中，巴洛克和洛可可教堂内饰中一直存在着中世纪的形式，譬如祭坛装饰、复杂的拱顶的窗花格、繁复的装饰和超现实主义的木雕。纳其索和蒂亚哥·托梅（1690—1742年）在托莱多大教堂所作的透明祭坛（图104）就完全寄生在一个哥特的语境当中。祭坛位于一个13世纪建

图104
纳其索和蒂亚哥·托梅
透明祭坛
1721—1732年
大理石和青铜
托莱多大教堂（西班牙）

筑的回廊里，就在一个晚期中世纪主祭坛装饰的正后方。透明祭坛是一个凸面的祭坛装饰，由彩色的大理石、水苍玉和雪花石膏制成，除了祭坛本身之外，还有两层立柱和一个凹凸不平的三角山墙。整个祭坛装饰的主要作用是作为其后方的一个玻璃窗的窗框（并由此得名），玻璃窗透入的自然光照亮了后方主祭坛上的圣礼。这样一来，透明祭坛就是贝尼尼创作的四十时祷告装置的永久版本了——贝尼尼为这一装置还构思出了天堂荣光的图像。托梅兄弟让窗口处呈现出了一个伯多禄宝座风格的、阳光散射的效果，阳光光束的正中心是一朵代表圣母的玫瑰，而簇拥在一根根代表阳光光束镏金铜条周围的，则是过度兴高采烈的一群大天使和丘比特。阳光从上方的一个巨大的、烟囱形状的天窗上倾泻而下，哥特式拱顶的一半都被这个天窗所占据了。故而从天窗中爆发出来的圣光看上去不像要穿透祭坛的建筑结构（就像在罗尔那样），而是要将其融化似的。横檐或是耷拉下来，或者卷曲向上，呈现出半流体的状态，而立柱上白色的保护层呈现出斑驳的样貌，露出了内部带着凹槽的立柱。圣母和圣子镇定且庄严地坐在窗户下方的宝座上，而窗户的上方，有一组石膏材质的、真人大小的戏剧性雕塑《最后的晚餐》，这样一来，基督对圣餐的祝福就和下方的圣饼在同一条轴线上了。在圣母两侧的镏金铜浮雕板上，雕刻着圣餐预言的叙事场景，而向上看去，在《最

图105
安东尼奥·高姆斯和尤塞·科雷亚
圣所
1725年之前
多明我会修道院
阿威罗（葡萄牙）

后的晚餐》上方，有另一组雕塑描绘了圣母为圣伊尔德丰索呈上十字褡的场景（在托莱多十分流行的主题）。代表希望、忠诚和宽容的雕塑装饰着祭坛顶部，就像三个哥特式尖顶一样。骚动持续向上，壁画及灰泥所呈现的天上的天使、圣人和预言家遍布穹顶，一直蔓延到天窗的后面（这时，观者必须转过身去欣赏），而在天窗后面，《七印的羔羊》中的人物形象和《启示录》的二十四长老的形象，都在自然光中闪闪发亮。这些图像配以选自《圣经启示录》中的铭文，是为了让我们理解透明祭坛的意义。其中一段写道“此后，我观看，见天上有门开了”（启示录 4:1），且与圣约翰一起，观者神秘地进入了天堂，并邂逅上帝的宝座。对启示录中宝座的征引反映在透明祭坛对水苍玉的使用上，因为相传这宝座的一部分是使用水苍玉制成的。把祭坛或教堂作为仿像，来模拟启示录中所描绘的天上的耶路撒冷，这在中世纪建筑中是十分常见的。

在葡萄牙阿威罗的多明我会修道院中惊人的圣所中，贝尼尼的影响则显得更加微妙。圣所由安东尼奥·高姆斯和尤塞·科雷亚（图 105）所作，他们把数不胜数的镏金木刻装饰、哥特式的网状拱顶，以及繁复的雕刻装饰（也是由中世纪内饰传统发展而来的）结合在了一起。那闪闪发光的复杂的装饰，以及祭坛后方旋转的立柱上的套嵌拱门所形成的那种隧道的效果，把观者拉向了空间内部——套嵌拱门受到了贝尼尼的青铜华盖的影响，也参考了圣彼得大教堂中那纪念碑式的台阶“楼梯间”（1663—1666 年）。整个内饰中，首先抓住观者目光的是镏金的圣体盒，其两侧各立着一位在龛中的多明我会圣徒，随后观者的眼睛向上看过有着突出台阶的锥形楼梯，扫过另一对立在龛中的多明我会圣徒，出现在眼前的就是一个可怖且逼真的几近真人大小的基督受难雕像。雕像在木头上画上了自然的肤色，且像贝尼尼的圣德列萨或者在罗尔的圣母那样，内饰结构让观者无法接近这件雕塑。穹顶上自然光闪烁的效果，在《基督受难像》下方架子上的四层蜡烛的映衬下，变得更加强烈了，这让我们想起“四十时祷告”中的背景（图 187）。在这样的建筑中，镀金的木质装饰从后殿中蔓延出去，进入教堂正厅，在正厅中，这些

装饰构成了天顶镶板，以及镶板式样的框架，来框住里面的绘画和布道坛。这种镏金木装饰常与颜色鲜亮的彩色瓷砖结合出现——这是一种葡萄牙的特产。

贝尼尼用灰泥做出的幻觉效果和中世纪美学也同时存在于西班牙的西西里岛，那里对繁复装饰和超现实雕塑的喜爱，让一些教堂内饰摆脱了罗马形制（图 9）。巴勒莫雕塑家吉亚科莫・萨尔博塔（1652—1732 年）对此类用白灰泥做成的孔波斯托非常在行，他的很多作品都出现在慈善教堂中，在那里，有叙事功能的雕塑取代了在传统上由壁画扮演的角色。他所塑造的人物形象在体量上比较小，而且也比贝尼尼的作品要更具自然主义风格，这些人物形象都沿着墙体排列，显得非常平庸和传统。他的代表作是巴勒莫的圣希塔大教堂的玫瑰礼拜堂（图 106），那里自然光线在他创作的灰泥高浮雕上跳跃，创造出一种无与伦比的丰富的质感。这一礼拜堂的图像出自《玫瑰经》（生、死，基督的复活和圣母），这些主题以“小剧场”的形式呈现——处于盒状边框内部的有着大透视的微缩立体布景，其中有着小小的浮雕人物形象，人物以有透视的风景和建筑作为背景，像带翼祭坛的镶嵌板一样。在侧面墙壁上有成对的寓言人物形象，总结出从这些事件中所吸取的道德经验教训，而丘比特则模仿着适当的情绪反应。正如我们在第一章中所讲到的，这是巴洛克视觉修辞（情趣、训诫、行动）的一个绝佳案例。回到最远处的那面墙上，墙面的重点是用浮雕表现了一个壮观的小型海战，代表着勒班陀战役的胜利（出自《玫瑰经》的圣母马利亚），而这一场景被周遭其他的“小剧场”所围绕着。这些“小剧场”的背景则是一个假帷幕，帷幕被无数旋转跳跃的丘比特举在空中——而他们多变的姿态让我们可以细细观看。在两侧墙面下方各有一排“小剧场”，从这排“小剧场”向上看，我们就可以看到窗间那一群嬉戏的小天使，再往上，能看到一系列寓言中的女性神灵形象坐在窗户上休憩——其效果和贝尼尼在圣安德烈礼拜堂的穹顶非常相似。和黑吉沃德的朝圣教堂内饰一样（图 90），观者被邀请参与进了一场虽有引导但是仍然充满未知的神秘体验。

图106
吉亚科莫・萨尔博塔
圣希塔大教堂玫瑰礼拜堂
1685—1719年
巴勒莫（意大利）

中世纪的形式启发了意大利及意大利以北的建筑师去创作一个跳脱出贝尼尼风格的孔波斯托，在那里，对建筑的设计和对象征手法的使用比叙事情节更为重要。虽然和贝尼尼一样，这些建筑史使用着古典主义的语言，但是他们引入了一种新的创作手法，和古希腊罗马或文艺复兴的手法截然相反。弗朗西斯科・波洛米尼（1599—1667 年）和瓜里诺・瓜里尼（1624—1683 年） 都是北方人，他们把这种创作手法使用到了他们所设计的位于罗马和都灵的教堂里，并且都在设计中强调了几何的和谐、数学的比例和半透明的表现手法，并让这种手法在阿尔卑斯山脉以北广受欢迎。这在精神上是十分哥特的。这两位建筑师也都探索了其他非古典主义的形式，比如希腊化时代有创新结构的建筑（公元前 300 年），以及北非和近东的晚期罗马建筑，但是二人最基本的空间观念的核心还是哥特式。这两位成了奇怪的伙伴。波洛米尼是一个有着痛苦经历的、反智的石匠，最终用自己的剑自杀了，而瓜里尼是一个精致且有学问的罗马天主教会牧师，写过 9 篇学术论文，包括《市政及宗教建筑草图》（1686 年）和 《市政建筑》（1737 年）。以波洛米尼在罗马的圣伊沃・阿拉萨皮恩扎大教堂中的孔波斯托和瓜里尼在都灵的圣洛伦佐大教堂中的内饰创作为例来说，他们二人的孔波斯托都和帕拉贡、圆雕或壁画没什么关系。这并不是说这些建筑师不屑于雕塑和绘画，在波洛米尼的作品中，灰泥材质的小天使头、花环和天使从建筑元素中冒了出来，但却几乎没有打断建筑的节奏；在瓜里尼的内饰中，雕塑、祭坛装饰和绘画都扮演着次要的角色，并规矩地待在它们的框架里。且这二人创作的空间所追求的目标并非总是具有“统一性”。有时候，波洛米尼，尤其是瓜里尼，会陶醉在一种非理性之中，并故意设置一系列不连贯的、无法预测的观看视角。但是最重要的观看方向都

图107
弗朗西斯科·波洛米尼
圣伊沃·阿拉萨皮恩扎大教堂项目
罗马
约1642年
塞瓦斯蒂诺·吉安尼尼做蚀刻版画
1720年

图108
弗朗西斯科·波洛米尼
圣伊沃·阿拉萨皮恩扎大教堂
1642—1652年
罗马

是向上的：就像在哥特式大教堂中，波洛米尼和瓜里尼设计的教堂的重点都是越来越复杂的拱顶。从当时大吃一惊的批评家到今天更有理论思想的学者，都对这些内饰的精确与深奥进行了大量的阐释。

和贝尼尼一样，波洛米尼在设计圣伊沃大教堂（罗马阿基吉纳西欧宫礼拜堂，后来的罗马大学）的时候也遇到了很多限制：在这里他必须在现有的拱形庭院的尽头的一个团形设计的框架内进行设计工作（图 107、图 108）。波洛米尼没有采用其竞争对手所使用的那种圆形或者椭圆形的方案，他的方案是由相交的三角形所组成

的六角星图案，并有着波浪起伏的外立面。整个建筑被 18 根巨大的柯林斯柱垂直锚定，在地面层上，内饰在所有方向上都横向打开，提供了多重观看视角，并促使观者自由地去观看。每个壁凹都分成了三个壁龛，两侧的龛较小，中间的龛较大，一对对的门向内倾斜并指向一个点（一个哥特式的主题），一个入口拱门和另一个拱构成了主祭坛。除了高处的《圣伊沃和其他圣徒》的祭坛装饰画以外（彼得罗·达·科尔托纳的晚期作品，由乔万尼·文图拉·博尔盖西最终完成），整个主祭坛是纯洁的乳白色，没有任何雕塑、壁画或绘画的点缀。墙壁的上半部分没有侧龛，实际上，第二层的主题是“反对开放”和“封闭空间”，但是祭坛的两侧各有一间凸面的祈祷室，且入口门廊的上方有一个相对应的窗户（两个一起组成了一个三角形）。内饰中唯一存在的雕塑元素就是在双开门上的三角山墙上的小天使头像、入口拱顶下方及拱顶下面的殉道者棕榈叶纹章、壁龛内部精致的方格纹镶嵌板以及雕刻华美的柱头。波洛米尼在厚重的檐部上重复雕刻了六芒星设计，檐部位于拱顶挑高处的下方，把内饰整个包裹了起来。拱顶增强了壁柱的垂直纵深感，而把肋拱做得像壁柱一样，

图109
威廉·赫利
八边形拱顶
1326—1334年
伊利大教堂（英国）

让我们回想到那些伊利大教堂（图 109）或者米兰大教堂（完工于 1500 年）的八角形的哥特式拱顶（波洛米尼知道后者）。在顶部，一切装饰都消解到了圆形的天窗中，天窗中心是一只代表圣灵的镏金鸽子，周围环绕着金色的阳光光束。虽然拱顶表面装饰极多，灰泥教皇纹章装饰、星星、百合花、棕榈叶和带翅膀的小天使争相吸引着我们的注意力，但他们都被刷上了相同的乳白色，这样一来就不会妨碍我们的眼睛向上看到天窗洒下的光。

圣伊沃大教堂复杂的设计让其可从两个层面上进行象征性阅读，一种针对普通的敬奉者，另一种则为更博学的学子和阿基吉纳西欧宫的讲师所提供。两种解读都基于一个信条之上，那就是真正的智慧是从信仰本身而来的，主祭坛上方刻有《旧约・箴言篇 9∶10》的铭文——“敬畏上主是智慧的肇基”。不识字的来访者可以通过更普及的符号理解其象征意义，比如殉道者棕榈叶和皇冠，还有纯洁的百合花；而受教育程度更高的来访者则可以在面对所罗门之星、巴贝里尼蜜蜂以及对寓言和神秘学书籍的晦涩的征引时，会心一笑。然而，波洛米尼的天才之处在于通过壁柱和拱顶的那种上升感，把整个空间统一起来。

瓜里尼在都灵的圣洛伦佐大教堂向圣伊沃做出了致敬，且实实在在地把后者的革新之处推向了一个新的巅峰（图 110）。和圣伊沃大教堂一样，圣洛伦佐大教堂也是一个团形设计，并被内嵌到一个小广场里。和波洛米尼设计的六个凹凸起伏的开口不同，瓜里尼用了八个凹面开口，但他把这些开口用一个内环连接起来，内环由凸拱构成，架在一对一对的细长立柱上，组成一个一个的杏仁形状的附属礼拜堂和浅浅的龛——但还是让观者几乎可以一眼看到内饰的全景，因为这些立柱并非背靠墙壁（拱门开口的两侧各有一个较低的长方形开口，这一般被称为帕拉第奥主题）。这一内环看上去既灵活又精致——那波浪状的不断重复的凸起呈现出节奏感。主祭坛礼拜堂和其门厅的大部分空间都处于一个单独的附属建筑物之中。和圣伊沃大教堂不同，圣洛伦佐大教堂装饰得非常饱满，有彩色大理石、上色的祭坛装饰、壁画和雕塑，且墙壁上布满了丘比特、花环和小尺寸的寓言人物形象。和波洛米尼的做法一样，瓜里尼通过底层顶部那厚重而不间断的檐部，重申了底层平面的主要形状。但是他紧接着变换了两次体裁，让我们感到震撼。在第一层中，宽穹隅（圆顶到支柱之间弯曲的梯形支撑物）和浅筒形拱顶（架在凹凸起伏的帕拉第奥窗户上）组成一个希腊十字（组成十字架的两臂一样长），坐落在下方的明拱上，这看上去简直违背了重力定律。再向上是一圈圆形的横檐，横檐上还有数个椭圆形的窗户，从这

图110
瓜里诺・瓜里尼
圣洛伦佐大教堂
1668—1687年
都灵

图111
瓜里诺・瓜里尼
圣洛伦佐大教堂穹顶
都灵

圈横檐向上看，映入眼帘的就是一个花边状的、精致的圆顶（图111）。一对优雅的双主肋呈十字交叉状构成了穹顶，而穹顶呈现出像圣伊沃大教堂那样的星星的形状。但圣伊沃大教堂的穹顶是六角星形，穹顶中心是椭圆天窗，而这里的穹顶是八角星形，中心是一个八边形天窗。阳光可以从纵横交错的穹顶结构中的任何一角穿过，进入鼓座、穹顶和天窗（比穹顶还要高）之中，通过这种操纵自然光的做法，瓜里尼彻底背离了古典理想。来访者彻底沉浸在这辉煌的光线中，并惊叹于这座建筑复杂的集合构成，而某些学者还将这种复杂性阐释为对无限的象征。学术界在伊斯兰建筑和其他先例中寻找这一工程的灵感来源，还有学者从其他巴洛克建筑中寻找圣洛伦佐大教堂的圆形。但是瓜里尼的《市政建筑》中的文字毫无疑问地表明，其灵感主要来自哥特式建筑。在对古典和哥特建筑的分析中，瓜里尼赞扬了哥特教堂对重力定律的蔑视，认为这些教堂堪称奇迹。他写道，这些拱顶似乎“架在空中”，“完全镂空的塔”“没有支撑墙的拱顶”，瓜里尼甚至提到了“高高的钟楼的一角可能坐落在一个尖拱上”，这和圣洛伦佐大教堂第二层穹隅中的结构一模一样，在他的教堂中，瓜里尼追寻的是一种中世纪神圣而神秘的气氛。

由于瓜里尼的论文流传很广，在北方，瓜里尼有许多继承者，尤其是他在圣洛伦佐大教堂所使用的建筑手法，即用内环支撑来减轻建筑负荷，在北方广为流行。因为这一做法不但十分切实可行，而且也让内饰更加轻巧精致了。比他的团形设计更能启发人的是他在《市政建筑图纸》和《市政建筑》中所设计和出版的一系列纵向平面图，比如如何将一个矩形的拉丁十字教堂变形为一个外轮廓线波浪起伏的建筑——在这一建筑的正厅中，壁柱支柱沿着对角线排放，上面架着一个个椭圆形拱顶，这样一来整个建筑都由一个个

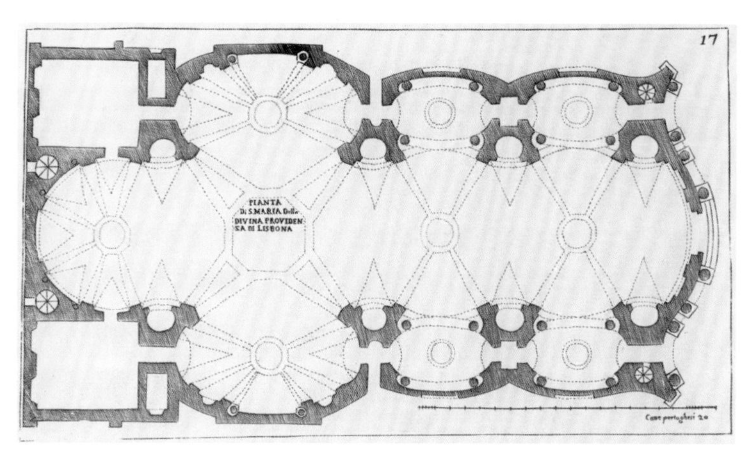

图112
瓜里诺・瓜里尼
《市政建筑》中的纵形教堂平面图
1737年
雕刻版画
17.8 cm × 29.7 cm

图113
克里斯多夫・迪恩泽霍夫
米库拉斯圣母教堂
1703—1711年
布拉格

椭圆形构成，这也成为建筑外立面凹凸起伏的原因。不仅如此，椭圆拱顶还组成了走道里凹面的侧礼拜堂，以及椭圆形的耳堂（图112）。这些平面图启发了克里斯多夫・迪恩泽霍夫（1655—1722年），促使他完成了自己的代表作——位于布拉格小城区的米库拉斯圣母教堂（图 113），而瓜里尼本人就曾在布拉格工作过。这位来自巴伐利亚的建筑师创造了一个流动的、翻腾的建筑结构：他在教堂正厅用三个环环相扣的椭圆形和倾斜的壁柱墩，延长了整个建筑曲线，而侧边礼拜堂和有上色椭圆拱顶的天窗廊座，更增强了建筑的律动感。教堂十字的部分是由建筑师的儿子吉里安・伊格纳茨

在1737—1753年加上去的，十字交叉处上方有一个圆形的穹顶，架在半球形的耳堂和半圆壁龛之上，这部分的建筑也更为传统。在教堂正厅中，有着粉灰色条纹人造大理石的墩柱和廊座、镀金的柱头和饰章，以及闪闪发亮的、有着镀金高光的白色雕像，这些元素让整个正厅成了最令人印象深刻的孔波斯托。墩柱的底座恰好在视平线以上，那么首先进入我们视线的就是超大的圣人和天使的雕像，其焦灼的姿态吸引了我们的注意力。接着，我们的

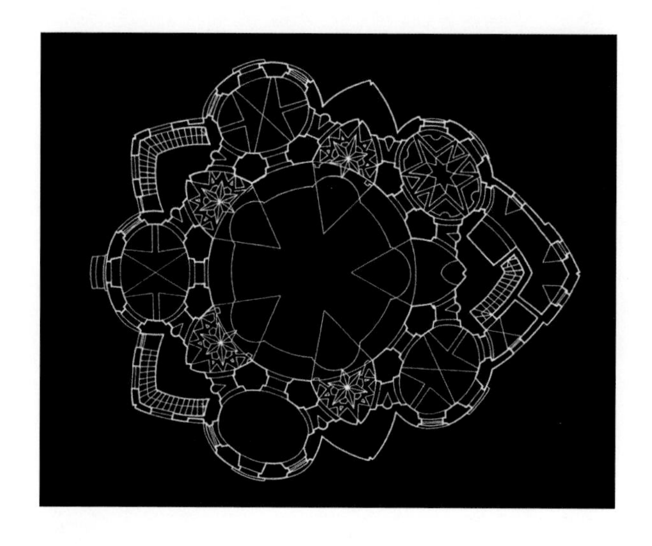

图114
乔万尼・桑蒂尼
圣约翰・内波穆克教堂
朝圣礼拜堂平面图
萨扎瓦河畔日贾尔
（捷克）

图115
乔万尼・桑蒂尼
圣约翰・内波穆克教堂
内饰
萨扎瓦河畔日贾尔
（捷克）

目光跟随着墩柱不断向上，很容易就看到了波浪起伏的横檐（和波洛米尼或者瓜里尼的教堂正好相反）。我们的眼睛掠过通明的廊座，直接看向天顶上那幻觉主义式的壁画（1760年），壁画绘制出了带壁龛的墩柱和挑檐，这让我们几乎很难分辨出真正的建筑结构在哪里结束，而绘画从哪里开始。

在天顶壁画上（约翰・卢卡斯・克拉克，1760—1761年），我们迷失在旋涡之中。其含混不清的、波浪状的轮廓似乎在震颤，而那不平整的表面迷惑着我们，试图让我们失去方向感。在和建筑相接的部分，画家用强烈的大透视画出了古典时期和中世纪时期的遗迹，把我们的目光拉向中心，那里画着教堂赞助人在天堂的幻

影——圣尼古拉斯，他高坐在一串耀眼的云上。

晚期巴洛克时期最带有哥特式特征的建筑师就是约翰·桑廷·艾歇尔（大家更熟悉他的另一个名字乔万尼·桑蒂尼；1667—1723 年），他受波洛米尼的影响极大，同时也深受其故乡波希米亚和摩拉维亚的中世纪历史遗迹的影响。他出生于布拉格的一个意大利石匠家庭。早年由于身体部分瘫痪，他无法从事石匠工作，被训练成了一个画家。1696 年，在一次去意大利的旅行之中，他研究了波洛米尼的

建筑。1700 年，当他回到波希米亚之后，桑蒂尼就开始发掘一种哥特—巴洛克的混合风格，而这成了中欧巴洛克最有创造力的建筑革新之一。他对哥特的兴趣部分来源于捷克耶稣会会士博胡斯拉夫·巴尔班（1621—1688 年）的民族主义中世纪历史著作，巴尔班将中世纪阶段描绘为波希米亚的黄金时代，并把布拉格的圣维特斯教堂（始建于 1344 年）比喻为中世纪最无上的荣光。桑蒂尼对哥特的另一部分兴趣则来自活生生的当地哥特石匠传统。虽然桑蒂尼设计了好几个混合风格的建筑结构，但大多都是为乡村修道院社群设计的。他的巅峰之作还属他在萨扎瓦河畔日贾尔的圣约翰·内波穆克教堂朝圣的“火箭船”（图 114、图 115、图 116）。这一

团形设计的教堂是瓦茨拉夫·韦卢瓦委托建造的，他是附近的萨扎瓦修道院的院长。这一教堂是为波希米亚殉道者圣约翰·内波穆克建立的一个有纪念意义的朝圣地点，也意图吸引朝圣者，而殉道者的名声也成了这一教堂修建的基础。1719年，在挖掘圣人的过程中，大家发现内波穆克的舌头依然被完整地保存了下来。桑蒂尼受到了这一事件的启发。因此，鲜活的舌头的图像就是桑蒂尼的“巴贝里尼蜜蜂”。

桑蒂尼没有采用圣伊沃的那种相交的三角形设计，而是用了相交的五边形。在平面图中，五个椭圆以内室为中心呈散射状分布，椭圆和椭圆中间穿插装着五个尖尖的舌头形状——这一形状是对圣人遗迹的模仿。这样一来，桑蒂尼就创造出了一个动态的环境，围绕着中心的内室，建筑平面呈现出了一个分裂的五角形和一个五角星的交错。实际上，五角星和舌头是教堂的主题，从平面图到拱顶都充斥着这两种图形（甚至整个建筑的外轮廓线就呈现出一个拉长的舌头形状）。五个椭圆形的拱顶意在连成一个五角星形的网状拱顶，这是一个十分有意义的安排，因为朝圣者们相信在挖掘圣人的过程中，由五颗星星组成的圆圈神奇般地出现在内波穆克的尸身上，但是最终建筑只完成了四个拱顶。对比之下，六角星成了壁龛礼拜堂中哥特式肋拱拱顶的重点。哥特风格占领了这间教堂的上半部分，尖尖的窗户、肋拱组成了有趣而精美的花纹并支撑着穹顶的底部以及穹顶上精致繁复的拱顶结构。在哥特式礼拜堂中，朝圣者是需要向上看的，而在这座教堂穹顶的最高处，映入眼帘的是一条巨大的红色舌头，这是朝圣者崇拜的对象。舌头处于一个十角星的中间，十角星外面是一圈镏金的阳光光束，好像天堂神话一般。此外，中世纪风格中，内饰是由光线统一在一起的。光线从天顶窗中倾泻而下，而整座建筑开放的设计和大多单调的色彩主题，让光线穿透了整座教堂。然而，桑蒂尼对上帝荣光的表达比单纯地去颂扬高度和明度要有智慧得多。受到波洛米尼的建筑启发，教堂中心部分的底层让处于对角两端的不同形状的开口相对起来。这样一来，半泪滴状的壁龛礼拜堂就和巧妙的圆形墙壁的部分相对了起来——墙面上

图116
乔万尼·桑蒂尼
圣约翰·内波穆克教堂
萨扎瓦河畔日贾尔
（捷克）

有着狭窄的通道入口。在穹顶上，这种有趣的对立就更有创意了。完整的圆拱越过穹顶，只为形成一个楔形，可以和一对对尖尖的窗户相契合。然而，贝尼尼与瓜里尼经常把其设计的繁复的内饰藏在朴素的立面或者箱形墙壁之后，而桑蒂尼舍弃了任何形式的外立面，让外饰的形状直接反映出星星形状的内饰——外立面扶壁上锋利的尖角直挑到镀金的尖顶之上（图 116），和门廊的圆墙形成了强烈的对比。

布拉格的米库拉斯圣母教堂的正厅、侧礼拜堂和廊座中布满了那种幻觉主义的天顶壁画（图 113），其源自 17 世纪最后 25 年的意大利，在那里，贝尼尼的下一代艺术家把孔波斯托用在了正厅天顶上。壁画绘画大师巴其吉欧（1639—1709 年）和安德里亚・波佐（1642—1709 年）为罗马巴洛克留下了两幅最宏伟的天顶壁画。画教堂天顶的传统就是在绘画中去模仿天堂的样子，这可以追溯到我们曾看到过的柯勒乔的壁画（图 86），也可以追溯到贝尼尼在科尔纳罗礼拜堂的拱顶上所绘制的天堂般的天顶（图 95）。在完成了几个壮观的宫殿天顶之后，彼得罗・达・科尔托纳用他的壁画把罗马的新圣堂（1647—1651 年）的教堂正厅天花板变成了天堂般的天顶。然而这都没有巴其吉欧在罗马耶稣教堂（图 117）的正厅（1676—1679 年）、穹顶（1672—1675 年）、穹隅（1675—1676 年）、半圆壁龛（1680—1683 年）和左侧耳堂（1685 年）的规模来得惊人，也不能和波佐在罗马的另一个耶稣会教堂圣伊格纳济奥（图 118、图 119）的拱顶和穹顶画（1685—1702 年）的规模相媲美。巴其吉欧在耶稣教堂所创作的拱顶装饰，由他自己的壁画以及安东尼所作的灰泥装饰构成。在这里他使用了一种大胆的跨媒介的方式，而科尔托纳还在犹豫是否要使用这种方法。正厅拱顶中画了壁画的部分渗透进天花板的镏金装饰之中，并在上面投射出彩色的阴影。虽然是画在平面的灰泥上，这些壁画部分似乎延展到了观者的空间之中，加强了壁画的三维特征。《耶稣基督之名的胜利》画面的重点是一圈璀璨的光束，光束中间包裹着基督姓名的首字母（I.H.S），这种方法我们在贝尼尼伯多禄宝座（图 102）中也见过——贝尼尼用阳光光束框住圣灵之鸽。一大群小型人物形象围住了这个被照亮的区域，松散地排列着，连接着亮和暗的区域。他们要么攀爬着太阳的光线进入天堂（拣选者），要么好像堕入这个教堂之中（恶行者）。在窗户的这一层代表着由耶稣会照料的地理区域，在这里拉吉创造的灰泥人物形象向上朝着光的方向而去。巴其吉欧壁画的主题被书写成文字，在教堂的入口处被天使托着，与巴其吉欧天顶画中暗示的三个不同的“等级”相呼应。

图117
巴其吉欧
《耶稣基督之名的胜利》
1676—1685年
壁画
耶稣教堂
罗马

更令人惊奇的天顶创作是安德里亚・波佐的《耶稣会传教工作的寓言》（图 118），画面用错综复杂的假建筑构架稳住拥挤的神话场面。波佐精心设定了一个单一的观看视点（正下方），以至于

图118
安德里亚·波佐
《耶稣会传教工作的寓言》
1691—1694年
壁画
圣伊格纳济奥教堂
罗马

图119
安德里亚·波佐
假穹顶
1684—1685年
壁画
圣伊格纳济奥教堂
罗马

如果从侧面来看这幅天顶壁画，画面就失去了纵深感。波佐要传达的那种振奋人心的消息和巴其吉欧的一样，但是波佐更直接关注在耶稣会传教士的工作上。正如在耶稣教堂中，画面的光源是从一个画出来的云隙光源中散射出来的。在这里，光线从圣伊格内修斯的头顶出现，并直朝向上方带十字架的基督和天父的方向而去，同时照亮了下方的圣弗朗西斯泽维尔（就在右下方）。其他耶稣会的圣徒、非欧洲皈依者和四大洲的寓言，则处于正厅拱顶两侧的成对的假立柱之下。这些女性人物形象穿的服装，与天主教世界的游行和其他精彩表演期间那些演员所穿的很相似（见第 6 章）。美洲人被表现为穿着羽毛裙子、戴着头饰，旁边还有美洲狮和巨嘴鸟；亚洲人戴着头巾，跨坐在骆驼上，与此同时天使正递给她一匹瓷器马；深色皮肤的非洲人戴着羽毛王冠，骑在鳄鱼上，手持象牙；而欧洲人戴着金色的皇冠，手持权杖和王权宝球，骑在驯服的骏马之上。这四大洲都没有使用异端异教的人物形象。波佐在圣伊格纳济奥教堂的另一个主要贡献就是教堂十字交叉处的天花板，在那里他画了一个精巧的假穹顶（图 119），当从正厅中央看的时候惊人地逼真。这座教堂的主建筑师奥拉齐奥·格拉西最初设计了一个真的穹顶，但是建筑开始搭建结构之前他就去世了，耶稣会就没有完成他的工作。波佐把解决这一问题的办法发表在了他的建筑论文《建筑绘画透视》（罗马，1693—1700 年）之中，这一解决方案是如此的精巧又廉价，使其在北意大利尤其是中欧频频被效仿。

图120
约翰·克里斯多夫·格劳比茨
圣约翰大学教堂
1737年始建
维尔纽斯（立陶宛）

和瓜里尼一样，波佐的孔波斯托在阿尔卑斯山脉以北成功主要是由于他的指导手册超高的人气（单单是第一卷的版税就比圣伊格纳济奥教堂的绘画费用要高）。他的思想传播得又远又广，以至于几十年后，他手册中的布景结构插图还可能给了新的圣约翰教堂工程以启发。这一教堂坐落于立陶宛维尔纽斯的耶稣会大学，那里是波兰一立陶宛联邦最重要的学习中心之一（图 120）。近期的学术研究成果认为，西里西亚建筑师约翰·克里斯多夫·格劳比茨（活跃于 1737—1767 年）在设计这座教堂的唱诗席的时候，寻求着一种与东正教传统之间的共性：十个祭坛——每个都有红色和灰色仿大理石材质的基座和皇冠，26 根白色灰泥立柱，18 个自由站立的雕塑（乔纳斯·赫德里斯所作），以及三层都有的白色灰泥浮雕板，而这一切交织组成了唱诗席。这一华丽的幻影与这个哥特式教堂用简朴的白色刷就的正厅和侧通道形成了鲜明的对比，在主祭坛之上的“天使荣光”处达到高潮：天父及圣灵把光束洒向《基督洗礼》的场景中。一个波浪状的檐部将三个内部的祭坛连在一起，就像瓜里尼在圣洛伦佐的拱顶的内环那样，三个内部的祭坛的结合最终组成了一个精巧的内饰。这样一来，从一个特定的位置看去，观者就可以同时瞥到内外祭坛。这种效果可能是试图模仿出一个圣障（iconostasis）的效果，按行排列的多种多样的圣像组成了一面墙，把圣堂从这一东正教堂的正厅中分割了出去。在波佐的另一个类似作品中，正对着祭坛的天花板上被画上了一个幻觉式的穹顶，主要内容也是基督洗礼。波佐的思想向东传递得如此之远，以至于耶稣会在中国建立教堂的时候，教堂内部也会被画上幻觉式的天花板和假穹顶。

然而，波佐那幻觉式的天花板在德语国家最为流行。最早采用

这种风格的教堂之一是科斯马斯·达米恩·阿萨姆设计的德国斯瓦比亚的魏因加滕修道院教堂（1718—1720 年），圣米库拉斯圣母大教堂（图 113）的天顶画就比这座教堂中的要晚很多。在接下来的 20 年中，阿萨姆在波佐想法的基础上创造了无限的变化。阿萨姆所处的时代是中欧大肆重建的时代。“三十年战争”过去半个多世纪，这一片地区开始大规模兴建教堂建筑，尤其是兴建乡村修道院。到了 18 世纪 30 年代，德语区南部的教堂建筑已经完全跨越了巴洛克和洛可可之间的界限，这些内饰反映出了这种风格更轻的触感和柔和的色彩——粉色、淡绿色、天蓝色和鹅黄色，且这些内饰通常有着刷白的墙壁，用假大理石替换了大理石和灰泥，这种做法让内饰变得古怪，显得与众不同，但又把整个内饰空间有机地结合了起来。受巴其吉欧和波佐的启发，这些教堂中幻觉式的天顶壁画从建筑框架中溢出，但他们所使用的方式更加微妙。这些壁画中的人物形象更小，颜色不那么强烈，阴影也弱一些，且建筑框架本身就是不规则的，通常会呈现出贝壳或者植物的形状。雕塑看上去也飘浮在空中。虽然这些教堂激起了一种动态、颜色和光线的旋涡，但是这些教堂内饰的主旋律是“快乐”和“胜利”，反而和“紧迫”或“斗争”的关系没有那么密切了。

圣伊格纳济奥教堂天顶画最出色的洛可可继承者在约翰·迈克尔·费歇尔（1692—1766 年）设计的斯瓦比亚的茨维法尔滕的本笃会修道院教堂中（图 121），在那里，壁画家弗朗茨·约瑟夫·斯皮格勒（1691—1757 年）和粉饰灰泥工约翰·迈克尔·菲克特麦（1710—1772 年）在 18 世纪 40 年代末到 18 世纪 50 年代初完成了正厅拱顶。斯皮格勒的壁画《圣本笃及其追随者敬拜圣母马利亚及圣三位一体》（1751 年）占据了整个教堂正厅，把我们的目光吸引到上方云团、人体、天使和火舌交织缠绕的晕眩螺旋之中。其柔和的色调——棕色和灰色为主导，配以调和过的黄色和紫色——与那些假大理石对柱和侧祭坛的颜色形成了和谐的统一，并把教堂主要部分融合进了彩色和白色的二元对话之中，让大家把主要的注意力放在天顶上。斯皮格勒的建筑背景、云团和人物形象群，和菲克特麦用灰泥创作的不规则分布的猛烈的火焰状边缘交相呼应，而作为洛可可灰泥粉饰的杰出之作，这些灰泥本身也像海藻一样攀附在壁画的边缘。陡峭的带有凹状边缘的台阶，以一种不规则的曲折线条的形式从画面两端升起，引导朝圣者沿着壁画边缘围成一圈。这些人包括男人和女人、教皇和皇帝、修女和修士，他们代表着从艾因西德伦（图 6）到巴伐利亚，再到茨维法尔滕的本笃会圣母朝圣点的追随者。云团布满了整个天顶，只留下了一小片蓝天。圣三位一体把神圣赞许洒落给众人，又承认了下方云团上的圣母马利亚。从马利亚的胸部开始，一条曲折的圣光反射着一幅表现她和幼儿基督的画（是皮席诺拉的圣本笃会罗马教堂中的形象的复制），并击中了圣本笃的心脏，散射出火苗，点燃了下方云团上一群本笃圣徒的神秘的热情。天顶四个角落处，那四个灰泥涡卷装饰上画着恶习的寓言壁画，要得到圣母马利亚的赞同，这些恶习是一定要戒掉的。在感受到建筑为感官带来的一重又一重的冲击之后，观者被吸纳进了在其上方上演的神秘剧目之中，而观者本身的想象也被加入由人造大理石、镏金、灰泥粉饰和壁画所构成的孔波斯托之中。

图121
弗朗茨·约瑟夫·斯皮格勒
《圣本笃及其追随者敬拜圣母马利亚及圣三位一体》
1751年
修道院教堂
茨维法尔滕（德国）

斯皮格勒在茨维法尔滕教堂的壁画标志着在中欧和东欧异常繁荣的洛可可风格开始走向尾声，这一壁画绘制的时候，城市中心已

经开始拥抱新古典主义那清晰的线条和明确的视觉表现了（见第 8 章）。潜在的创造力和宗教意味被耗尽，洛可可走向了有趣的地方变体之中，但是已不再创造新的风格了。在另一个 30 年，甚至是更长的时间之中，洛可可建筑师、雕塑家、灰泥粉饰工和画家持续在乡村中受到雇用，首先在本笃会和普雷蒙特雷修会的修道院中，随后进入更小的路边礼拜堂和乡村牧区教堂之中进行创作。实际上，到了 1815 年，符腾堡画家约瑟夫・安东・梅斯梅尔（1747—1827 年）到达麦根的瑞士湖边村庄，在抹大拉的马利亚教堂绘制了一幅幻觉式的天顶画《登山宝训》。但是其壁画和菲克特麦风格的那种被灰泥涡卷装饰包裹起来的效果不同，他的壁画处于一圈简单的新古典主义花环之中。这就更像英国新古典主义建筑师罗伯特・亚当（1728—1792 年）设计的那种在家乡的图书馆中的装饰，而不是一个天主教中心地区的教堂所该有的样子了（图 241）。

聚焦公共空间 城市、宫殿和神圣建筑

图122
贝纳多·莫兰多等
理想型城市扎莫希奇
（市政厅，1639—1651年；楼梯，18世纪）
始建于1580年（波兰）

教堂的环境和外表与世俗建筑的关系十分紧密，在这一章中，我们将把巴洛克外饰看作一个整体，探索城市空间、建筑、市政建筑和教堂，并重点研究建筑及其语境之间复杂的相互联系。巴洛克和洛可可建筑旨在抓住观者的注意力，并尽力控制其周遭环境，例如弗朗西斯科·波洛米尼设计的罗马的四喷泉圣卡罗教堂，建筑体量虽小，但有着一个起伏的、巨大的正立面（图3）；再比如圣地亚哥·德·孔波斯特拉的朝圣教堂，它新的正立面好似一个庞然大物，而设计这一正立面的初衷就是要让它高过整个城市（图8）。然而，由于建筑师在土地使用方面十分受限——尤其是那些有着壮观视野的土地，所以在城市里，他们的主要工作是将建筑“同化”到周遭环境中去。尴尬的是，中世纪居住区异常狭小，街道也很拥挤，这对建筑师来说，都是异常困难的挑战。但是最好的建筑师面对这样的情况也能应对自如，把劣势变成机会，例如和平圣马利亚教堂，建筑师改造这座建筑的方法是为教堂建造假的侧翼和突出的门廊，这成为建筑学史册上最早根据苛刻环境对建筑进行调整的案例之一（图143）。不管是小山顶上矗立的巨大的城堡，还是侧小巷中隐藏的小教堂，都使用了舞台上的小把戏来增强那种敬畏和惊奇的感觉，例如用幻觉式的透视效果和假背景来操纵观者观看的位置和接近建筑的角度。

本章选择的很多建筑都是巴洛克和洛可可建筑中的经典之作，某些建筑通过它们装饰的繁复程度博得眼球，尤其是在意大利南部和伊比利亚，在那里，中世纪美学得以保存（见第3章）。例如意大利加里波利的圣亚加大大教堂装饰着奢华的花环及卷轴刺绣（图 144），再例如瓦伦西亚的道斯・阿古斯侯爵府邸那被装饰得像热带丛林似的门廊（图 10）。但是大部分的建筑单靠规模本身就足以控制其周遭环境，这些建筑的外饰展现出一种出人意料的严肃感，和其内饰产生鲜明的对比，这样就增强了来者进入空间内部时的惊喜感。建筑师使用不同的策略让建筑看起来更加显眼。他们有些受哥特建筑的影响，扩大建筑的高度和宽度，有时还给建筑堡垒般的附属建筑物，例如给正立面建双钟楼或者舷墙（图 138、图 150）。而大多数建筑师则选择重新阐释和篡改古典建筑中的建筑元素——比如壁柱、立柱和窗饰——并把这些元素替换为生动的雕塑。有些建筑师通过堆积这些元素来扩大建筑的体量或增强建筑表面的质感，并把建筑侧翼和庭院纵向排成行，来创造一种无限远的感觉（图 136）。廊座、立柱、门廊和楼梯从建筑中凸显出来，进入公共空间之中以吸引观者进入，并模糊了门内和门外的区别。建筑师们还把建筑的阳台和凉廊、长长的大道、台阶和花园小路连起来，把建筑与周围小镇和乡村切割开来。这样一来，建筑师就给他们的建筑赋予了一种典型的巴洛克的控制感，让建筑主导了其周遭环境，而这是一个直率的比喻，指涉着教会和国家的公职人员所拥有的至高权力。那些宏伟的修道院，以及像马夫拉（图 148）或卡塞塔（图 16）这样的宫殿，它们是如此的巨大，外饰又是如此的单调和冷淡，以至于让我们想起 19 世纪的大酒店或者工业革命时期的工厂。

城市本身一开始就控制景色、管制交通并强制施行秩序。巴洛克的城市规划和革新是由教会和国家所推动的，这是对权力和权威的最大彰显。自古代以来，巴洛克是第一个有大规模城市移民的时代，且城市规划者使用了理想主义的，有时甚至是严苛的措施来约束这些移民。其中最著名的例子就是多梅尼科・丰塔纳为教皇西斯科特五世（见引言）设计的罗马街道调整计划。但是从文艺复兴早期以来，建筑师就已经开始尝试设计理想化的城市。莱昂・巴蒂斯塔・阿尔伯蒂（1404—1472 年）设计了一个团形的模型城市，街道像线性透视图上的垂直线那样，通向中心的广场和教堂。而菲拉雷特（安东尼奥・迪・彼得罗・埃维里，约 1400—约 1469 年）设计了一个名为斯福钦达（1451—1456 年）的团形城市，他认为一个健康的城市应该反映出其居民的外貌，所以他根据人体比例来设计城市。像 19 世纪疗养院的推动者一样，菲拉雷特认为斯福钦达“符合自然秩序的优美、虔诚和理想”。但是这些理想主义的城市都没有得以实现，实际上，在这类城市重建项目中，只有极少数可以在欧洲得以实施，因为建设新城市的成本过高，而现有城市区域的街道计划毫无规则，现存的教堂和宫殿也无法被拆除，所以重建计划受到了阻碍。只有在美洲，建筑师可以在一张白纸上勾画蓝图的时候，才有可能建造这类城市，例如今天秘鲁的利马或阿根廷的布宜诺斯艾利斯。甚至在罗马，丰塔纳设计的街道也完全不对称，他们把罗马的街道描述为车轮的辐条，但是看上去完全不像。帕尔马诺瓦是一个特殊的例子，它建于 16 世纪晚期的意大利威尼托区，目的是抵抗土耳其人。帕尔马诺瓦是一个团形的、星星形状的城市设计，以中心广场为中点，两两之间间隔相当的街道向外辐射到城市之中。

最早的巴洛克理想型城市是扎莫希奇（图 122），建立在波兰克拉科夫的东北部，由乌托邦赞助人大法官扬・扎莫厄斯基（1542—1605 年）支持，意大利建筑师贝纳多・莫兰多（约 1540—1600 年）设计。这是一个团形设计的小镇，中心是广场，从中心向外侧辐射出街道，扎莫希奇通过标准化的拱廊建筑让城市效果更加统一，但是城市还是允许上层楼层有个人化的特征和装饰。这座小镇有着多处宗教场所，包括了天主教的、路德教的、亚美尼亚的和伊朗的教堂，甚至还有一个犹太教堂，这些都汇聚在主广场的一个壮观的市政厅中（1639—1651 年）。整座建筑从一个巨大的地下室层拔起，前方是一个宏伟的双楼梯（18 世纪修建），反映了市政的权威，且这一权威感被一座高耸且厚重的、用扶壁加固的塔所增强，该钟楼还和水平的街景形成了鲜明的对比。和 16 世纪中期以后的很多中欧钟楼一样，其顶部冠以一个精巧的洋葱形圆顶，虽然这和东正教教堂的钟楼有相似之处，但这一建筑特征实际源于布拉格，是意大利文艺复兴和哥特形式的融合。另一个理想化的城市是因为一次地震才有了建立的可能。南部的西西里城市诺托于 1693 年被地震夷为平地，后来在 10 千米之外，根据耶稣会建筑师安吉洛・伊塔利亚（1628—1701 年）的方案进行重建，且在罗莎里欧・卡里亚迪、文森索・辛纳屈和帕欧罗・拉比席的工作下，城市结构完好地保存到了 18 世纪（图 123）。诺托的中心是一个大教堂广场，整个城市被笔直的大道分隔成网格状，并点缀着对称分布的喷泉、教堂和政府建筑。城市设计不仅借鉴了文艺复兴的模型，还从巴勒莫在巴洛克时期的翻新工程中汲取了灵感——巴勒莫是伊塔利亚的故乡。但是诺托绝非是乌托邦。西班牙总督不顾城市居民的抗议，执意迁址；城市中只能看到优雅的建筑正立面，却把混乱的城市贫民窟隐藏起来；虽然城镇很闷热，规划者依然拒绝种植树木，因为贵族们使用马车出行，建筑师认为种植树木会影响贵族的视野。

图123
安吉洛・伊塔利亚、罗莎里欧・卡里亚迪、文森索・辛纳屈和帕欧罗・拉比席
理想型城市诺托
始建于1693年（意大利）

有些城市无法被完全重建，赞助人和建筑师就安排出宽敞和对称的广场来进行补偿，通常街道会以广场为中心呈直角向城市中延伸出去，而街道的尽头则是一个喷泉、雕像或者方尖纪念碑。巴黎最早且最老的公共广场之一就是孚日广场（最早的皇家广场），这个广场出自亨利四世的委托，且有可能是由巴蒂斯特・杜・杜塞索（1545—1590 年；图 124）所设计的。这一带的居住园区坐落在时髦的玛莱区，周遭环绕着花园小楼，后成为欧洲其他地区的典范。尤其是伦敦，在那里，这种空间被称为“花园广场”。园区四周都被一模一样的红砖房子包围，房子之间由绵延的拱廊连接起来。和扎莫希奇城（图 122）不同，这些房子的外观都极其相似：高高的窗户、灰石做成的隅石和带状装饰。唯一不同的地方就是倾斜的屋顶上的那些坑洼之处。整圈红砖房子中，只有一对高一些的亭子显得格外与众不同，亭子在南北轴线的两端遥相对立，向国王与王后致敬。虽然最初建立这一园区的目的是给工匠居住，但是园区和其周围的玛莱区很快变成了贵族专区。今天，参天的树木简直让人们无法看清孚日广场的逻辑性和统一性——归根到底，诺托的设计者

图124
巴蒂斯特・杜・杜塞索
孚日广场
1605—1612年
巴黎

在某些方面还是有道理的。

世界上最著名的巴洛克空间是詹洛伦佐·贝尼尼的圣彼得广场。这是北欧最大的广场，为教皇亚历山大七世所造，在 1656—1667 年这么短的时间内奇迹般地落成（图 125、图 126）。圣彼得大教堂像一对手臂般拥抱着世界，这一别出心裁的形象是贝尼尼的想法。伸展出去的侧翼建筑围绕出一个椭圆形的外广场，被称为博利卡广场，而更靠近教堂的梯形广场则被称为列塔广场。那由 284 根自立支撑的多立克柱构成的博利卡广场的柱廊，显得厚重但又不乏透气感。广场没有外墙，来访者可以随意从任何方位进入两条有天花板的走道之中，这两条走道是一个有效容纳大量朝圣人群的方法。当来访者穿过广场，立柱就像摄像机镜头快门那样向后闪过，在不同的角度，列柱时而排成一列显露出后面街道的样子——有时候立柱后面是开放的花园——时而又相互重叠，遮住了后面的景色。在广场中央的方尖碑和中轴线两端的一对侧喷泉（1614 年、1667 年）之间，有着斑岩铺就的人行道。而当观者站在这人行道上的时候，就可以看

图125
詹洛伦佐·贝尼尼
圣彼得广场
1656—1667年
罗马

图126
多纳托·布拉曼特、米开朗琪罗、卡罗·马德诺等
圣彼得大教堂
1615年落成
罗马

到另一重惊喜。这里好像有魔法似的，离站立位置最近一侧的柱廊中，四排立柱会连成一线，好像一条单排立柱。在立柱的柱上横檐处，有96尊圣人的雕塑。作为一条旨在为朝圣队伍提供遮挡的、有天花板的走道来说，这一氛围非常适宜。贝尼尼希望通过在两条走道的尽头增加第三条走道，来增强那种惊喜的感觉，这样一来，来访者只有通过狭窄的通道，才能感受到广场的宏阔。但这一想法未能实现，而且当本尼托·墨索里尼在周遭区域开辟出了一个巨大的协和大道之后，贝尼尼所期望的效果就被完全摧毁了——我们从台伯河就可以直接看到这座教堂。

圣彼得广场有一种由标准的几何图所构成的错觉。一个圆形（实际上是个椭圆）接在一个方形上（实际上是个梯形）。当观者接近教堂的时候，会发现直广场被右侧的一个中世纪梵蒂冈宫殿的位置所限制了。贝尼尼把立柱造得比教堂低，这样一来便增强了教堂的纵深垂直感，“改进”了教堂建筑的比例（大家都认为它的正立面太宽了）。由于斜广场呈现出一个环形，这让来访者在走向教堂的

时候，感到他们行进得比实际速度要快。贝尼尼在其体量较小的圣安德烈·阿尔·奎里纳勒教堂（图 99、图 100）使用了同样的视觉技巧。从教堂本身看去，斜广场也呈现出差不多的效果，其看起来比实际要长。由于地面本身就有倾斜度，让正立面及其突出的祈祷凉廊看上去俯瞰着来访者，就好像一个巨大的剧院背景，而教皇的演说是这个剧院里最主要的表演。

在圣彼得广场，喷泉的作用是连接方尖碑两侧的轴线。纪念碑式的喷泉是巴洛克最典型的表现形式之一，喷泉不仅是公共空间的焦点，也代表着一种比喻——教会或者国家控制水源，为人民提供滋养。西斯笃五世用最具野心的方式实现了这一想法，他建造的导水系统和 27 座喷泉是他城市重建的一部分，也成为早期巴洛克的典范。巴洛克的喷泉不再是一个简单的、被基座和雕像拱起来的水盆，喷泉采用了建筑的比例，其本身就有能力与教堂和宫殿一争高下。喷泉中最大且最具影响力的就是罗马纳沃纳广场的四河喷泉（图 127），这是贝尼尼为庆贺教皇英诺森十世潘菲利（1644—1655 年在位）的统治而作的。纳沃纳广场本身是一个赛马场，在 15 世纪晚期，教宗西斯笃四世把它改造成了一个市场。虽然早在巴洛克出现之前很久，这一广场就已经存在了，广场内部还坐落着一个家族的宫殿（1644—1650 年）。广场没有被纳入呈散射状分布的街道网之中，这就无法让接近广场的观者以一个戏剧性的角度来观赏眼前的景象。然而，这一广场还是在拥挤的周遭环境中赫然出现了，让来者不禁大吃一惊。贝尼尼的喷泉坐落在纳沃纳广场的正中央，且与圣依搦斯蒙难堂（彼时还未完工）处于一条横轴上。

四河分别是多瑙河（欧洲）、尼罗河（非洲）、恒河（亚洲）和里约·德·拉·普拉达河（美洲）。四河喷泉是一个令人印象深刻的巴洛克式构想的结合体。其基座由贝尼尼的学徒用石灰大理石雕成，看上去像是一个自然的岩石形式，但却是人工雕刻的（对比图 5），其借鉴的是罗马宁芙纪念碑（Nymphaeum）的传统，或是汲取了郊区宫殿中的人造石窟的精华。同样，喷泉中翻腾的水流被设计得像是一件雕塑作品。这一喷泉支撑着一个高达 16.5 米的

图127
詹洛伦佐・贝尼尼
四河喷泉
1648—1651年
罗马

埃及方尖碑，让其从罗马“马克西修斯马戏团”这一建筑结构中跳脱出来，并赋予喷泉上方结构以一个修长的线性的轮廓线，和喷泉下方轮廓分明的岩石表层形成对比，并与广场另一边的教堂形成呼应。然而，喷泉在其基座处被挖出了通道，让基座显得不足以支撑方尖碑的重量，好似都灵瓜里尼设计的圣洛伦佐大教堂的穹隅那样（对比图 110）。就连建筑师为教皇呈交设计方案和展示喷泉的方式，都故意设计得让人惊讶并让人感到愉悦。1648 年，在贝尼尼的安排下，喷泉的模型被秘密安置在教皇宫殿的一个房间中，让英诺森教皇偶然撞见它，这让他从对手波洛米尼的手中赢得了委托权。贝尼尼的传记作者菲利波·巴尔迪努奇（1624—1696 年）让教皇看到设计模型后的反应广为流传，并流芳千古："用贝尼尼是必需的——因为你只要看到了他的作品，就会想要拥有。"同样，1651 年，教皇在喷泉还未揭幕之时就来参观，贝尼尼假装排水系统还没有完全完工。当教皇失望地即将离开之时，贝尼尼打开了喷泉，好像喷泉是被魔法启动的一样。和贝尼尼的《普鲁特和普洛塞庇娜》一样（图 50），四河喷泉从各个角度上来观看都精彩异常，当观众围着喷泉边走边看的时候，喷泉展示给观者的则是不同的景象：每一个洞穴般的开口都是不同的，而开口侧边的河神的容貌和姿势也是不一样的。而当我们顺时针围绕喷泉走动的时候，河神们的容貌和姿态就随着我们的步履变得越来越夸张。媒材表面的明度、戏剧性喷涌的流水，以及河流形象和地域符号的渐增——除了神以外，还有来自其他大洲的自然奇观，比如犰狳和仙人掌——都让我们想起了那在节日和游行中常用的临时道具，道具有着石膏雕塑和仿大理石墙面。贝尼尼非常喜欢设计这些道具，我们将在第 6 章了解到更多。

图128
巴泰勒米·吉巴尔
海神喷泉
1752—1755年
南锡（法国）

正巧在一个世纪之后，法国雕塑家巴泰勒米·吉巴尔（1699—1757 年）建造了两个洛可可时代最豪奢的喷泉，喷泉是为波兰—立陶宛联邦的前国王及洛林公爵斯塔尼斯拉夫·勒希辛斯基所建，坐落于南锡皇家广场（现在的斯坦尼斯拉斯广场），分别为海神喷泉（图 128）和安菲特里忒喷泉。这两座喷泉由大理石和青铜制成，上面立着两尊青铜的希腊海神雕塑。喷泉坐落于让·拉莫尔（1698—1771 年）所制的精巧的镀金铁艺栅栏之前。安菲特里忒喷泉两侧各有一扇大门，从这里直接通往正式的花园，这是从皇家权威控制下的严苛世界，转到宁静、无忧无虑的自然领地之间的过渡地带。栅栏那抑扬顿挫的外轮廓和通透感，让栅栏与壮观的、古典主义的严肃广场建筑之间的差异显得更具戏剧性。海神喷泉的两侧则不是大门，而是两个更小的喷泉，我们可以从铁栏杆的缝隙中，把现在已经破败不堪的花园一览无余。铁栏杆上点缀有镏金装饰，装饰是非常符合喷泉主题的贝壳和海洋植物。和贝尼尼的四河喷泉（图127）一样，这两个喷泉由人造岩石组成，上面粘着钟乳石、棕榈叶和海藻装饰。海神站在一个牡蛎贝壳形的人造瀑布上俯下身，下方围绕着河神、动物和一个正在玩大海螺的丘比特。他向后拉着他的三叉戟，好像要把它投掷到广场之中一样。旁边的小喷泉中各有一个小男孩，其中一个叉起一只海豚，正滑稽地模仿着海神的姿势。

但是除去好玩的雕塑，以及金属优雅的线条，海神喷泉的环境对皇家权威的宣扬，丝毫不逊色于其对面那正式的广场：栅栏有三个拱门，就好像罗马的凯旋门那样；其装饰是对称且规矩的，而且有着军功章般的奖杯式的尖顶，尖顶上奢华的镀金饰章众星拱月般地凸显着那惊艳的、蓝色的波旁家族徽章。

要把公众的注意力吸引到公共空间中心的方式有很多，喷泉只是其中的一种。另一种常见的方式就是立起纪念碑性的还愿柱，感恩上帝保护城市不受军事入侵（正如奥地利林茨的三位一体圣柱；1723 年）、地震侵扰（比如南意大利纳尔多的圣母无原罪始胎尖塔，或称尖顶，1743 年）或瘟疫威胁（那不勒斯的圣多米尼克尖顶，1656—1737 年）。正如在前面几章中所提到的，鼠疫是欧洲的苦难，以一种恐怖的规律摧毁着城市。维也纳的三位一体圣柱，或被称为瘟疫之柱（图 129），是在 1679 年的那次灾难性的瘟疫之时，

图129
马蒂亚斯・劳赫米勒和约翰・伯恩哈德・菲舍尔・冯・埃尔拉赫
瘟疫之柱
1682年和1694年
维也纳

图130
詹洛伦佐・贝尼尼
拿着耶稣受难刑具的天使
1668—1669年
大理石
大于真人大小
圣天使桥
罗马

由烈奥波特一世皇帝委托建造的。由马蒂亚斯・劳赫米勒（1645—1686 年）开始建造，在其去世后，由约翰・伯恩哈德・菲舍尔・冯・埃尔拉赫（1656—1723 年）最终完成。菲舍尔・冯・埃尔拉赫可以说是德语国家最重要的巴洛克建筑师，而且也是维也纳的中央之眼卡尔教堂（始建于 1716 年）和弗拉诺夫城堡大厅（图 160）的设计者。瘟疫之柱立于格拉本大道，这是一个长方形的公共空间，像是一个矩形的纳沃纳广场。瘟疫之柱方尖碑式样外轮廓和幻觉式的雕塑都

让人回想起贝尼尼的四河喷泉（图 127）。然而，瘟疫之柱却没有四河喷泉那种明亮的感觉：劳赫米勒和菲舍尔·冯·埃尔拉赫把柱子立在一个结实的三翼底座上，底座上有浅浮雕、铭文和镀金纹章图案。瘟疫之柱也营造了错觉感，但这种错觉不是前文所提到的人造岩石表面，而是创造了充斥着寓言形象和天使的暴风骤雨，其中还有列奥波特一世在祷告的形象。立柱在顶部立着一个镏金三位一体青铜像，这也是皇帝祈祷的对象。青铜像通过它闪闪发光的外表

和立柱表面不光滑的灰色所形成的对比，来抓住我们的注意力。方尖碑上的云团是对贝尼尼的伯多禄宝座（图 102）的援引，且和伯多禄宝座一样，瘟疫之柱也被临时结构所影响，具体来说就是受歌剧舞台设计师卢多维科·伯纳西尼（1636—1707 年）的布景的影响。伯纳西尼帮助菲舍尔·冯·埃尔拉赫完成了这一立柱，他设计的云团赋予立柱一种从天堂落下的奇迹般的视觉感受，把格拉本大道变成了一个巨大的孔波斯托。借此，他就把一个外饰转变为一个内饰空间。

图131
约翰・布罗科夫和费迪南德・马克西米利安・布罗科夫
《圣母哀子像》
查理大桥
1695年
布拉格

“美的整体”也影响了另一种巴洛克体裁，那就是雕塑之桥。最早的是罗马的圣天使桥（图 130），上面装饰着贝尼尼所作的系列大理石天使雕塑，天使们手持耶稣受难的刑具，刑具是由贝尼尼的学生所雕刻的，而现在则都被换成复制品了。另一个项目和雕塑之桥截然不同，但它显得更加雄心勃勃，那就是为 14 世纪修建的布拉格查理大桥所设计的系列雕像。设计工作主要由约翰・布罗科夫（1652—1718 年）和他的儿子费迪南德・马克西米利安・布罗科夫（1688—1731 年）于 1682 年到 1711 年之间完成。其中最早的是约翰塑造的铜像圣约翰・内波穆克，这是一个捷克殉道者，他就是在这座桥上牺牲的，这座雕像也成为数不胜数的中欧路边雕塑的典范。但是这对父子晚期的作品则以群雕《圣母哀子像》（图 131）为代表，雕塑中圣母马利亚拥抱着被钉死在十字架上的基督，被一群悲伤的丘比特所环绕着。与维也纳瘟疫之柱中的表现方式相似（图 129），丘比特们从螺旋状的云巢中浮现。圣母的表情是缄默的，她的哀痛通过丘比特夸张的姿势传达出来，也通过她斗篷那沉重的火焰般的褶皱表现了出来，这种衣纹的表现让我们想到贝尼尼的圣德列萨斗篷（图 96）。查理大桥上的一系列圣经和圣人形象，让我们想起了那广受欢迎的祈祷，例如《圣徒连铸文》，也使我们想起早期巴洛克教堂中的图像的结构（见第 1 章）。

目前为止，这一章讲述的是公共空间，以及这些公共空间吸引观者注意力的方法。它们通过修正观者接近的角度、充满感染力的雕像、参天的立柱和喧闹的喷泉来引导观众视线。然而，在这本书所涉及的建筑类型当中，没有一种和宫殿一样有着始终如一的霸气，这种霸气是世俗权力最为明显的象征。最大且在视觉上最震撼的宫殿，都在农村或者郊区的环境中，在那里只要金钱允许，建筑想建多大就可以建多大。相反，城市宫殿面临的挑战是要把建筑同化到已经存在的城镇风光之中，尤其在罗马，甚至是最具权力的宫殿都必须被塞进又小又拥堵的地盘里去。在那里很少有机会去建造一个能和文艺复兴时期的宫殿相比肩的建筑结构，例如法尔内塞宫（1517—1589 年），这是一个巨大的长方形建筑，四面开门，而且比整个社区都要高。巴洛克建筑师的挑战就在于克服受限的周遭环境，让他们的建筑能和周围的宫殿、教堂和广场相媲美。贝尼尼的罗马蒙特奇特利欧宫（原来的鲁多维科宫，图 132）是这类城市住宅的一个早期范本。蒙特奇特利欧宫坐落在一小块堪称苛刻的土地上——宽得尴尬，处于一个斜坡上，而且广场南侧还被一些房子给限制住了。但贝尼尼在这块地上创造出了一座宫殿，映射出了一幅不容置疑的威严和壮丽的图景。这一宫殿最初是为潘菲利家族所建的，虽然建筑工程由于英诺森教皇十世潘菲利的死亡而中断，但是 1694 年在卡罗・丰塔纳（1634/1638—1714 年）的主持下，这座建筑还是落成了，且贝尼尼大部分的原始构想——尤其是他对建筑的外立面的构想——都被保留了下来。

贝尼尼把这一地点的缺陷看作是机会。尽管这块土地是一个不规则的形状，但是从远处眺望这一宫殿，视野如同一出戏剧般壮丽。

这块土地很宽，让贝尼尼可以设计出罗马最长的宫殿正立面 25 个窗户那么宽，而法尔内塞宫只有 13 个。由于建筑在高度上不受限，贝尼尼就让这座宫殿高过了毗邻的阿尔多布兰迪尼・齐吉宫殿（始建于 1588 年），这样一来，蒙特奇特利欧宫就表示出了它没有把对手教皇家族的宫殿放在眼里。土地南侧的那些房子限制了宫殿的结构，让宫殿不可能有一个平整的外立面，但贝尼尼把这一劣势变成了优势。他走出了史无前例的一步，让宫殿的两翼以中心建筑为轴向后倾斜，这样一来正立面墙面就形成了一个钝角。主入口处于这个凸面的正立面的中间，这让主入口看上去直接挺进了广场，尤其是从两侧走近这一建筑的时候，这一感觉尤为明显。贝尼尼通过去掉窗户之间的垂直分隔，进一步强调了建筑的宽度，让厚重的、带状的檐部分隔建筑的三层，把人们的视线集中在横向视野上。建筑唯一的垂直的元素就是立于高底座上的巨型壁柱，壁柱把正立面的两个塔状终端和中心建筑框了起来。巨型壁柱不仅强调了建筑的体量，而且把正立面划分成了五个部分。贝尼尼给角落的“塔楼”掺入了堡垒建筑的要素，比如那粗面石堆砌的壁柱——比起建筑来说，这种装饰方式更适合舞台布景。而粗面石堆砌的壁柱尤其有创造力，它被雕刻得好像是自然的岩石表面（就像四河喷泉）一样，并让这种风格蔓延到窗槛和三角形山墙上。蒙特奇特利欧宫这种简单又有活力的正立面成了欧洲最有影响力的巴洛克正立面之一。

图132
詹洛伦佐・贝尼尼
蒙特奇特利欧宫
始建于1650年
罗马

一个更具挑战的宫殿项目也巧妙地解决了空间局限的问题。这一项目是弗朗西斯科・波洛米尼对传信学院（图 133）的重建，传信学院是负责处理全球传教工作的教皇会众办公室。波洛米尼的挑战在于在一片不规则的土地上扩大原有的建筑，而这一土地四面都有比邻的建筑，且正面直接对着传道路。这条街如此狭窄，以至于几乎不可能从这里用照相机照全整个正立面。这一正立面是他最重要的改造工作，由于他没有办法从正面吸引观者的注意力，波洛米尼就主要从建筑的侧面下功夫。建筑师希望这座建筑能称霸整条街区，在这一雄心壮志的驱动下，他把古典建筑的语言推到极限。他用巨大的壁柱列（可能是向圣彼得大教堂致敬，图 126，所以这座建筑也是教皇权力的象征）、戏剧性的挑檐和巨大的窗饰与门饰，来给墙面投下深深的阴影：正立面看上去好像一个被囚禁在小笼子里的巨人。在面对街道的这一面，波洛米尼让建筑中央的部分往内拉，但是却把柱上檐部、檐板和大门上倾斜的壁柱向外推，且檐板和向外凸出的中央窗框把注意力引向了建筑的中间部分，这是一个典型的凹凸面的连续运用，就像喷泉圣卡罗教堂那样（图 3）。波洛米尼通过让外围成对的壁柱倾斜，把宫殿和毗邻的建筑区分开来，暗示着这一正立面用一种难以实现的方式向前突出着。波洛米尼发明了非正统的柱头装饰，檐板中没有传统的楣梁或者带状装饰，而且他把三角形山墙改造成了一个形状新奇的中空的窗顶装饰（阁楼是 18 世纪添上的，且这一阁楼抢了檐板的风头）。他通过给窗户添加不同的窗饰，让正立面变得更有生气，中央部分的窗饰是最复杂的，且是外凸的，和剩下六个部分中下凹的窗饰形成对比。任何一个走过传道路的人无不被其大胆且隐现的创造力所折服——如果观众从西班牙台阶来，就可以看到这座建筑最好的远景；如果通过圣安德里亚圣殿路来，就可以看到传信学院突然在转角处出现。

图133
弗朗西斯科·波洛米尼
传信学院
1654—1667年
罗马

国家宫殿的建筑师面临的阻碍很少，这样一来国家宫殿在体量上就有很大的不同。巴洛克宫殿中最大且最具影响力的是凡尔赛宫，这是路易十四在巴黎郊外对皇家权威所进行的一次狂妄的宣言（图135）。但是凡尔赛宫并不是最早体现盛期巴洛克风格（后来被称为“路易十四风格”）的宫殿。实际上，路易十四（1643—1715年在位）及其贪婪的顾问让-巴蒂斯特·柯尔贝（1619—1683年）是从另外一个人那里偷来的这种风格，也就是前财政大臣尼古拉斯·富凯（1615—1680年）。这是一个无知且有野心的男人，在离巴黎只要几个小时路程的子爵谷，富凯不仅委托建造了华丽且富有创新精神的城堡和花园来炫耀自己的财富，而且还在 1661 年 8 月 17 日邀请了国王和整个宫廷来他家参加乔迁庆宴，最后还有芭蕾舞和烟火表演。年轻的国王不能忍受被一个区区财政大臣所超过，故在宴会举行三个星期以后以贪污罪逮捕了富凯，并将他囚禁终身，还没收了他的城堡和土地。路易十四安排柯尔贝（现在已经是新的财政大臣了）征用富凯的整个团队，包括建筑师、花园设计师、雕塑家、画家、诗人和音乐家，甚至还直接占用了富凯花园中的一些雕像和树木。

子爵谷城堡是法国三个最伟大的艺术天才第一次合作的成果——他们在凡尔赛宫有了第二次合作。他们分别是建筑师路易斯·勒沃（1612—1670 年）、画家查尔斯·勒布朗（1619—1690 年）和有史以来最具影响力的花园设计师之一安德鲁·勒诺特（1613—1700 年；见第 6 章）。子爵谷城堡集合了从同时代乡村豪宅中萃取出的建筑方案，尤其是勒沃自己的勒兰西宫（始建于 1643 年），在中央部分他借鉴了椭圆大沙龙的创意。在勒兰西宫，从正门和花园立面，我们都可以看到椭圆形的大厅，而在子爵谷城堡中，椭圆形大厅只能从花园一侧被看到。当观者在方形的房子中随意走动，或者处于整个正式花园的中心的时候，就会看到这一椭圆的奇迹。沙龙前方是一个方形的门厅，两侧是套间，其中一侧供来访的皇室成员使用，另一侧则为富凯和自己的家庭的住所。从花园的一侧看去，侧翼那陡峭的法国传统式的房顶（对比图 124）与椭圆大厅上的穹顶形成平衡。而城堡的主要部分是独栋建筑，与侧翼区分开来，伫立在略微倾斜的花园花坛的最高点上，像一座小岛似的。观赏这座房子最好的视角是从园林石窟的顶部来观看，石窟在水渠的另一侧，与椭圆的大沙龙在一条轴线上；或者更夸张一点，在石窟之后长满青草的山坡顶部，站在 1500 米之外一个巨大的赫拉克勒斯雕塑的基座上来观看。虽然，在今天，那修复过的喷泉、雕塑、波光粼粼的水塘和修剪后的林木，能让我们感受到些许这一园林最初建立时的壮丽之感，但是在几个世纪的疏忽之后，大部分勒诺特所设计的景色都被破坏了。

先前的凡尔赛宫是路易十四的父亲的一个简朴的狩猎行宫（1624 年），路易十四重修了凡尔赛宫（图 135），现在这座宫殿已经成为巴洛克的原型象征。凡尔赛宫的建造几乎让国库亏空，且国王每天雇用 22000 个工人参与建造，这也披露了这类宏伟工程的阴暗面。和其他的专制君主一样，在 1682 年，路易要求乡绅们每年要在他的宫殿中度过一段时间，这让路易限制住了乡绅的独立性。且他强迫乡绅们参加精心策划的仪式，在这些仪式中，乡绅们要把国王当作古老的太阳神阿波罗的化身。这类仪式包括那臭名昭著的起床仪式——国王晨起要贵族为他递上服装，侍臣帮助他更

图134
路易斯·勒沃等
子爵谷城堡
1657—1661年（法国）

衣——这把宫殿变成了一个巨大的剧场，而国王的卧室正处于那广阔剧场的实际的正中心。宫殿分几个阶段逐步扩建，包括 1678 年朱尔斯·哈杜·芒萨尔特（1646—1708 年）的参与，他为凡尔赛宫加上了镜厅和巨大的南北两翼。和大多数的专制建筑一样，凡尔赛宫既沉重又单调，虽然和子爵谷城堡用了一样的建筑、装饰和施工队伍，但它却完全缺乏子爵谷城堡的那种魅力。在入口的那一侧，迎面而来的是一个旋涡状的三重庭院，宫殿两侧是两座拉长的侧翼建筑，像是圣彼得大教堂的两臂（图 125），引得来者向前走去。

在花园的那一侧，一个绵延 3000 米的景观由花坛、林荫路、水池和水渠组成（见第 6 章）。

虽然被石头上泛出的金色所缓和，但这一花园那由宫殿主楼和芒萨尔特所作的两翼所构成的立面既冷淡又单调。粗面石块砌成的地面、一层纪念碑式的窗户两侧的爱奥尼亚式壁柱，以及一个有着方形窗户和壁柱的阁楼，无不反映出这一点。这一建筑的严肃性直接受到了路易在巴黎翻新卢浮宫的启发，在那里勒布朗、勒沃和克洛德·佩罗在东正面（1667—1670 年）设计了一个科林斯柱廊，他们使用的是那种严格的学院古典主义风格，在将近一个半世纪的时间里面，这种风格主导着法国建筑的走向。凡尔赛宫花园外观的

图135
路易斯·勒沃等
凡尔赛宫
1668—1671年（法国）

装饰是极简的，只有几尊雕塑标志着正立面上柱廊的凸起，两翼的尖顶饰和奖杯式样的凸起则给屋顶增添了节奏。宫殿有 580 米那么宽，那水平的延伸似乎没有尽头。而不间断的粗面石堆砌而成的墙面，一层厚重、朴素的柱上檐带，一个平整的意大利风格房顶和阳台栏杆（很可能是受到贝尼尼那被否决的卢浮宫方案的影响）都加剧了这种延伸感。一些前现代的纪念物则有效地暗示着建筑的无限性。只有勒布朗的内饰（见第 5 章）和勒诺特的华丽的花园（见第 6 章）才缓和了宫殿的单调。

模仿凡尔赛宫的建筑数不胜数，有暗淡且笨拙的（比如卡塞塔，图 16），也有古灵精怪的（比如佩纳宫）。凡尔赛宫有着无限延伸的外观，对这一别出心裁的构想的最早的变体之一是萨伏依王朝的洛可可皇家狩猎行宫斯杜皮尼吉宫（图 136），位于都灵东南 10 千米处。这是西西里建筑师和陈设设计师菲利普・尤瓦拉（1678—1736 年）为萨伏依公爵和西西里国王维托里奥・阿米迪欧二世所建的。巴洛克建筑的一个主题就是建筑平面由中心向外辐射，而斯杜皮尼吉宫就是最能切实体现这一主题的建筑学实体。建筑中心是一个盛大的椭圆舞厅，四座侧翼建筑都是皇家套间。从中心出发，四座侧翼呈钝角向外延伸到花园，组成了一个巨大的“X”形，并把这一复合建筑整合到周遭环境中去。前方的两翼连接上较低的侧翼建筑，并继续像螃蟹一样地沿着六角形前院的轮廓延伸下去，在主要的侧翼建筑和六角形前院的交叉处，另外的两座侧翼建筑呈对角线延伸出去。远处的侧翼建筑的排列方式把六角形前院和一个小一点的前广场连接了起来，前广场又和一个巨大的半月形广场相接，紧接着，侧面的一条长长的林荫路带领我们走进城市之中，半月形广场之中有许多服务性建筑，比如马厩和牲口棚。当来访者从远处进入宫殿外围，会感觉宫殿的整体效果好像一个舞台布景，侧翼建筑和远处的背景按照线性透视的规则排列着。在主宫殿之后的复杂建筑结构之中，这种戏剧感依旧存在着，这些建筑把灰泥镶板贴在砖石上来模仿石头。那椭圆形的舞厅通过数种方法吸引着我们的注意力。整个空间压向我们，好像在回应着我们的在场，这是整个建筑结构中装饰最繁复的部分，有着爱奥尼亚式壁柱和精心装饰的法式窗户，冠以一个多切面的穹顶，穹顶上还立着一只牡鹿。这一椭圆穹顶的房间使人联想到子爵谷城堡（图 134），且尤瓦拉在许多法国宫殿中寻找了灵感——自萨伏依领域成为法国领土的一角之后。

图136
菲利普・尤瓦拉
斯杜皮尼吉宫（意大利）
1729—1733年

最卓越的洛可可宫殿就是德国茨温格宫（图 137），和斯杜皮尼吉一样，它是对自然和建筑世界的一次整合，且无论是在设计还是在功能方面，都与剧院密不可分。其赞助人是奥古斯都二世、撒

克逊选侯（1694—1733年）以及波兰国王（1697—1706年在位）——大家更熟悉他那更戏剧化的名字“奥古斯都大力王”——在他的时代，他是最引人注目的大人物和赞助人之一。他对东亚陶瓷的痴迷促使他在麦森建立了欧洲第一个瓷器工厂。他年轻时曾在路易十四的宫廷任职，在那时奥古斯都爱上了凡尔赛宫，也爱上了凡尔赛宫旁边的大特里亚农宫（哈杜·芒萨尔特所作，1688—1715年）——这是一个一半是宫殿，一半是花园凉亭的建筑，有着一系列窄窄的但有着大窗户的侧翼，侧翼建筑的侧面是庭院，且建筑一直伸展到公园中去。奥古斯都二世在把德累斯顿重建为一个皇家首都的过程中，把这些建筑结构记在心里。他的城市中布满小宫殿、凉亭和花园，让这些建筑可以作为华丽的宫廷庆典的背景，也把人们的注意力从他在战场上所造成的巨大损失中转移出来。茨温格宫，一个沿着庭院布置的特里亚农式样的花园凉亭，是他最大的遗产。

茨温格宫融合了瞬时和永恒、人工与自然（其一度直接引入易北河的活水）。从结构上来说，这是一个户外的孔波斯托，建筑师马特乌斯·丹尼尔·珀佩尔曼（1662—1736年）和雕塑家巴塔查·佩尔莫泽尔（1651—1732年）在其中达到了建筑和雕塑的亲密互动。他们把一个被木质建筑包围的比赛场改造成了一个一层高的三面回廊，回廊由廊座和凉亭组成，沿着方形庭院边缘排列（那沉重的第四侧翼始建于 19 世纪），两侧都有的半圆形后殿一样的延伸被称为讨论间（exedrae）。设计师通过建造那些看起来可穿透的建筑结构，给予其一种瞬时的感觉，这种效果是通过弱化墙体和建筑结构（比如爱奥尼亚式壁柱）来完成的，这就凸显了那拱廊式的一排巨大的窗户和雕塑装饰纹章图案。同样，那钟楼状的皇冠之门（1713年）在两层都向外打开，且每一层露天座椅的尽头都有一个椭圆形的凉亭（墙阁，1716 年；钟阁，1780—1784 年）。凉亭由两层组成，底层是一个开放的拱廊，上层是一扇窗户。窗户上的装饰冠如

图137
马特乌斯・丹尼尔・珀佩尔曼和巴塔查・佩尔莫泽尔
茨温格宫
1709—1732年
德累斯顿

图138
卡斯帕・沃格尔和老尼哥德慕・泰欣
斯库克洛斯特宫
1654—1667年（瑞典）

此之高，甚至比檐部还要高——这不禁使人回想起玻璃珠宝柜，赞助人在其中展示着自己的艺术品。珀佩尔曼也给讨论间两侧的双层长方形凉亭上安装了巨大的窗户。佩尔莫泽尔的雕塑装饰给凉亭、塔和侧翼建筑带来了生机：神话的和寓言的人物形象，还有花盆状的尖顶饰装点在屋顶栏杆顶端上；垂花饰、鲜果和贝壳装点着廊座和方形的凉亭；半身男赫尔墨斯雕塑成为底层凉亭的壁柱；天使和涡卷形装饰把上层的皇室侧翼围绕在一个巨大且突出的椭圆装饰板之中。廊座的装饰比较微妙，长方形凉廊的装饰风格则强烈一些，

在皇冠之门、钟阁和墙阁处，装饰风格的强烈程度达到顶峰，尤其是墙阁及立于墙阁之中的赫拉克勒斯雕像，那是奥古斯都大力王隐藏的自负。珀佩尔曼和佩尔莫泽尔为茨温格宫的来访者增加了一个听觉维度的体验，也就是四个波光粼粼的水池中的喷泉，以及庭院北角上的宁芙纪念碑喷泉中那湍流不息的瀑布所发出的声响。我们需要发挥一点想象力，才能想象到当时在这里举行过的庆典、音乐表演、骑士比武和烟火表演。而最有名的大型骑术事件被称为四元素旋转木马（1709 年），活动据称是在朱庇特神的庇护下进行的。这一事件如此壮观，有 170 幅画作描绘了当时的场景以做纪念。

在中欧和斯堪的纳维亚半岛有着本地的宫殿建筑模式，与法国和意大利的宫殿建筑不同。灾难性的“三十年战争”（1618—1648 年）在中欧开战，瑞典是战争的主要发起者之一。这些国家通常喜欢简朴的有时甚至是冷酷的建筑结构，观看这些建筑的平面图和正视图，会使人回想起中世纪及文艺复兴的军事建筑。例如斯德哥尔摩城外的斯库克洛斯特宫（图 138），由卡斯帕・沃格尔（1600—1663 年）设计，于 1654—1667 年修建完成，随后在中校卡尔・格斯达夫・兰格尔（1613—1676 年）的命令下，由老尼哥德慕・泰欣（1615—1681 年）进行建筑翻新。兰格尔是“三十年战争”中的一位老战士，也是斯堪的纳维亚最著名的收藏家之一，他积累了大量财富，有武器、盔甲、从美洲运来的异域物品，以及为内饰所收集的装饰物。为了凸显粗石面砌成的外墙，在这一朴素的建筑的上下三层、阁楼甚至是钟楼上，都没有用壁柱和立柱，这让整个建筑看上去就像一块大方块。实际上，斯库克洛斯特宫就是一个伪装的堡垒结构。然而，沃格尔和泰欣在外墙上开了许多大的长方形窗户，让光线可以穿透整个建筑；同时使用有着精巧尖顶的窄窄的钟楼来代替粗壮的舷墙，这都减轻了建筑的朴素感。建筑的两个穹顶上都被冠以了经纬仪，这是一个航海家和占星家所使用的仪器。在洛可可时代，堡垒宫殿几乎舍弃了所有的军事特征。例如波兰的罗加林宫（图 139），这是未来的皇家元帅卡兹米尔·拉茨尼斯基的乡间别墅，由波兰或萨克逊建筑师于 1768—1774 年建造完成，随后由多明尼克·梅利尼（1730—1797 年）和扬·克里斯蒂安·卡姆塞特茨（1753—1795 年）对建筑内部进行现代化改造。和斯库克洛斯特宫一样，罗加林宫有着锋利的边角（这些边角是长方形的），而且也是由粗面石堆砌而成的——虽然只有底层和建筑中心的隅石使用了这一材料。建筑的正立面显得更加好客一些，不仅因为主建筑得体地向来访者的方向凸起，也因为那一优雅的凸起区域持续外延，连带着三层楼层和屋顶都一起向前伸展着，建筑前方还有一个两层的台阶。

图139
罗加林宫
1768—1774年（波兰）

市政建筑和城市宫殿面临着相同的挑战。如罗马、巴黎这样的大城市，都不得不忍受着尴尬的中世纪道路规划的折磨（今天宽阔的林荫大道是 19 世纪的产物），这给路易十四的建筑师提供了一个特殊的挑战，就是要把路易十四专制主义的视野投向整个城市。路易斯·勒沃，子爵谷城堡和凡尔赛宫（图 134、图 135）的建筑师，不得不再设计一个体量适中的四国学院（今天的法兰西学院，图 140），他和他的学生弗朗索瓦·德·奥尔巴伊（1634—1697 年）合作完成了这座建筑。学院是由红衣主教马萨林（1602—1661 年）成立的，目的是存放自己的棺椁，并将其作为索邦大学的分校。在《西伐利亚和约》（1648 年）之后，法国获得了一些新的领土，四国学院就是为这些领土上的学生服务的。建筑面对塞纳河，横跨贡地

图140
路易斯·勒沃和弗朗索瓦·德·奥尔巴伊
四国学院
1668—1688年
巴黎

堤岸，且与河的对岸卢浮宫的主建筑处于一条轴线上。学院的周遭环境比传信学院（图 133）还要好，传信学院在其所处的建筑群中已经十分显眼，而从遥远的距离望去，四国学院的醒目程度甚至超过了传信学院。然而勒沃面临着一个更大的挑战，那就是在建筑的后部，塞纳河街占领了很大一块属于右翼建筑的地盘，且马札林街强迫剩下的后立面沿着一条斜线而不是直线的方向来伸展着。勒沃通过在建筑前方挖出一个浅浅的“U”形前院（像波洛米尼设计的圣依搦斯蒙难堂一样，图 142），赋予了整座建筑一种雄伟的感觉。这样一来，人们就有空间可以欣赏教堂突出的门廊以及其穹顶。且通过学院的侧翼，勒沃营造出了一种对称、统一的建筑团块的假象。和波洛米尼创造的幻象不同，勒沃的古典主义是学院派的。他侧翼建筑上那微妙的爱奥尼亚和柯林斯壁柱，与侧面凉亭和教堂的巨大的柯林斯立柱，以及在教堂入口两侧的那两对巨型立柱形成了鲜明的对比。它较低的水平侧翼与毗邻的建筑屋顶线和谐地融合；而它的穹顶强调着建筑的垂直状态，成对的柯林斯式壁柱连接起穹顶下方的建筑，吸引着人们把目光投向上方，也与周遭建筑一争高下。

图141
克里斯多夫・雷恩
皇家海军医院
格林威治
1695—1715年
伦敦

克里斯多夫・雷恩（1632—1723年）设计了格林威治医院（之前的皇家海军医院，图141），该建筑坐落于伦敦城郊，所以它的周遭环境显得更为宽容，但它还是受到了现存建筑的阻碍。这座建筑由两对带庭院的宫殿一样的大楼组成，每一对建筑侧面都有绿地，较宽的那一片在泰晤士河的河岸上，较窄的那一片在较远的内陆上，有一个轻微的倾斜。雷恩需要把他的设计纳入由约翰・韦伯所设计的、业已存在的查尔斯国王街区（始建于1664年）之中，而且雷恩还要把他建筑的焦点放在伊尼戈・琼斯的女王住所（1616—1635年）上，其矗立在从河流到医院纵轴线的底端处。有一个小问题，虽然雷恩在脑海中构想了一个宏伟的巴洛克风格的建筑体量，但是女王住所的谦逊破坏了他原有的计划。雷恩想要两个庭院，他希望当人们从河面看来的时候，就可以看到半圆形的立柱，立柱面前是一个礼拜堂与礼堂的集合体，冠以高高的穹顶，并有着古典主义的柱廊——这和四国学院的设计非常相似（图140）——然而这样一来，当威廉三世国王观看河景的时候，就会被女王住所给挡住，于是国王拒绝了这一提案。由于女王住所不仅小，而且朴素，建立一个宏伟的巴洛克景色抢走女王住所的风头就不那么合适。所以雷恩把他的设计颠倒了一下。他在较窄的那一片绿地靠近河边的那一端建立了一对长方形的礼堂（礼拜堂和油画厅），并把穹顶建在了两块绿地的交界处。更为灵巧的是，他在主楼正立面两侧放置了狭窄的绿地，配以成对的多利斯式立柱所组成的柱廊，柱廊低矮且朴素地直通两层楼高的女王住所，这样一来就不会让女王住所显得矮小，或者吞没了女王住所那微妙的古典主义风格。柱廊本身让人回想起大特里亚农宫（但大特里亚农宫用的是爱奥尼亚式立柱，柱上还架有拱）和圣彼得广场的多利斯立柱双臂（图125）。这些相似是有道理的，因为雷恩在1665年访问巴黎的时候得到了很多法国皇家建筑学的一手知识，而且他在那里遇到了贝尼尼，并瞥见了贝尼尼为卢浮宫所作的设计："为了看到这个设计我可以扒我自己一层皮，但是这个冷淡的意大利老头只给我看了一眼……我只有时间在我的幻想和记忆中记住它。"格林威治医院较外侧的两个大楼和更大的绿地，都是雷恩在他的第一个计划中试图实现的。且和宏伟的拱顶大厅所处的新地点一样，医院的壮丽主要体现在沿河一面的建筑外立面上。

自从中世纪以来，没有任何一个时代和巴洛克及洛可可一样，可以目睹这么多教堂、修道院、朝圣中心或者是城市教区的建立。由于教会加强了对天主教对欧洲的控制，新教信仰则构想出了新的建筑类型来适应礼拜形式的转变。从宫殿的角度来说，最大的宫殿都在郊区，在那里它们不用受城市空间所限。在城市中，像圣依搦斯蒙难堂那样的罗马教堂（图 142）和城市宫殿面临着相同的挑战。受英诺森十世潘菲利的委托，圣依搦斯蒙难堂是他改造计划的一部分，这一计划是要把纳沃纳广场改造为潘菲利广场（圣依搦斯蒙难堂本来是一个家族教堂）。圣依搦斯蒙难堂左侧毗邻潘菲利宫殿，且与贝尼尼的四河喷泉（图 127）在同一条轴线上。虽然在教堂设计中，最具革新性的部分都是由波洛米尼执行的，但圣依搦斯蒙难堂实际上是一个团体项目：项目起始于吉罗拉莫・拉依纳尔迪（1570—1655 年），贝尼尼和波洛米尼都参与了教堂建设，建筑最终由吉罗拉莫的儿子卡罗（1611—1691 年）完工。圣依搦斯蒙难堂是罗马盛期巴洛克时期最大的教堂，而且非常明确地借鉴了圣彼得大教堂的设计。由于二者都是教皇委托建造，所以这种借鉴是很适合的，圣依搦斯蒙难堂甚至借用了这次机会修补了圣彼得大教堂中的一些错误。教堂基于一个希腊十字平面图上，这和多纳托・布拉曼特为圣彼得大教堂所作的最初的设计是一样的（始于 1506 年），但布拉曼特设计的十字交叉的建筑还是被卡罗・马德诺所设计的纵向正厅所取代（1607—1615 年），这一正厅扭曲了圣彼得大教堂的比例。马德诺所设计的正厅受到的最常见的批评之一就是穹顶必须要站在远处才能看到，要不正厅会遮住穹顶。老拉依纳尔迪确信，在圣依搦斯蒙难堂是不可能看不见穹顶的：穹顶坐落在一个高得不正常的鼓座上，至今都是城市的最高点之一。波洛米尼设计的两侧钟楼（由乔万尼・巴勒特和安东尼奥・德・格兰德最终完成）也借鉴了圣彼得大教堂的设计。圣彼得大教堂最初也计划建钟楼，但是

图142
吉罗拉莫・拉依纳尔迪、卡罗・拉依纳尔迪、詹洛伦佐・贝尼尼和弗朗西斯科・波洛米尼
圣依搦斯蒙难堂
1652—1666年
罗马

最终没有成功落成。

波洛米尼设计的建筑正立面（1653—1655 年）十分灵巧地借助了周边的环境。他替换掉了拉依纳尔迪已经修建好了的部分，这块地很狭窄，而且被两侧的宫殿夹在中间，且它离一个广场非常近，导致建筑本身没有办法建一个前院。波洛米尼让正立面的中心部分后退，创造出了一个小的凹度——这一凹陷非常浅，感觉像是一个露台，接着他把入口门廊抬高，让它比广场水平面要高，并用楼梯将入口处延长，这样一来他就增强了教堂通道的威严感。依此，波洛米尼解决了局限的周边环境所带来的问题。凹陷部分轻微弯曲的墙面，以及它们平衡着拱顶的圆形鼓座的方式在欧洲风靡一时，我们前面看过的巴黎的四国学院就借鉴了这种方法（图 140）。为了让教堂看起来比实际体量要大，且为了让正立面的大小与穹顶的高度相称，波洛米尼增加了幻觉式的侧“翼”，它们同时也是双钟楼的基座——这两翼其实仅仅是在教堂邻接宫殿的部分加上镶板而已，因为在水平层面上，伸得最远的教堂内饰也没有超过它们的窗

户。侧翼和钟楼的中间部分有点轻微的外凸，和内凹的“前院”形成对比，并为单调的长正立面增添了一丝生气。1655 年，英诺森逝世之后，波洛米尼被卡罗·拉依纳尔迪所顶替了，而拉依纳尔迪的工作队伍为建筑增加了高高的阁楼和三角形的山墙，这扭曲了波洛米尼本来的设计概念。

面对紧凑的空间环境，极小的罗马和平圣马利亚教堂的正立面（图 143）的解决方案没有圣依搦斯蒙难堂的那么有影响力，但是却更有创造力，正立面由科尔托纳所作，建筑坐落在纳瓦纳广场以西两条街，并正对着一个倾斜的、三条狭窄街道的交会口。这是一个文艺复兴时期的教堂（建于 1482 年），矗立在城市最拥堵的地方之一，而且只有从帕且路才能看到，这条路从西南方向呈斜线通往这座教堂。教皇亚历山大七世命令科尔托纳不仅要换掉教堂原有的正立面，而且还要清除教堂南面的一些建筑来缓和交通，并且要在教堂前面增加一个小的梯形广场（14 米长、30 米宽）。这一委托工程有着宗教方面的动机，因为这是要请和平圣母马利亚保护罗马不受瘟疫侵害，不受法国侵袭。教皇似乎对安置圣母马利亚的事情非常着急，因为虽然广场的建造拖到了十年之后，但科尔托纳仅用了两年就完成了正立面的改造工作。

图143
彼得罗・达・科尔托纳
正立面
和平圣马利亚教堂
1656—1658年
罗马

科尔托纳使用了一种剧院结构来处理正立面和广场之间的内在联系，半圆形的门廊就像一个舞台一样伸进广场的空间之中，这样一来，教堂就把步行的行人变成了观众，吸引他们进入教堂。而教堂侧翼建筑的上层比正立面要靠后很多，但是它们向外弯曲，看上去就像剧院的包厢。从三条通往教堂的街道上都可以欣赏到门廊，而成对的立柱与立柱之间距离相当，让来访者无论从哪条街走来，都可以进入教堂。科尔托纳也通过连接教堂和周遭建筑之间的檐部，来保持一种整体感。但是这些周遭建筑用的是壁柱，而不是立柱，且它们比教堂要稍微低一点，这样一来就不至于抢了教堂的风头。侧翼建筑的两层也都形成了错觉，因为它们没有反映出教堂的实际宽度（侧翼其实和中心部分一样宽），而是和圣依搦斯蒙难堂一样隐藏起了其他的结构。左翼面对着一个圣器室和倾斜的庭院，右翼跨过了一个狭窄的街道，人们可以从下方的入口处进入右翼建筑之中，而两侧侧翼的上层实际上都属于比邻的建筑。侧翼上层向后弯曲着，这不仅暗示空间的延伸，也可以接收到更多的光线——因为到了下午晚些时候，正立面就只有上层才受光了。这样一来，上层侧翼建筑也帮助减轻了广场的那种幽闭的感觉。科尔托纳把建筑正立面的上部和中部打造成为最具视觉诱惑力且在建筑上最复杂的部分，这样一来他就弥补了教堂体量较小的缺憾。一面凸出的墙像一叶肺那样向前压过去，与此同时，中心窗户的窗框和上方圆形拱顶石式样的三角山墙向内侧回收，这样墙面就波动了起来，这一设计受到了米开朗琪罗新圣器安置所（图 87）和圣洛伦佐的洛伦廷图书馆的影响。一对突出的墩柱像书挡一样阻止了墙面继续外延。建筑形式承担了装饰功能，比如檐部在墙面中间，然后滑到立柱和壁

图144
圣亚加大大教堂
正立面
1696年
加里波利（意大利）

图145
朱尔斯・哈杜・芒萨尔特
金色圆顶教堂
1677—1706年
巴黎

柱的后面，但是没有出现在波浪面的墙上，也没有与那宏伟的镶嵌板一起出现在正立面上方，更没有出现在山墙上。一块圆形的山墙（“拱顶石”）被嵌入了一个大一点的三角形山墙中，这样一来三角形的下半部分就从拱顶石的下方穿过，且这三角形的山墙的中间向前突出，突出的部分与圆形山墙一样宽。作为一个整体，凸面的

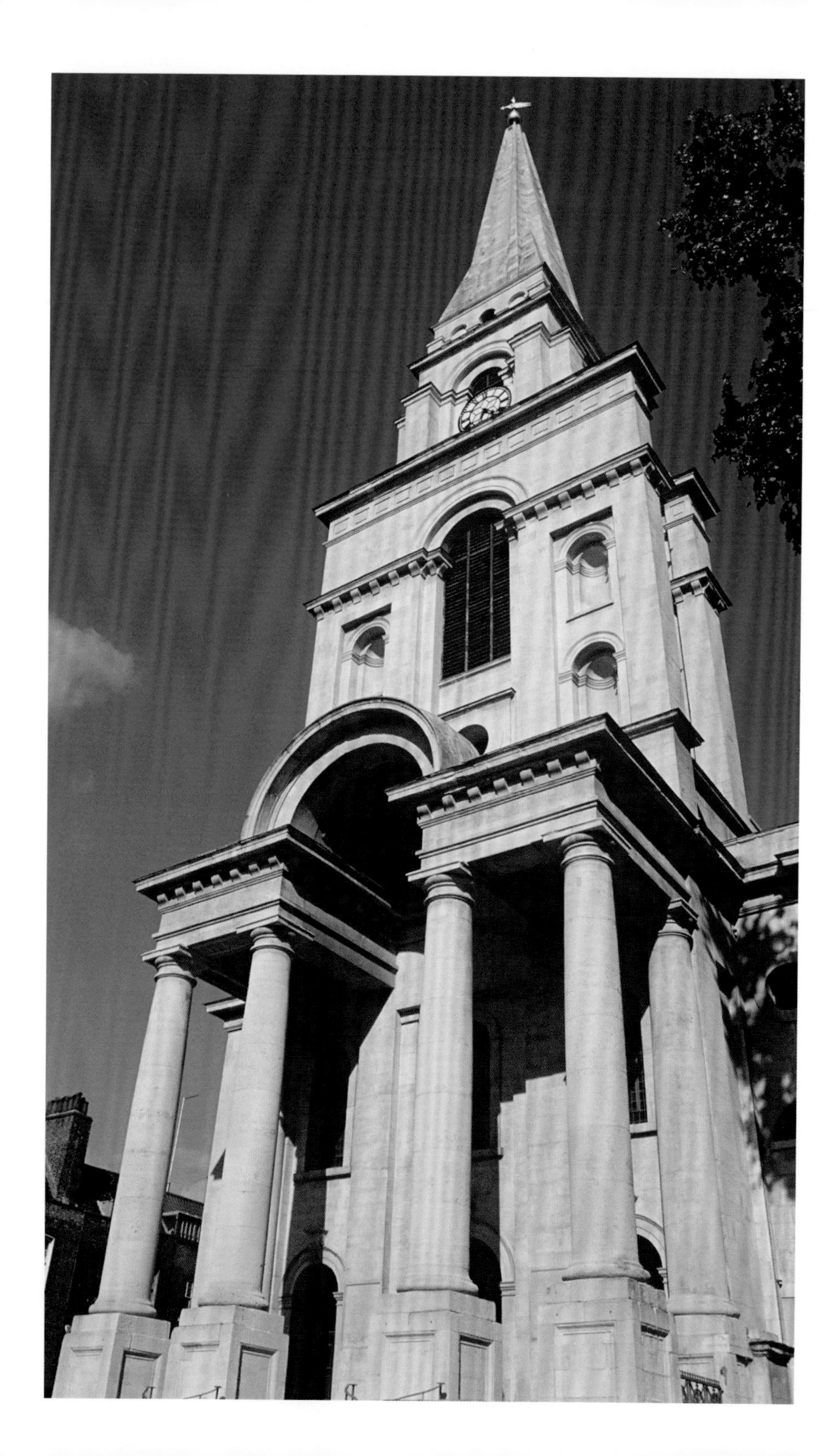

中心与后凹的侧翼建筑的并置给了正立面一个波动的感觉，这和波洛米尼在圣依搦斯蒙难堂的效果相似（图 142）。

受地点限制的教堂，并非总是要依靠大胆的建筑创新才能为它们的正立面吸引注意力。尤其是在伊比利亚半岛、意大利南部和拉丁美洲，丰富、饱和的装饰弥补了更为保守的直线形的教堂平面设计和平淡的建筑正立面。撒伦丁半岛，一个处于意大利东南部的西班牙殖民地，有着一个特殊的、有着繁复装饰的建筑风格。半岛上有许多这样的建筑，处于加里波利小渔村的 17 世纪大教堂圣亚加大（图 144）的正立面是其中最奢华的建筑。和波洛米尼的传信学院（图 133）一样，圣亚加大大教堂面对着一条极其狭窄的街道，只有站在建筑侧面才能看到建筑的正立面。但是圣亚加大大教堂没有使用大胆的檐部和起伏的墙面来吸引来访者的注意，而是通过复杂的挂毯般的装饰彻底征服了我们，这在意大利都很少遇到敌手。玫瑰花窗、涡卷装饰、枫树叶、花束、藤蔓、怪物、丘比特和无数其他装饰与人像雕塑一起，共同构成了一种豪奢无比的效果，这种奢华的效果被金色和奶油色的石头所加强了。这种装饰的方法和这一教堂的地点尤其搭配，因为观看浮雕的最好方式是按顺序观看，并站在非常近的距离仔细观看，如果教堂可以从远距离观看的话，这种装饰方式就没有现在的效果了。

图146
尼古拉斯・霍克斯穆尔
斯皮塔佛德基督教堂
1714—1729年
伦敦

可以从远处观看的教堂中，有一个非常极端的例子，就是巴黎的金色圆顶教堂（图 145）。伤兵院是巴黎最雄伟的建筑群之一，金色圆顶教堂就是这一建筑群的中心建筑。伤兵院坐落于圣日耳曼区，这片地之前是圣日耳曼德佩修道院的农田，故它没有城市建筑普遍面临的拥挤的问题。伤兵院由路易十四成立，作为受伤士兵的临终安养院（现在还承担着这个角色），从高度上来说，它可以容纳 4000～5000 名病患。这一建筑群由利贝哈勒・布鲁昂（死于 1697 年）开始修建，并由朱尔斯・哈杜・芒萨尔特最终完成。后者从 1677 年开始着手建造圆顶教堂本身——一个团形设计的皇家礼拜堂，在教堂尽头增加了一个献给圣路易斯的椭圆形的圣殿。这是巴黎对圣彼得大教堂（图 126）的回应，并标志着法国压倒了意大利，成为欧洲的文化中心。虽然圆顶教堂的穹顶按照其建筑体量被成比例缩小了，但可能是归功于残存的哥特美学，这一穹顶仅比圣彼得大教堂的穹顶低了 30 米，且它成了世界最美好的城市景色之一的中心：教堂的一侧面向塞纳河边的 487 米长的荣军院广场（于 1704—1720 年规划）。在另外一侧，圆顶教堂的主外立面面对着一个宽阔的、现在被称为沃宾广场的空间。圆顶的垂直肋拱和鼓座中成对的立柱，也是这一建筑对圣彼得大教堂的呼应。但是哈杜·芒萨尔特在圆顶和鼓座之间增加了一层阁楼来增加建筑的整体高度；他还在鼓座中成对的立柱上面增加了涡卷形扶壁，作为两个区域之间的过渡地带。和圣依搦斯蒙难堂（图 142）一样，由于圆顶教堂保留了希腊十字的平面，所以建筑并没有建造正厅，故这座教堂可以被看作是对圣彼得大教堂的一个“修正”。但是圆顶教堂的礼拜堂外立面更窄，且弧度更小，成了圆顶的一个柱基一样的底座。建筑较低两层的正视图很庄重，是冷淡古典主义的装饰风格，而且所用装饰物很少，这种风格是典型的路易十四在巴黎建造的公共建筑的风格（图 140）。在建筑的上下三层中，正立面都有一个中心前进的趋势：从侧翼建筑蔓延到中心主楼，并在门廊达到顶峰。那巨大的门廊，以及正立面、鼓座和穹顶上的窗户，给了这座建筑一种开阔的感觉，从而掩盖了其令人却步的体量。但是圆顶教堂并不是一个非常宽容的建筑。正如那个修建它的政权一样，建筑本身只能远观。

英格兰建筑师尼古拉斯·霍克斯穆尔（1661—1736 年）也不需要太过担心城市拥堵的问题，因为伦敦的中心在 1666 年被一场大火夷为平地，在雷恩的监管下，城市雇用了一批建筑师，在这片土地上重建了城市的教堂。1711 年，议会法案免除了煤炭税费，以资助伦敦新建 50 座教堂（只有 12 座被建成了），其中包括了霍克斯穆尔最早的创作之一——斯皮塔佛德基督教堂（图 146）。虽然和金色圆顶教堂一样，二者都位于一条长长的道路的尽头，而且都使用了古典建筑的语言，但基督教堂和金色圆顶教堂完全不同。英格兰鄙视专制主义的大话，作为这一国家中的新教教堂，基督教堂回应了英国中世纪建筑，而没有去提及教皇体制——最著名的就是它用大量的尖塔来取代穹顶的位置。霍克斯穆尔的古典主义不是学院派的，而是兼容并蓄的，这种风格部分受到了波洛米尼的影响，同时也受英国对帕拉第奥风格喜爱的影响，帕拉第奥风格源自意大利文艺复兴建筑师安德里亚・帕拉第奥（1508—1580 年）发明的一种简朴、均衡的风格，这一风格由伊尼戈・琼斯（1573—1652 年）在英格兰首次倡导。霍克斯穆尔的教堂融合了早期基督教和古典主义的特征，而这种古典主义源自罗马的异国殖民地——比如巴别克，而不是从罗马本身中生发出来的。他对早期基督教历史遗迹的兴趣回应了英国圣公会理论的新思潮，这一思潮认为比起现下的天主教，原始教会是一个更为纯粹的选择。

造成基督教堂外观或尖塔突出的部分原因，可以被 1711 年委托合同中的两个条款所解释。虽然有一条要求“有意图新建的 50 座新教堂，需要制定和认可一个通用模式”，并加上了“尖塔或钟楼（都）除外”，但这允许了建筑师在屋顶以上进行自由创作，为城市创造出多样的轮廓线。另一条特别强调了外观的纪念碑性：“每座教堂的西侧末端都要有堂皇的柱廊，智慧也会同意这个观点。”霍克斯穆尔的尖塔建成于 1729 年，模仿了那些在伦敦被摧毁的哥特教堂，虽然在 19 世纪翻新之后，其屋顶窗和卷叶饰（叶状的哥特式尖顶饰）被清除了，让尖塔看上去更像一个埃及的方尖碑——碰巧是霍克斯穆尔对尖塔的另一个灵感。钟楼和正立面都展示出了所谓的帕拉第奥装饰，两个方形入口上搭着拱门：下方的门廊和上面的钟楼都是这样，而且在东侧窗户上也重复了这一装饰。这一装饰的使用规模很大，尤其是那突出的门廊，对这一装饰的使用是大胆且原始的——当霍克斯穆尔让门廊的立柱高过正立面窗户的高度时，他甚至创造出了一个巨型的柱列。和波洛米尼一样，他选择曲面作为教堂的主题，从圆形的舷窗到圆头的拱门都可以体现这一点，而最大的曲面则出现在正立面和东侧窗户的帕拉第奥装饰上。他和波洛米尼都是喜爱近东模式和复杂尖顶的建筑师——不同的是，这些曲面是垂直使用的，而不是因为教堂外立面而呈波浪状起伏的，

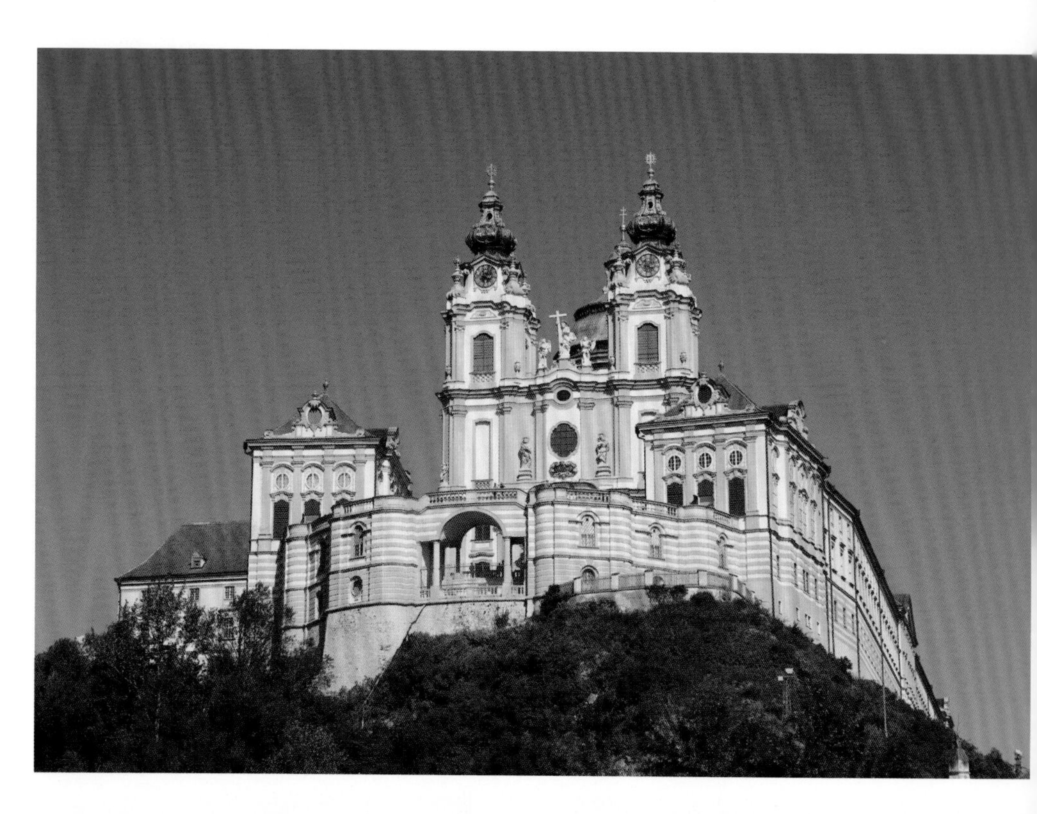

南欧和中欧教堂比较偏爱起伏的外立面。对来访者来说，教堂充满了惊喜，例如钟楼侧面凿出的那些深深的纹路以及钟楼那令人意想不到的狭窄度。这些只有从教堂侧面才可以看到——正是这些未知中的趣味，加上建筑本身对古典原型的莽撞且出其不意的结合，让这座新教教堂和本书中任何一个教堂一样具有巴洛克意味。

以上所述的城市教堂只有金色圆顶教堂达到了可以与城市外的教堂、修道院和朝圣神龛相媲美的规模。两个体量最惊人的建筑是奥地利的梅尔克修道院（图 147）和葡萄牙的马夫拉宫（图 148），它们的体量是如此巨大，以至于可以和凡尔赛宫（图 135）或者卡塞塔宫（图 16）的体量相比肩。本笃会的梅尔克修道院亦是教堂和宫殿修道院的巨大结合体，这一建筑向外凸出，就好像在多瑙河之上的一块自然突起的土地上停泊的一艘巨船那样。船的比喻在建筑南侧也成立，那是一个 320 米长的墙面，从小镇里望去也若隐若现。墙面上面有三排朴素的窗户，这和轮船的侧面极其相似。这种和海洋的联系可能是有意为之的：修道院旨在从多瑙河的驳船上观看，且“教堂之船”的象征是对天主教胜利的一个惯常的隐喻。梅尔克修道院属于皇室，而修道院依然为皇家贵宾保留着富丽堂皇的宾客住所。修道院的重建是十分昂贵的，所以赞助人似乎不太可能是院长伯索尔德・迪特马耶（1700—1739 年在任），因为他以简朴和严格遵守修道院纪律而出名。

图147
雅可布・普兰道尔
梅尔克修道院
1702—1738年（奥地利）

图148
约翰・弗里德里希・路德维希
马夫拉宫
始建于1717年（葡萄牙）

蒂罗尔的建筑师雅可布・普兰道尔（1660—1726 年）重建了加固版的中世纪修道院，他通过建立又高又平整的墙壁和建筑群东北侧有城垛的钟楼，来保存建筑的外表。他还以悬崖的轮廓线为准调整了墙面，这样一来，当我们从下往上看的时候，墙面就有被增高的感觉。这座新的建筑包括修道院教堂和五个庭院，并被图书馆、大殿、内廷、院长住所、修道院居住区、工作宿舍和一个学校所环绕着。这里太过奢华，以至于引起了修士们的反感，直到迪特马耶证明了这一花销可以由修道院的收入所弥补，这种反感才被平息。教堂是这一建筑群的中心建筑，在侧翼建筑和楼厅所形成的闭合空间中单独矗立着。其有着双钟楼的正立面（被称为“西面工程”或者“西面构建”）是凯旋教会的象征，让我们重温了查理曼大帝的堡垒教堂（742—814 年）。在巴洛克时代，这类正立面在中欧和伊比利亚半岛都十分普遍（图 149、图 150），但在意大利和法国比较少见。普兰道尔通过降低建筑前面马蹄形的露台——船“首”——让观者从低处来欣赏建筑的正立面，并在露台中间建了一个帕拉第奥拱门，把整个露台打开了。露台不仅提供了从下方观看教堂的视角，也提供了一个从上向下看去的居高临下的景观，并且隐喻着教会“全知的眼睛”。露台中包括一座图书馆和一个皇家大厅。正立面那连续起伏的墙面就好像被风吹拂的帆，高高的、聚在一起的壁柱耸立在钟楼顶部，强调了教堂的高度。普兰道尔为我们呈现了巴洛克最庄严的建筑群之一，但是在前方侧翼的皇家大厅和图书馆中，那流动的线条、开放的态度和大大的窗户，都让这座建筑似乎比其墙壁和堡垒所暗示的要容易接近得多。虽然它体量巨大，但是梅尔克修道院毕竟不是卡塞塔宫。

图149
卡洛斯・路易斯・费雷拉・阿马兰特等
大台阶
邦热苏斯的朝圣教堂
布拉加（葡萄牙）

葡萄牙的马夫拉宫的情况完全不同，它缺少那种蜿蜒和开放的感觉，显得单调和死板（图 148）。作为欧洲最大的建筑之一，其统计数字比建筑的质量要出名得多：每一个立面有大约 220 米长（比卡塞塔宫稍微小一点），建筑群有 1200 个房间和 8 个庭院，而且使用了多达 45000 个施工人员和工匠组成了一个团队来完成建造。马夫拉宫的赞助人是肆意挥霍的国王若昂五世阁下（1706—1750 年在位），得益于他颁布的第五皇家税。他从巴西的大矿州狂揽的金子和钻石，让他成了欧洲可能是最富有的君王。若昂五世阁下决定建造整个葡萄牙最有野心的建筑工程，成吨地从意大利进口雕塑和艺术之物，同时引进了一些意大利和德国最有天赋的建筑师和艺术家，并创造了一个以罗马和中欧为灵感来源的晚期巴洛克风格，也被称为约若阿诺风格 。他邀请了斯杜皮尼吉宫（图 136）的设计师菲利普・尤瓦拉于 1719 年为他在里斯本建造一个新的皇家宫殿，但是这一计划一直处于纸上谈兵的状态，而且国王很快决定要在马夫拉这一小镇建一个乡间别墅，作为对其继承人诞生的感恩。另一个建造这一乡间别墅的目的是要与路易十四的凡尔赛宫一争高下，

30

也要和邻国西班牙的菲利普二世的埃斯科里亚尔宫（1563—1584年）比个高低。对于一个壮观的建筑来说，马夫拉宫的地理位置十分理想，因为地面相对来说比较平，有着草地和矮树，而且从远处来看没有障碍物。和埃斯科里亚尔宫一样，马夫拉宫把宫殿和修道院结合了起来（最开始其仅仅容纳了 13 个嘉布遣会修道士），围成了一个方形的建筑团块，里面有多处庭院，教堂坐落在中心轴线上（和埃斯科里亚尔宫不同，马夫拉教堂在建筑群的前面）。马夫拉宫虽然建得很快，但却偷工减料了，只有钟楼、教堂正立面和窗户周围是用石灰岩建的，其余部分用的都是灰泥砖。相比之下，埃斯科里亚尔宫则是由实打实的花岗岩建成的。

虽然国王比较喜欢意大利风格——马夫拉宫有着葡萄牙第一个巨型的意大利式穹顶，且前厅展示的雕塑是从罗马进口的，但其主建筑师却是巴伐利亚人约翰·弗里德里希·路德维希（1670—1752 年）。中欧的特点在这座建筑群中占主导性地位，比如方形的城角塔（对比图 139）、城角塔之上的圆形穹顶、尖塔，以及两个横向的侧翼建筑之间的双钟楼教堂正立面。教堂建立于一个保守的拉丁十字平面上，其耳堂和半圆壁龛的墙面是凸出的——而且从外侧无法被看到。建筑那又平又单调的正立面上，只有一个门廊为正立面增添了一点生气：门廊分两层，下层是爱奥尼亚式立柱，上层是柯林斯柱式立柱，门廊点缀着一些花环，上下两层各有一对壁龛，龛中立有雕塑。学者们指出了其与波洛米尼的圣依搦斯蒙难堂（图 142）和贝尼尼的蒙特奇特利欧宫（图 132）之间的相似性。但是如果说马夫拉宫是这些典型建筑的复制的话，那也是一个沉闷的复制，缺少了它们波浪状的轮廓线、活力以及设计的独创性。

图150
约翰·巴塔萨·纽曼
维森海里根神殿
1743—1772年（德国）

“三十年战争”（1618—1648 年）结束之后的那个世纪，天主教世界修建或重建了大量的祈祷教堂，一些教堂与风景最精彩的结合物，就存在于这些祈祷教堂之中。彼时教会进入了一个大获全胜的阶段，连那些最不可能发生的奇迹都要去庆祝。其中最壮观的当数邦热苏斯的朝圣教堂，坐落在北葡萄牙的布拉加镇几千米之外，然而台阶比教堂本身更为出名——毫无疑问是欧洲最壮观的台阶

（图 149）。实际上，开始修建台阶的时间比开始修建教堂本身的时间要早得多，而且花了将近一个世纪才完成。来访者在登上台阶的时候，会感受到一个无与伦比的目击时间流逝的感觉：那些雕塑装饰从巴洛克风格逐渐转向洛可可风格，而教堂正立面则是新古典主义风格的。大主教罗德里戈·莫拉特莱斯阁下（1704—1728 年在位）于 1723 年开始台阶的修建，以作为神圣之路的终点。在台阶上，有寓言和圣经人物形象，伴随着圣经箴言。这一不朽的作品最终有 16 个锯齿状的双台阶，上面有一连串长长的台阶，需要人爬得筋疲力尽才能到达顶端。顶端的部分是由卡洛斯·路易斯·费雷拉·阿马兰特（1748—1815 年）设计的，他是北葡萄牙最著名的建筑师之一。上层有八个楼梯平台，每一个都由灰色的花岗岩和白得耀眼的涂料铺就。墙面上装饰有雕塑喷泉，位于较低的楼梯平台上的喷泉是五个寓言场景（喷头非常巧妙地藏在人物的眼睛、鼻子、耳朵或者嘴巴里），而上层喷泉则是基督教徒美德的寓言。这些喷泉侧面是旧约先知，其中很多穿着亚洲的服装——后者是葡萄牙大量的亚洲贸易网络的征引，讽刺的是，在台阶开始修建的时候，这一贸易还不是很活跃。对比之下，教堂则是一个高高的但朴素的建筑，有两个钟楼，有着优雅的、格子状组成的庄严的立柱和壁柱，以及突出的檐部，但檐部是平的，且几乎没有装饰。只有三角形山墙上有装饰，是一个耶稣受难刑具的纹章汇集。阿马兰特在 1784 年为若昂·德·阿尔马达·厄·梅洛（1786 年逝世）设计了这座教堂，后者是一个人脉深广的波尔图总督，但是直到 1811 年，洛可可也不再流行的时候，这座教堂才最终落成。只有钟楼的穹顶、其涡卷形的轮廓以及洋葱形圆顶，能让我们联想到那时已经不再时髦的洛可可风格（对比图 147）。

图151
约翰·林德
城镇大厅
1737—1747年
金托尔（苏格兰）

巴洛克和洛可可朝圣建筑包括许多最早的建筑和夺目的环境。在中欧，最能代表这两种风格的就是坐落在德国巴伐利亚的班贝克的维森海里根神殿（也就是“十四圣徒”）（图 150）。高耸的正立面嵌在一个极高的山坡上，其角度恰好可以完美地接收到夏天落日的金色光芒。神殿建于 1743—1772 年，其纪念的是一个牧羊人

发现了 14 个儿童圣徒。建筑师是中欧最有名的建筑师之一约翰·巴塔萨·纽曼（1687—1753 年），他也修建了维尔茨堡大主教宫（图 162）。建筑平面图是椭圆和圆圈的精巧结合，两个椭圆组成了教堂正厅，另一个椭圆是唱诗席，而每个耳堂都是一个圆形，它们共同构成了相对平直的拉丁十字平面图。这和克里斯多夫·迪恩泽霍夫为布拉格的米库拉斯圣母教堂（图 113）设计的方案相仿。纽曼的设计是三个呈向赞助人斯蒂芬·默辛格——朗海姆修道院的院长——的方案中最晚上交的一个。三个方案分别为：第一个是团形设计，中心有一个奇迹般的祭坛；另一个像罗马耶稣教堂一样，平面是一个被框在长方形之中的拉丁十字；还有一个是由雅各布·迈克尔·库赫鲁设计的，他引进了椭圆十字交叉的理念。纽曼绝妙的提议——在一个拉得更长的教堂之中保留了中心的椭圆形——赢得了院长的心。那波浪状的正立面无疑是最令人印象深刻的外饰特点，且其设计的目的是与内侧素净平整的墙面形成对比。纽曼用一些手法调和了正立面令人畏惧的体量，比如四排大窗户、装饰有洋葱形穹顶尖顶、细细的壁柱，以及被柱基抬高的立柱，还有窄而高的钟

楼——这一效果也给予这座建筑一个威严的垂直感。

本章的关注点大多在巨大的建筑上，连续观看这些建筑时会显得有压迫感。但是有了正确的布景，即使是最小的建筑结构也可以显得壮丽且有声有色。尤其是那些在小村庄、山顶上或者平坦的乡村中的建筑，在那里没有更大的建筑让它们显得相形见绌。在合适的布景的衬托下，这些建筑看起来比它们本身要大，而且建筑师通过相对地扩大钟楼和台阶的体量来增强这一效果，他们还把钟楼和台阶做得非常窄，这样一来建筑就显得更高了。我将以两个小型巴洛克建筑典范来结束这一章，一个是公众建筑，另一个则是宗教建筑。一种缄默的权威氛围从苏格兰东北部那简朴的金托尔皇家自治区城镇大厅（市政厅）中散发出来（图 151）。这一建筑由石匠约翰·林德为金托尔伯爵建造，包括了监狱、学校、议会大厅以及一处居所。这座建筑在广场中占主导地位，重要的报喜节市集就曾在这个广场中举办。其粗糙的未经装饰的粉色花岗岩所造就的那种简朴与其崎岖的北部环境相符，也和其市民遵守的严苛的加尔文教义相称，同时也给予了这一建筑一种朴素厚实的幻觉。但这种粗糙感被钟楼上精美的荷兰风格的屋塔圆顶减轻了，尤其是富有气势的半圆形台阶，其有着扎莫希奇的市政厅的那种典雅（图 122）——这可能不是巧合，因为苏格兰这一地区的商人直接和波兰人做生意。这一台阶做得非常窄，来衬托建筑的高度，且台阶戏剧性地伸展出来连接到广场之中。虽然教堂现在被周遭逐渐建立起来的住宅包围，但如果从周围绵延起伏的山岭和河岸看过来，这座建筑还是呈现出一个令人印象深刻的视野。

图152
约翰・托马斯・尼斯勒
圣埃吉德教堂
落成于1763年
弗劳恩多夫（德国）

这一朴素厚实的幻觉在德国弗劳恩多夫村庄中极小的圣埃吉德教堂中，甚至显得更加极端（图 152）。在这一村庄中，屈指可数的几幢房子坐落在临近菲尔岑海利根的水磨溪流边上。圣埃吉德教堂把一个杰出教堂所能有的华丽的装饰，都容纳到了一个仅仅能装下 50 人的建筑里。通过倒置钟楼和教堂大厅之间的预期比例，以及赋予这个建筑一个陡峭而倾斜的屋顶，建筑师让圣埃吉德教堂从远处看来显得异常高大，这一效果被洋葱圆顶所加强了。这一圆顶

可能是中欧最精美的洋葱圆顶，由 8 个独立的凹凸部分（几乎是维森海里根神殿的两倍之多）所组成。圣埃吉德教堂还直接借鉴了维森海里根神殿（图 150）地面层粗面石砌成的壁柱，上层高高的、简朴的壁柱强调了垂直的效果，并把观者的视线向天空的方向引去。暂且不管当接近这座教堂的时候它究竟显得有多小，观者最大的惊喜在于，这一复杂的建筑作品令人惊叹地在这么一个不重要的地方出现了。弗劳恩多夫应该感谢建筑师约翰·托马斯·尼斯勒（1713—1769 年），他把巴塔萨·纽曼在维森海里根神殿的设计再次付诸实践。尼斯勒就出生于这个村庄，并把这一美好的建筑献给了这个村庄。当从较低的地域以及周围缓和的山丘看向这座建筑的时候，这一微缩版的维森海里根神殿有一种富丽堂皇的幻觉，这种幻觉被渗透在英国花园设计师所设计的“假物”之中（见第 6 章）。当从一个精心设计的视角观看的时候，缩微的假城堡或者庙堂遗迹显得甚为可观。金托尔的城镇大厅以及小小的弗劳恩多夫教堂，以及它们那种用小体量做出大空间的能力，对巴洛克舞台美术来说，是特别迷人的遗产，且这两座建筑也与这一时代那些更为宏大的纪念碑互补平衡。

阿波罗的王国 巴洛克与洛可可宫殿和室内装饰

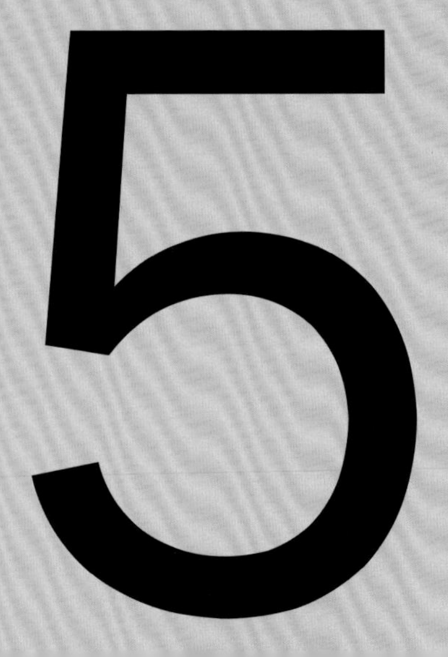

EN.IMITARE.SOLEM.
MEDIO.TVTISSIMVS.IBIS

图153
彼得罗·达·科尔托纳
阿波罗厅
碧提宫
1647年
佛罗伦萨

教堂内饰的目的是通过融合媒介与运用幻觉艺术的方式来鼓励人们进行冥想，并打破人们的心理防御。尽管在风格上，宗教内饰和世俗内饰存在一定的相似性，但世俗内饰所起的作用却完全不同。世俗世界与外界表象息息相关，在一个文化由严格的等级制度和精心编排的仪式所定义的时代，设计师们最不想要的就是去激发人类灵魂中那份潜在的、不稳定的热情。如果说科尔纳罗礼拜堂（图95、图 96）通过把粉饰灰泥、壁画和雕塑整合在一起来掩饰媒介间的区别，那么巴洛克式的宫殿和市政建筑内饰所坚持的则是其建筑结构的不可侵犯性：就像要让住在那里的朝臣规矩本分一样，宫殿和市政建筑的内饰就是要让不同的媒介处于它们应该处于的位置上。宫殿内饰遵循的逻辑在本质上是古典主义的，但是严苛的审美并没有阻碍内饰使用丰富的材料、有活力的设计和幻觉主义的表现手法，诸如上述这些都是造福世俗力量和壮美观象的元素。如果神圣形象是教堂内饰的主要主题，那么宫殿和市政内饰则通过古希腊罗马式的神话场景、寓言以及战争、纹章式的图像，来产生着它们的影响。这种精心的设计也充分服务着其赞助人：像路易十四和奥古斯都大力王这样的统治者，通过内饰设计，把他们自己宣传为新的阿波罗和一个新的赫尔克里斯。

18 世纪 20 年代，随着洛可可的出现，建筑风格从根本上发生了改变，那些笨拙且华丽的大理石立柱、檐板、镏金高浮雕灰泥装饰，还有华丽的刺绣挂毯都不见了，取而代之的是施以淡彩的墙壁，这些墙壁被细长的涡卷形装饰、花环、贝壳和植物分割开来。洛可可内饰越来越多地把户外的东西带入室内，让人想起花园与田园的风光、石窟与恬静的树丛。但是它们的结构依然严谨。虽然洛可可风格中的不对称元素在逐日增加，但是洛可可沙龙中的镶嵌板、窗户、壁炉和镜子都有着清晰的边框，以保留着房间的秩序感，即使它们通常在墙壁、拱肩和天花板间隐藏了这种界限。的确，从用于强调的较小的涡卷饰，到用于分割墙壁和屋顶的结实嵌板，边框都是洛可可的本质特征。和巴洛克室内装饰一样，洛可可的家用内饰和教堂内饰不同，家用内饰很少允许媒介相互融合到那种让人眼花缭乱的、几乎不稳定的程度，诸如茨维法尔滕的修道院教堂（图 121）或艾因西德伦的本笃会修道院（图 6）那样。

图154
路易斯·勒沃和查尔斯·勒布朗等
国王的卧室
子爵谷城堡
1657—1661年（法国）

阿尼巴莱·卡拉奇的法尔内塞天顶画（图 13）是巴洛克宫廷装饰的第一个代表。虽然这是一个有着假画框、圆雕和雕塑的幻真画艺术杰作，但是天顶画仅是模仿其下方墙壁上的建筑元素如檐部、壁龛和浮雕，而并未占据它们的空间。另一个类似的内饰也是如此，即彼得罗·达·科尔托纳在巴贝里尼宫的沙龙（图 51）中的壁画，壁画框架是假的，用重叠的媒介来表现绘画的幻觉，并通过幻真画来反复强调拱顶的轮廓。然而，在斐迪南德大公二世位于佛罗伦萨的碧提宫（1640—1647 年）的套件中，也就是著名的阿波罗厅（图 153）中，科尔托纳改变了自己的设计策略，他用灰泥粉饰来替换他绘制的画框。在庆祝大公祖先科西摩一世统治的占星庆典上，套间中的房间按照金星、木星、火星、阿波罗和土星的次序被依次命名，科尔托纳用沉重的镏金画框框住壁画，画框上还堆叠着花环、贝壳、小型的浮雕场景及人物形象，且大多都留白，与金色的画框形成对比。虽然天花板和墙壁上部的壁画十分生动，充斥着云团和有着戏剧化大透视的人物形象，绘画的笔触也很洒脱，但是画框对壁画所产生的幻觉进行了三维空间的矫正，并牢固地约束着天国的能量。这个感情与理性、神圣光辉与尘世浮华的紧密结合，成了整个欧洲的巴洛克式装饰的原型，其著名的后继者就是凡尔赛宫中为路易十四所设计的那些房间。

正如前一章所讲到的，路易十四风格起始于子爵谷城堡，自

此——准确讲是自国王的卧室始——碧提宫宫殿套间第一次在法国的土壤上生根发芽（图 154）。虽然子爵谷非属皇室居所，但是为国王留出一间房是法国宫殿的传统，即使是在国王从未踏足的子爵谷中也是如此：相比于一间实际的“客房”，国王卧室更像是一种皇室权力的象征。这一房间由路易斯·勒沃（建筑师兼监督员）、查尔斯·勒布朗（画家兼装饰设计师）以及吉尔斯·盖兰与蒂博·溥生特（同为雕塑家）共同创作完成，房间包括一个正方形的前厅和一张长方形的床，床体本身是凹陷的，被镏金青铜的床栏所围住。简朴的前厅被华丽的天花板彻底压制住了，看上去完全不成比例。描绘神话寓言的壁画被放入镏金画框中，画框上有灰泥做的高浮雕，浮雕内容有花环、贝壳、鲜花、丘比特和带翅膀的传奇人物，他们的白色皮肤与镏金形成鲜明的对比，这一画框的使用方式与科尔托纳在碧提宫的做法相似。在天顶壁画的中心圆盘上，勒布朗所作的《时间辅佐真理得胜》被分别代表四季神（富饶）、水星（警觉）、木星（权力）和火星（勇气）的四幅半月形壁画所环绕，同时，在那些装饰圆盘中，还有丽达、戴安娜和命运三女神，以及骑马征战的场景，这些均是对路易统治下智慧与富饶的颂扬。无论如何，比起意大利盛期巴洛克时期的那种动感的典范，勒布朗的壁画更准确地反映了尼古拉斯·普桑的那种更为古板的风格。

勒布朗在位于法国凡尔赛宫的阿波罗厅中，以更宏伟的规模执行了这个装饰方案——太阳王的王座室（图 155）。和碧提宫一样，凡尔赛宫中的七间套间用天文学的方式向神话人物致敬（1671—1681 年），而阿波罗厅则是其中的巅峰之作，致敬着阿波罗、爱情以及古代国王的事迹。七间房间沿着被开放式门道分割出来的单条轴线排成一列，这种排列房间的方式在法国宫殿中成为典型。几个房间公用的墙壁被意大利风格的彩色大理石镶板、壁柱和檐板所包住，但勒布朗将这些元素布置成了一个更为古典的方格形式。阿波罗厅的天花板与子爵谷城堡国王卧室中的颇为相似，其壁画（查尔斯·德拉福斯所作）被围在厚厚的镏金画框中，画框由涡卷形装饰组成，并点缀着灰泥所作的天使、花环和叶形饰环。然而画框所形成的效果却比较轻盈：画框比较窄，人物也比较小，同时也没有白色的灰泥装饰和镏金效果形成对比。天花板中央的圆盘上描画的是阿波罗，阿波罗是路易十四神话中的第二自我。阿波罗乘坐在他的战车中，周围环绕着四季神。对于圆盘所处的位置来说，那些直接站在君王前面的人，最能欣赏到这幅画的精妙。勒布朗发明了一种新的墙壁装饰，即将带花纹的天鹅绒作为国王藏画的背景，而这一风格也于一个世纪后被第一个公共艺术博物馆所模仿采用。水星厅是皇家卧室，其中的全部家具和于 1689 年被替换下来的王座一样，最初均由哥白林厂用纯银制造（见下文）。这些家具均被草率地熔化，用于支付路易灾难性的战争运动。因此，今日，我们所能感受到的这一房间的华美只是当年的一部分。就像庞恰特雷恩的大臣路易斯·菲利波在 20 年后所哀悼的：“熔化所获得的东西……是极少的，比金属本身更宝贵的是那失去的伟大工艺……而那是无法修复的。”

图155
路易斯·勒沃和查尔斯·勒布朗等
阿波罗厅
1671—1681年
凡尔赛宫
巴黎

相比之下，战争厅和镜厅则显得不那么精巧，在 1678 年至 1686 年间，其由朱尔斯·哈杜·芒萨尔特在凡尔赛宫中主持建造，

并由勒布朗进行装饰（图 156、图 157）。战争厅没有彩色大理石、镏金和白色灰泥装饰的墙壁，其中心装饰是灰泥墙面镶嵌板，上面是由安东尼·柯塞沃克所绘的路易十四骑马像，天花板布满壁画，并被镏金的框架和纹章饰物分割开来。其材料的丰富性超越了其原型科尔托纳的创作，它是唯一一间在墙壁上装饰了这么多高浮雕的房间。但它也被法国的古典主义，以及自身规范的、格栅状的组成部分所调和。天顶壁画《武装法兰西》绝非幻真画，同时人物形象没有了意大利式的生动活力，而以勒布朗式的静止（图 53）为特征。镜厅换下了勒沃的花园露台，并破坏了花园立面（图 135），它可能是欧洲被模仿得最多的大厅（对比图 164、图 167）。一个前厅专为侍臣设计，方便他们等待前往弥撒的国王与王室成员们，同样，大厅也是宫殿最重要的接待室。在这里，哈杜·芒萨尔特和勒布朗并没有使用太多的创新之物，而是将据七间套间和战争厅所发展出来的沙龙样式拉长，形成一个隧道样的走廊。镜厅的对面是彩色大

图156
朱尔斯・哈杜・芒萨尔特和查尔斯・勒布朗
战争厅
1678—1686年
凡尔赛宫
巴黎

图157
朱尔斯・哈杜・芒萨尔特和查尔斯・勒布朗
镜厅
1678—1686年
凡尔赛宫
巴黎

理石墙壁，墙壁向着花园的一侧嵌着 17 扇排成一列的窗户，向建筑内一侧的墙壁则嵌着 17 面排成一列的镜子，它们均被分为三个部分，并点缀有雕塑镶嵌板。窗户和镜子的轻盈与明亮，以及天花板上灰泥制作的窄窄的画框，减轻了这一空间在规模和材质上所形成的压抑感。天顶壁画通过假的檐板、装饰图案、画框和帷幕，以及似乎要延伸过拱顶的格状的天花板，让其有了些科尔托纳的幻真画的感觉，但是天顶的每一部分又被明确地区分开来了。灰泥粉饰使用最多的地方是檐板，比如那里镏金的高浮雕式纹章图形和天使。虽然壁画最初是要描绘赫尔克里斯或阿波罗的传奇景象，但是国王最终决定让壁画更为明显地表现他个人的光辉事迹，正如《征服根特和王辖当家》。

如果说科尔托纳和勒布朗都保守地使用幻真画，那么起源于博洛尼亚的另一项意大利传统则将这种创作手法推到极致，即将墙与天花板十分精致地包裹在似幻觉式的建筑结构中，这种做法很像戏剧舞台布景，而这一创作手法就是从舞台布景中获取灵感的。这种

绘画出来的建筑结构给空间以一种无限延伸的感觉。吉罗拉莫·柯蒂（1570—1631 年）将这种方法完善至极，随后他的学生安杰洛·米歇尔·科隆纳（1600—1687 年）和奥古斯丁·米泰利（1609—1660 年）成了欧洲最受欢迎的幻真画创作组合，从罗马到马德里都有他们的创作痕迹。他们最令人印象深刻的一项合作是今日的银器博物馆中的第三个房间，位于碧提宫之中，其与科尔托纳的碧提宫套间作于同一年代（图 158）。墙面被一个虚构的结构框架打开，展现出虚幻的房间和走廊，可让人瞥见宽阔的楼梯、户外的庭院和宏伟的方格穹顶。比真人还大的“大理石”赫尔墨斯举着“青铜”花盆，低低的“栏杆”后面露出并不存在的夹楼层，天花板拱顶上则绘制着虚假的天空。虽然法国并不流行幻真画，其主要兴盛于英国和中欧地区，但在这些地方，幻真画也甚少绘于墙壁上。威尔顿宅第（于 1647 年的一场火灾后，由伊尼戈·琼斯和约翰·韦伯设计）的单、双立方体房间的天顶壁画是最早期的幻真画作品之一，也是

图158
安杰洛·米歇尔·科隆纳和奥古斯丁·米泰利
银器博物馆中的套间
碧提宫
佛罗伦萨

图159
伊尼戈·琼斯和约翰·韦伯
双立体房间
天顶壁画由托马斯·德·克里茨所作
1647年之后
威尔顿宅第（英国）

英国最豪华的巴洛克式内部装饰之一（图 159）。虽然双立方体房间中有着乳白色墙壁和法式镏金灰泥装饰，但它的幻觉式天顶画（荷兰画家托马斯·德·克里茨作品，1607—1653 年）是柯蒂创作的后继。壁画中心是一个椭圆形，椭圆形侧面矩形的镶嵌板上描绘的是《珀尔修斯和安德洛墨达》，同时内凹部分（墙壁与天花板间的连接拱顶）描绘着由纹章图样组成的花带、立在柱基上的小天使、着色鲜艳的水果花环、花瓶和涡卷形装饰。但是矩形镶嵌板中的场景要从正面观看，类似于装框的阿尼巴莱·卡拉奇的法尔内赛宫天顶画（图 13），椭圆形画面中的场景是珀尔修斯和安德洛墨达的婚姻。其灵感则来源于罗马万神殿，被放置在假穹顶宽敞的镶嵌板中，且其也与安德里亚·波佐在近 50 年后设计的耶稣会圣伊格纳济奥教堂的假穹顶（图 119）惊人地相似。二者画的天顶壁画几乎以相同的方式

扭曲了屋顶，这样一来观者只能从一个视角进行观赏。

在这些意大利的幻真画的启发下，阿尔卑斯山北部出现了最壮观的幻真画天花板之一。现位于捷克的弗拉诺夫城堡的大礼堂，于1690—1694年由约翰·伯恩哈德·菲舍尔·冯·埃尔拉赫修建，1695年由约翰·迈克尔·罗特迈尔绘制壁画，从地面到拱顶，整个被构思为一个巨大的椭圆，拱顶上甚至也开了椭圆形的窗户（图160）。虽然菲舍尔·冯·埃尔拉赫受到了詹洛伦佐·贝尼尼和弗朗西斯科·波洛米尼的椭圆形教堂的启发（图3、图99），且应该也了解瓜里诺·瓜里尼1686年讲述基于椭圆的建筑平面设计的论文，但在那时，椭圆穹顶在中欧已是一个普遍的形式了。菲舍尔·冯·埃尔拉赫应受到过巴其吉欧的罗马壁画的影响（图117），这些壁画正绘制于他待在罗马城的这段时间内。菲舍尔·冯·埃尔拉赫本对幻觉

图160
266—267页
约翰·伯恩哈德·菲舍尔·冯·埃尔拉赫和约翰·迈克尔·罗特迈尔
大礼堂天顶画
1690—1696年
弗拉诺夫城堡（捷克）

式天花板绘画的热爱在中欧产生了一股强烈的影响力。弗拉诺夫城堡沙龙中明亮的大理石墙壁与浅浮雕灰泥粉饰，在绘制得更为浮夸且生动的天花板前，也不得不俯首称臣。罗特迈尔受到他在意大利时所获得的个人经验的驱使，给墙壁建筑创作了一种虚幻式的延展，这种延展在被假大理石檐板所环绕的《奥尔瑟恩之屋颂扬》处告终。这一幻真画既夸张又形式复杂：窗框上有假栏杆和幻觉式灰泥作品；人物形象无视窗户间的假立柱，散乱地布满墙面；假灰泥纹章装饰和虚构的叶形装饰板带装饰着檐板。这里有一个创意迸发的尝试，就是画了一张奢华奇幻的壁毯，并让这张壁毯挂在檐板边缘，壁毯中间由小天使托起，这样就让拱顶的上下部分的结合显得更加天衣无缝了。但是即使这幅壁画与巴其吉欧的作品颇具相似之处，它也并未试图去融合媒介：拱顶下真正的檐部未被上方的幻觉艺术所触及，而在绘画装饰之中，也没有出现灰泥装饰。

另一个热衷于意大利风格的就是葡萄牙的国王若昂五世，马夫拉城堡修道院（图 148）的赞助人，他在洛可可风格来临的前夕，委托建造了欧洲最大且最华丽的巴洛克图书馆之一——科英布拉的大学图书馆（图 161）。此图书馆是当地建筑师加斯帕・费雷拉的作品，其特点是模仿意大利风格的彩色大理石墙壁，并在墙壁上装点上厚重的镏金涡卷饰、花环以及家族徽章，这和路易十四的战争厅交相辉映（图 156）。图书馆中的每一个房间都有一个巨大的波佐风格的幻真画天顶，由安东尼奥・西蒙斯里贝罗和韦森特・努涅斯绘制，其效果是让画面穿过建筑结构，越过拱顶，直接到达天堂上面。图书馆本身的高度就已经很令人难以置信了，而天顶画又增强了建筑的高度感。这一图书馆的三个房间排成一排，好像宫殿套间，创造出一种望远镜的效果，而望远镜看去的尽头则是意大利人乔治・多梅尼科・杜普拉（1689—1770 年）所绘制的奠基人的肖像。这些绵延无边的拱廊就像舞台的侧幕一样，把人们的目光直接引向画面，而画面本身的装框好像一个圣殿，画面两侧是镏金的灰泥帷幕，帷幕被小天使拉开，并被吹着号角的天使托举起来。图书馆有一些没有人情味的感觉，像马夫拉宫似的（图 148），但是沿着墙壁排

图161
加斯帕·费雷拉
大学图书馆
1716—1728年
科英布拉（葡萄牙）

开的木质书架（1719—1724年）缓和了这一感觉，书架由加斯帕·费雷拉和一组木匠做成，书架上有刻着枝叶的栏杆、木质花盆尖顶饰和细细的、像倒着的金字塔的立柱（从法国家具发展而来）。侧面的镶嵌板（1723年）由曼努埃尔·德席尔瓦绘制了日本风格的图案，模仿亚洲漆画的效果。作为欧洲最早流行亚洲装饰的国家之一，葡萄牙是采用中国风格的先驱（见下文），这种风格在几十年之后的

欧洲甚为流行。科英布拉图书馆结合了意大利建筑和壁画、受法国影响的木工手艺和镏金——其镏金工艺可能是法国流亡雕塑家克劳迪奥·德·勒普拉达（1682—1738 年）所作——以及日本装饰。

楼梯是巴洛克空间最为典型的元素之一，一部分原因是这一时代对游行和人在空间中行动的方式异常着迷（图 5、图 149）。凡尔赛宫在这方面又是先驱者，其大使的楼梯（Escalier des Ambassadeurs）本来是勒沃和勒布朗在 17 世纪中叶的创新，但是随后这一楼梯就被摧毁了。18 世纪中叶留存下来的楼梯中，最令人印象深刻的就是维尔茨堡主教宫楼梯大厅。这一名字是“楼梯”的意思，但其实际上更像是一个大厅。尽管楼梯大厅出现比较晚，但它是这座宫殿里面唯一没有被洛可可装饰师炫耀过技巧的地方（图 162）。作为维尔茨堡王子及主教的家，主教宫仅用了一代人的时间就建造完成了（1720—1744 年），设计师是约翰·巴塔萨·纽曼，他也是维森海里根神殿（图 150）的建筑师。这一建筑融合了意大利、中欧和荷兰的建筑风格，这反映出了巴塔萨·纽曼的助手以及装饰这一内饰的画家和雕塑家的出身背景。这一楼梯的设计是操纵人类反应的原型，是由纽曼和法兰西皇家建筑师罗伯特·德·寇特，还有热尔曼·博夫朗一起发明的。楼梯墙面用了法国巴洛克和菲舍尔·冯·埃尔拉赫的那种理智的古典主义风格，把乔凡尼·巴蒂斯塔·提埃波罗（1696—1770 年；图 162）所绘制的生动的拱顶壁画衬托到了其效果的极限。设计本身也充满了创意。其原本的设计是要在门厅两侧的墙壁上安装两层楼梯，但是纽曼直接在中央装上了一个一层的楼梯。这一层楼梯把来访者引向夹楼层的平台处，来访者必须要在平台上转 180 度，才能继续走上两侧的台阶并进入第二层。这一设计非常刻意地安排了来访者的路线，让空间得以按序展开，并逐渐引导来访者走向一个典型的巴洛克高潮。

图162
约翰·巴塔萨·纽曼等
楼梯
完工于1753年
乔凡尼·巴蒂斯塔·提埃波罗
《阿波罗及其战车、行星及四大洲的寓言》
壁画楼梯大厅
维尔茨堡大主教宫（德国）

大厅的规模分阶段显露出来。在底层入口处，我们可以看到主楼梯以及夹楼层的宏伟，但是却只能瞥见上方空间的一隅。而当我们到达夹楼层平台，转过身时，突然之间我们就能看到三个楼梯所形成的并列的三条斜线，这是建筑史上对透视法最令人惊叹的使用之一。在那一刻，我们也第一次看到了惊人的天花板的全貌。只有登上了楼梯的顶部我们才可以环顾整个大厅，并最终欣赏到这一拱顶的体量和其奇迹之处：33 米长，19 米宽，但完全不需要立柱的支撑。在我们环顾这一空间的时候，我们就可以观察到提埃波罗天顶画《阿波罗及其战车、行星及四大洲寓言》的整个边缘。四大洲寓言是波佐在圣伊格纳济奥教堂使用过的题材，但在这里，提埃波罗把神话人物和基督教人物并置在一起了。通过把四大洲寓言中的那些喧闹的人群分布在四面墙壁上方的檐部之上，提埃波罗将这一方法用到了极致。人物形象在画面中闪耀的天空的照耀下呈现出明亮的暖色调，就好像那冷灰色墙壁上的一个梦境一样。这也是这一章之中非常少见的，像教堂内饰那样叠加使用媒材的建筑内饰之一：每一个墙角都精心立着一对男灰泥裸体像，坐落在相同的假上檐板处，而着色的人物形象和其他地方的灰泥地毯则被小天使托着，从墙面中喷涌而出。

图163
热尔曼·博夫朗
公主沙龙
1738—1740年
苏俾士宅邸
巴黎

一个世纪以来，最重要的风格革命发生在提埃波罗创作其天顶壁画 20 年以前的法国：洛可可的诞生地。洛可可是西方艺术中从内饰装饰中发源出来的为数不多的几种风格之一（非常令人惊讶的是，大多数洛可可外饰很平庸）。在西班牙王位继承战争期间，几乎整个西欧都站在了法国的对立面，路易十四为此榨干了国家的金库，而那些大规模的皇室工程也几近停工。路易十五（1715—1774 年在位）不能延续其曾祖父的那种独裁风格，在宫廷回到巴黎的这一短暂的时机里（1715—1722 年），法国贵族从凡尔赛宫的束缚中逃离了出去，而家用内饰则因此放弃了那种令人窒息的隆重，转向轻松的宜居风格。实际上，“舒适”的概念，或者“实用的日常之物”的想法，是这一新风格产生的最直接的理由。家用洛可可舍弃了巴洛克的那种高尚的道德论调，放弃了那些沉重的寓言以及对正统性的痴迷：实际上，那些抽象的形式和无忧无虑的田园主题更符合“避难”及“欢愉”的概念，而这些概念创造出一种宽容的氛围，更适合进行文雅的交谈（见第 2 章）。和巴洛克的同等建筑比起来，洛可可风格的房间要小得多，反映出了一种趋向于内部亲密度的风潮。

甚至那些用来招待的宏伟的沙龙大厅的规模，都变得更加适度了，因为社交行为中客人的数量变少了。比起将房间在一条线上重复排列，洛可可的房间经常成组排列，并且使用极端特殊的形状和外貌来符合其内部功能。

洛可可的第一个风格被叫作摄政风格，名字源于路易十五儿童时期，那时是奥尔良公爵（直到 1722 年）在摄政，这种风格体现在巴黎和其行省内的皇室套间和贵族居所之中。和富丽堂皇的巴洛克风格不同，冉冉升起的小资产阶级和知识分子阶级也可以享受洛可可风格，他们给予了这一风格一种中产阶级的支持，类似于他们对荷兰风景画和世俗绘画（见第 2 章）的支持。洛可可主要体现在表面的装饰上，其把雕塑和绘画降级到配角，而用镏金装饰来划分墙面、镜子和装饰嵌板之间的界线。洛可可在欧洲传播得很快，归功于那些装饰书籍，洛可可在奥斯曼土耳其和中国也得到应用（图 231、图 234）。这些书籍中有大量的涡卷饰（曲线的，通常不对称的，镶嵌的）、藤蔓花纹（蜿蜒的，交错复杂的植物样的形式）和贝壳工艺，还有为墙面镶嵌板和壁炉所作的设计。最受欢迎的是朱斯特-奥勒留·梅索尼埃（1695—1750 年）、雅克-弗朗索瓦·布隆德尔（1705—1774 年）、皮埃尔-埃德米·巴贝尔（1720—1775 年）和弗郎索瓦·德·屈维利埃（1695—1768 年）所设计的。随着时间的流逝，洛可可内饰变得越来越不对称，且异域情调大行其道，尤其是印度和东亚的风格特别流行。在 18 世纪，贵族和中产阶级开始以一种空前的规模收集艺术品，且很多洛可可房间都在墙面上设计了隔层，来展示那些瓷器、钟表和小雕塑。

巴黎的苏俾士宅邸（一个市政厅）由热尔曼 ·博夫朗（1667—1754 年）设计，是法国洛可可的原型。苏俾士宅邸是由椭圆形沙龙大厅连接起公寓套间所组成的，它没有放弃按列排列房间的原则，但是却给予空间一种更为人性化的规模，博夫朗的内饰设计就是在这一建筑基础上进行的。王子沙龙和其套间在底层，公主沙龙和其套间在最前面（图 163）。公主沙龙是给玛莉-苏菲·德·库尔西隆的一个迟到的新婚礼物，她是苏俾士王子的妻子，19 岁。公主沙龙是宅邸中最棒的一间，装饰有镏金灰泥嵌板，周围满是小天使、涡卷饰和藤蔓花纹。除了大理石壁炉架之外，房间中颜色最鲜亮的地方就是深蓝色的天花板，还有墙面嵌板上方由查尔斯-约瑟夫·纳图瓦尔（1700—1777 年）所绘制的《丘比特与普赛克》。在与凡尔赛宫的阿波罗厅（图 155）对比的时候，我们就可以注意到，人物绘画和墙壁大小之间的相对比例发生了巨大的变化。阿波罗厅作为 17 世纪最著名的宫殿内饰，整个天花板都布满了壁画，玄月拱和拱肩上的绘画则是整个房间的重点。而在公主沙龙中，天花板是单色的，而那极小的拱肩画（画在帆布上，而不是壁画）与在其之上和之间的树叶涡卷饰一起，争夺着来访者的注意力。那朴素的施以淡彩的镶嵌板，还有房间中的窗户与镜子，让房间显得比本身要大一些，而拱肩、凹口和天花板之间的混合掩盖了区域之间的过渡。且这一效果被白色的灰泥天使和细长的镏金藤蔓花纹所增强，而藤蔓花纹越过了上方的建筑结构，直接蔓延到天花板的中心处。虽然细节处没有什么新东西，比如伸往墙面嵌板的“蝙蝠的翅膀”主题装饰，

图164
弗郎索瓦·德·屈维利埃
绿廊
1730—1737年
慕尼黑王宫

以及窗户之间檐板和拱肩的形状，在先前的市政厅中就已经出现过，但这些装饰元素在房间当中的分布显得异常和谐，部分原因是房间的体量很适宜。虽然洛可可建筑风格非常随意，且其组成部分的体量也缩小了，但公主沙龙中的洛可可架构和阿波罗厅的架构一样富有条理和逻辑。

并不是所有的洛可可内饰都有苏俾士宅邸的那种适度的体量，尤其是在东欧和中欧，洛可可和巴洛克“壮丽”的概念融合在了一起，而这种融合的产物显得不是特别稳定。巴伐利亚的亲法选帝侯们于 18 世纪 20 年代把洛可可风格引到了中欧。选帝侯麦克斯·伊曼纽尔发现了年轻的弗郎索瓦·德·屈维利埃（1695—1768 年）的建筑天赋，那时他还是一个宫廷侏儒。1720—1724 年，选帝侯让屈维利埃在巴黎跟随布隆德尔学习。回到慕尼黑之后，屈维利埃用一系列被称为“富室”（字面意思就是“富有的房间”）的套间，在慕尼黑王宫为麦克斯·伊曼纽尔的儿子和继承人卡尔·阿尔布雷希特创造出了一种新的巴伐利亚洛可可风格。这些房间旨在配得上卡尔·阿尔布雷希特所宣称的王位，所以体量巨大，这违背了洛可可的准则。在这种情况下，屈维利埃让墙壁上爬满花卉和植物形状的装饰、小的人物形象、网格、互相缠绕的树枝和大片的棕榈叶，有时候还用蜿蜒的藤蔓花纹来弥补大厅的高度，让这一空间更宜居。具有代表性的就是绿廊（图 164），这是一个有节日氛围的大厅，贴着绿色的锦缎墙纸，墙面上还装着曾被上百支蜡烛点亮的闪耀的镜子。门上和窗户嵌板上的藤蔓花纹束成了又高又窄的股，组成了门框和镜框，并最终以藤蔓、篱笆和贝壳的相互缠绕告终。和苏俾士宅邸一样，屈维利埃用了精致的涡卷形装饰来掩盖拱肩、凹口和

图165
弗郎索瓦·德·屈维利埃
圆形沙龙大厅（镜厅）
1734—1749年
阿玛琳堡（德国）

天花板之间的过渡，但是他把装饰做得更加精美且更加主观，增加了写实主义的树木和盘绕在建筑结构之间的藤蔓。在天花板的中间，这些装饰元素组成为一幅画的画框，画面的主题是家族神话，这一主题出现在巴洛克宫殿之中更为适宜。画面中有着坐在云团上的寓言人物形象，还有一望无垠的天空。屈维利埃的风格比公主沙龙（图163）中的要更加活泼有趣，不仅是因为其中出现了一些写实主义的元素，也因为他的墙壁镶嵌板不那么对称。屈维利埃的工作由灰泥大师约翰・巴普蒂斯特・齐默尔曼（1680—1758 年）、雕塑家约阿希姆・迪特里希（1690—1753 年）和文策斯劳斯・米罗弗斯

图166
弗郎索瓦・德・屈维利埃
卧室
1734—1749年
阿玛琳堡（德国）

凯协助完成，且这一大厅中曾经摆放着建筑师定制的家具。第二次世界大战期间，这里曾被同盟国的炸弹所摧毁，后来被精心、准确地还原了。

屈维利埃最惊人的作品体量比较适中。他的阿玛琳堡（图165、图166）坐落在慕尼黑附近，是为选帝侯夫人玛丽亚·阿玛丽亚建造的宁芬堡宫的一部分。阿玛琳堡中心是一个圆形沙龙大厅，两侧各为一系列的套间。屈维利埃使用蓝色和黄色的墙壁来区分房间，用镏银来取代更为传统的镏金，给了建筑内部一种冰冷的闪烁感，这和苏俾士宅邸完全不同。沙龙大厅的装饰和慕尼黑王宫（图164）的装饰交相呼应，格子工艺框住镜子的上端，并与在百叶窗上的藤蔓花纹紧紧地交织在一起。但是阿玛琳堡的风格更加多变，且更具自然主义特征，尤其是沿着檐部上端进入天花板中的那一块区域，屈维利埃为我们呈现了一幅完整的狩猎场景，以及其他村野的欢乐，其中不时穿插丰饶角、乐器、树木、飞翔的小鸟、泉水和高浮雕田园人物形象。在这里，他很明确地用灰泥粉饰替代了通常由壁画扮演的角色，这是一个典型的巴洛克与洛可可媒材替换的小技巧。屈维利埃的灰泥粉饰（由约翰·巴普蒂斯特·齐默尔曼执行制作）也充满了幻觉式的惊喜，比如最顶端的人物形象把他们的胳膊或腿伸到观者的空间里，还有植物的枝丫直接垂到房间之中。黄色的卧室（图 166）和旁边的沙龙大厅比起来是一个舒适的私室，其装饰是如此之多，简直把洛可可那明亮和宜居的属性挤得无处残留。描绘赞助人的油画被银枝叶、藤蔓和人物形象围得水泄不通，门道似乎陷入枝叶的洞穴之中，而壁龛被厚厚的银制装饰所铺满，以至于简直看不见墙壁了。

图167
约翰·伯恩哈德·菲舍尔·冯·埃尔拉赫和尼古拉斯·帕卡西
大走廊
始建于1743年
美泉宫
维也纳

另一个中欧洛可可浮华的范例是坐落在维也纳城外的美泉宫中的大走廊（图 167），与巴洛克的典型，凡尔赛宫的镜厅（图 157）形成鲜明的对比。美泉宫是哈布斯堡王朝的夏日行宫，和凡尔赛宫一样，它原来是一个狩猎行宫。在 1696—1713 年，皇帝利奥波德一世委托约翰·伯恩哈德·菲舍尔·冯·埃尔拉赫在这一地点建一个新的宫殿，要是按照最初的方案，在体量上，它可以和凡尔赛宫相媲美（由于财政和政治原因没有最终完成）。在 1743 年，女王玛丽亚·特蕾莎（1740—1780 年在位），洛可可最狂热的赞助人之一，雇用了建筑师的儿子约翰·伯恩哈德（1693—1742 年）和意大利人尼古拉斯·帕卡西（1716—1790 年）来对这一宫殿的风格进行改造，她把这座宫殿变成了她王国的行政及文化中心。此次翻新的重点在于改造一系列宽敞的接待大厅，这些大厅让人回想起法国巴洛克那富丽堂皇的内饰，同样，更为私人的房间（图 167）也是此次翻新的重点，这些房间于 18 世纪 60 年代被进行了装饰改造。这是一个长长的长方形的大厅，一侧装有一排拱形的窗户，而相对的另一侧则装有一排镜子。大走廊是玛丽亚·特蕾莎对镜厅的

图168
乔凡尼·巴蒂斯塔·提埃波罗（？）等
瓷器屋
阿兰胡埃斯皇家宫殿（西班牙）

图169
百万之室
约1760年
美泉宫
维也纳

回应，但大走廊和哈杜・芒萨尔特与勒布朗创作的镜厅有天壤之别。在凡尔赛宫，墙壁是直的，且镶着彩色的大理石；而在美泉宫，墙壁被刷成白色，且由于其上方建筑形制的曲线轮廓，墙面本身在壁柱之间会出现凹陷。凡尔赛宫的檐板很厚实，而且装饰满了高浮雕雕塑，在墙壁和绘制有壁画的天花板之间形成了不可忽视的鸿沟，而在美泉宫，灰泥模塑和装饰要精细得多，且两个区域之间的界限也被伸向天花板的奖杯状的装饰图案模糊掉了。天花板上的壁画也完全不同，虽然它们描绘的都是帝王场景。在凡尔赛宫，壁画与灰泥框架合为一体，且其占据了整个桶形拱顶；而在美泉宫，格雷戈里奥・古列尔米（1714—1773 年）的绘画描绘了玛丽亚・特蕾莎和她的配偶弗朗茨・斯蒂芬，他们周遭围绕着美德的寓言以及王国的土地。整幅画被包在一个精致的镏金画框中，并随意地浮在平整的、颜色和墙壁完全一致的天花板上。

正如我们稍后将在本章中所讲到的，洛可可和装饰艺术的关系非常紧密，且洛可可很多主题和形式都是从瓷器、金银饰、家具和纺织品中提炼而出的。这种联系在洛可可晚期变体中体现得更为明显，这一变体被称为中国风。从 18 世纪中期直到 19 世纪，这一风格都主导着欧洲内饰和花园设计，并在洛可可转型为新古典主义的过程当中幸存下来。葡萄牙人是第一个直接和东亚国家交易的欧洲人，就在 1498 年，葡萄牙人发现了直达非洲的路线不久之后，这一贸易就开始了。英国人和荷兰人在一个世纪之后如法炮制，以其在东印度建立起来的公司为基础，让中国瓷器、印度纺织品和日本漆艺大量涌入阿姆斯特丹和伦敦的市场。这是新教教徒对葡萄牙权威的挑战。在欧洲人对亚洲的认知中，亚洲是一个充斥着财富和奢侈品的地方。因此，上至帝王下到商人，赞助人们争相用亚洲物品装饰他们的居所，并把房间装修成亚洲风格。而在那些很难拿到亚洲物品的地方，欧洲工匠和画家走上前来填补了这一空缺，把洛可可形式和如假包换的亚洲人物形象、装饰主题和技艺融合在一起。这一中国风的风潮普遍存在着：从瑞典到西西里，受亚洲影响的内饰横扫整个欧洲。且从新英格兰到新西班牙（墨西哥），从巴西到阿根廷，这一风格在美洲也在繁荣生长。

中国风内饰在实际使用当中则有着丰富的样貌：皇后岛的瑞典皇家别墅中的中国宫中如春日般的内饰（1763 年）有着古典主义的含蓄、清凉的绿色墙壁和精美的风景、人物装饰；而西班牙的阿兰胡埃斯皇家宫殿中则有着令人惊讶的奢华的瓷器屋（图 168）。新登基的西班牙国王查尔斯三世在他只是那不勒斯国王时建造了拱廊宫，其中就有一个瓷器房，在他委托建造阿兰胡埃斯皇家宫殿之后，瓷器屋就是对之前瓷器房间的模仿，且他雇用了卡波迪蒙蒂瓷器制造团队，和他在意大利用的是同一支团队。他们把上千块专门切割的瓷器环环相扣起来，并组成了一个高浮雕雕塑的迷宫，和闪着微光的白色瓷器背景形成对比。那些陶瓷浮雕中表现了大量的中国男人和女人、植物和动物——大部分来自异域（棕榈树和猴子可能来自非洲或者美洲）、中国的瓷器和“艺术品”。然而这些“外国”装饰元素以一种典型的洛可可方式连接起来：这些亚洲装饰图案组成奖杯，参差不齐的竹子枝叶织成藤蔓花纹，而那些叙事场景在涡卷形装饰上不对称且危险地保持着平衡。除了材料以外，镜子上方的镜框和天花板的涡卷形装饰和亚洲毫无关系。房间的亮点是那个巨大的瓷器枝形吊灯，其形状像一棵棕榈树，而顶部立着一个中国文人，这和其余大量的浮雕人物可能都出自乔万尼·多梅尼科·提埃波罗（1727—1804 年）之手，他曾协助其兄弟们和父亲乔凡尼·巴蒂斯塔·提埃波罗绘制了马德里的皇家宫殿的天顶壁画。而也正是他们绘制了维尔茨堡大主教宫的楼梯大厅壁画（图 162）。

大多数的中国风内饰主要是作为一个橱柜，来陈列亚洲物品使用，这些橱柜的设计师试图把橱柜的外部装饰和陈列其中的瓷器、微缩模型和漆器融合在一起。最不常见的，实际上也是其中最为独特的，就是美泉宫中的百万之室（图 169），它 1760 年由玛丽亚·特蕾莎委托建造，用来摆放她从莫卧儿到德干王朝的印度小型绘画收藏。她收藏了大约 266 幅水彩画，绘画内容包括从波斯到印度的君王、皇室狩猎、谢赫大会，波斯史诗场景和圣人等题材。这些绘画被皇室家庭成员切成碎片并重新组装，以便能被放进 61 个特制的

图170
查尔斯·勒布朗和小彼得·代·塞夫设计
《1667年国王访问戈贝林丝织厂》
列斐伏尔工作坊制作
1667—1680年
羊毛和丝
3.7 m × 5.76 m
凡尔赛宫（法国）

镏金红木涡卷饰框子中，这些画框被装在暗色硬木镶嵌的墙壁之中。那些不规则的涡卷饰的边框和那些原本在相册之中的长方形的微型画有着天壤之别，但是宫廷画家通过隐藏绘画之间的区别来让之显得合理。他们在画面中加上风景、天空，提亮人物面部特征，强调人物的服装元素，这样一来从远处观看的时候，这些人物所呈现的效果就更好。但这么做的结果就是这些绘画既不是印度风格也不是欧洲风格。百万之室有着一个华丽的枝形吊灯，青铜制造，装点着中国风格的珐琅花朵。

百万之室展现出室内装饰、家具以及艺术物品之间的关系能有多紧密，且洛可可内饰中的元素很少能原封不动地被保存下来，百万之室就是其中之一。正如我们已经说过的，原本的室内陈设早已不复存在，这些内景给当时的来访者造成的那种原始的冲击，只能由我们去想象。建筑内饰和室内陈设之间的联系非常紧密，任何“‘装饰艺术’仅仅是装饰而已”的观念，都应该被彻底消除，而这种想法在今天是非常普遍的。詹洛伦佐·贝尼尼设计过家具和画框，彼得·保罗·鲁本斯为餐具提供设计，而正如我们所见到的，很多意大利最著名的壁画团队中的成员，在面对为私人装饰空间设计俗艳的瓷器内饰这样的委托时，都不会回绝。在勒布朗的努力下，这些艺术形式的结盟终于得到了官方认可，他发明了我们所知道的“装潢”这一概念。在法国部长让-巴蒂斯特·柯尔贝的指引下，勒布朗不仅建立了皇家学院（见第 2 章），也建立了大规模的皇家制造厂，比如戈贝林丝织厂（1662 年），这是合并装饰艺术和纯艺术运动的一部分。皇家制造厂主要为国王的宫殿制造官方的装潢，还可以生

产礼物赠送国际要人，并且减少装饰物的进口。戈贝林，或者与之相当的罗马的圣米凯莱厂（建立于 1710 年）所生产的巨大的挂毯，看上去有点儿不符合今天的博物馆的“语境”，但在当时，这些挂毯在尺寸和重要性上都足以同油画壁画相较。实际上，戈贝林丝织厂最大的项目就是在 17 世纪 90 年代，用挂毯的形式以原始尺寸大小来仿制勒布朗的亚历山大系列绘画（图 53）。挂毯成了内饰装潢不可取代的一部分，在装饰墙壁的时候，设计师至少要留下一小块地方给挂毯。在 1693 年，瑞典访客丹尼尔·克龙斯特朗评论道，在法国宫殿中的“门或者壁炉上都没有浅浮雕。挂毯……挂得到处都是”。戈贝林可不仅仅只是一个纺织品车间而已。国王正式将其

图171
阿尔伯特·埃克豪特和
弗朗茨·波斯特
《条纹马》
1692—1730年
戈贝林丝织厂纺织
羊毛和丝
3.3 m × 5.74 m
盖蒂博物馆
马里布
加州

命名为皇家家具制造厂，厂里有一支精良的手工艺人团队，他们也生产绘画、青铜装饰、家具以及金银器，都是给皇家宫殿使用，或者作为国礼。

戈贝林丝织厂产品的体量和多样性可以在勒布朗的用羊毛和丝制成的《1667 年国王访问戈贝林丝织厂》（图 170）中体现出来，这是由列斐伏尔工作坊所制作的挂毯，高 3.7 米，宽 5.76 米，作为他 1665—1680 年为歌颂路易十四的统治所进献的《王的历史》的一部分。在挂毯中，国王及他的随从被带领进入一个富丽堂皇的房间查看工匠们的作品。而这些工匠日夜赶工，就是为了向国王展示地毯、家具（有些是银制的，有些上面镶嵌着大理石）、绘画、装饰银器、青铜花瓶、银制的火盆和大盘、绣花窗帘以及后墙上描绘战争场景的挂毯。1699 年之后，戈贝林丝织厂就只做挂毯了，它是欧洲最好的丝织厂，雇用了类似让-巴蒂斯特・乌德里、查尔斯・夸佩尔和弗朗索瓦・布歇这样的艺术家画图，而织布工则把他们的设计转化成纺织品，织布工的工资相当可观，其价格和作品的繁简程度息息相关。工厂研发出几百种颜料来匹配绘画的颜色，并与之一争高下。另一件戈贝林挂毯反映出了欧洲对异域情调的迷恋。作为《古印度系列》（1690—1730 年）的挂毯之一，《条纹马》（图 171）是巴西主题作品，出自阿尔伯特・埃克豪特（约 1610—1665 年）和弗朗茨・波斯特（1612—1680 年）的草图。这两个荷兰艺术家是第一批记录美洲原住民外貌和美洲风景的艺术家。17 世纪 30—40 年代荷兰占领巴西东北海岸的时候，波斯特在巴西度过一段时光，除了他回荷兰之后为了符合荷兰人的品位所画的那些画之外，他的风景和植物研究都异常精确。《条纹马》这一场景中，一对猎人在攻击一匹斑马和一群犀牛，绘画明显歪曲了巴西动物真实的样子，但是画面上方的树以及那华美的鹦鹉准确地反映出了巴西风情。

巴洛克和洛可可家具和它们要装饰的房间一样华而不实，且这些家具的装饰图案和技巧都有着严格的标准，以符合建筑师整体的装饰项目。从勒布朗到博夫朗的建筑师都为皇室沙龙大厅做过设计，或为此类建筑选择过家具或者艺术品——不管是壁炉两侧的烛台、椅子、长沙发、不用时就被推到墙壁一侧的边桌，还是为了完善餐桌陈设的汤碗和蜡烛。整个欧洲，像安东尼奥·基卡瑞、皮埃尔·达内尤和托马斯·切宾代尔这样的家具匠人，以及保罗斯·凡·菲亚嫩这样的银匠，都享受着雕塑家或者画家的地位，而且他们的作品也价值不菲。最能代表巴洛克家具的是台桌和橱柜。台桌通常都成对制造，是用来展示钟表、瓷器花瓶或者银器小盒的边桌。通常台桌都直接连着墙壁，而且只有两条腿，不过有些为了方便也有四条腿。一件华丽的荷兰台桌（图 172），桌腿由菩提木雕刻，并被画上大理石纹样，上面装有一个大理石桌板，这一台桌足以和子爵谷城堡国王寝宫的灰泥粉饰一较高下，或者可以和凡尔赛宫的阿波罗厅的灰泥工活相提并论（图 154、图 155）。台桌也有炫目的涡卷纹和飞翔的丘比特。那四条敦厚的“S”形桌腿是由涡卷纹组成的，上面布满了树叶的花样，顶端还有一个鹦鹉的头，这可能是意指荷兰对巴西东北部的征服。鹦鹉头被摆成一个倾斜的角度，戏剧般地伸向房间之中。桌腿上的雕刻纹样象征着繁盛，丘比特爱抚着葡萄，而鲜果组成的花环悬挂在每一条桌腿上。

另一件奢华得惊人的家具是一个橱柜的复制品（图 173），这个橱柜是 1708 年由安德烈·查尔斯·布勒（1642—1732 年）为路易十四大特里亚农宫的寝宫所作（这一复制品可能是艺术家自己的

图172
荷兰台桌
约1650—1675年
木和大理石
84 cm × 113.5 cm × 73.5 cm
阿姆斯特丹国立博物馆

工作室翻制的，时间可以追溯到 1710 年）。作为欧洲最有声望的家具匠人之一，布勒于 1672 年被任命为皇家橱柜匠人。橱柜这一术语从单词“宽敞”（commodious）中来，通常是置于架子上的带有两个抽屉的箱子，橱柜在任何房间当中都是最昂贵的家具。布勒的橱柜通过其昂贵的材料散发出奢华的气息：胡桃木雕刻、乌木贴面、用镶嵌艺术的方式嵌上黄铜和玳瑁。实际上，布勒最出名的就是他的镶嵌工艺，也就是把玳瑁片和黄铜贴起来，然后切割成设计需要的样子。这一工艺现在被称为“布勒法”。这一橱柜还装饰有镏金青铜，例如桌脚上毛茸茸的“狮子爪”。橱柜上方冠有一个绿色大理石的桌面，让人回想起凡尔赛宫宏伟套间中的彩色大理石墙面。

虽然 18 世纪中期以后中国风才开始流行，但 17 世纪的赞助人也一样对异域情调很感兴趣，正如我们已经看到过的戈贝林挂毯中的巴西图像（图 171）和荷兰台桌一样。一个受亚洲影响的红遍欧洲的技巧“上漆”，就是模仿从日本和中国来的大漆木制家具。极为有钱的人是可以在里斯本、塞维利亚和罗马的市场买到亚洲漆盒和其余漆器的——比如书立。这些市场中最有名的是里斯本的新商人街。且欧洲研究亚洲漆器工艺的论文早在 1663 年就发表了。这件英国的漆器（图 174）把受日本影响的橱柜形制和典型的巴洛克

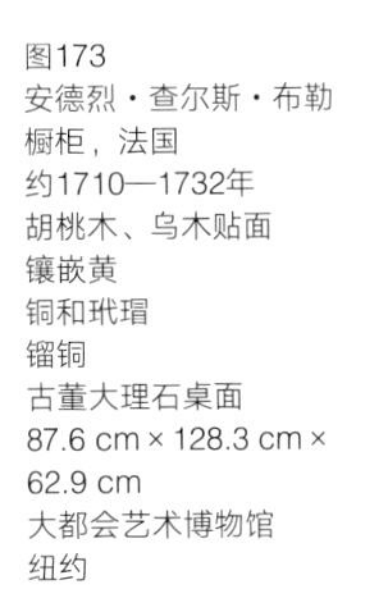
图173
安德烈·查尔斯·布勒
橱柜，法国
约1710—1732年
胡桃木、乌木贴面
镶嵌黄
铜和玳瑁
镏铜
古董大理石桌面
87.6 cm × 128.3 cm × 62.9 cm
大都会艺术博物馆
纽约

桌子结合了起来，让我们想起刚刚提及的那一件荷兰的台桌，桌身装饰着女像柱的腿部、小天使的头、花环和一只鹰（图 172）。虽然笨重，但是这件家具主要是由轻便的松木所刻成的，台面是银制的，而柜子本身（部分是橡木制成的）被绘制成日本风格，在黑色背景上画有金色和银色的日本人物形象、花束和一对鹅。欧洲人上漆的方法和亚洲不太一样。第一步是要给木头一层一层地上浆（黏糊糊的一步）和刷白，然后再涂上黑漆或红漆，上清漆，然后再抛光。装饰通常在最上层的表层，这一技术要用到漂白剂、阿拉伯树胶和锯末的混合物。边角安装件和柜门的锁片则是按照中国风格来雕刻的。在约翰・斯塔克和乔治・帕克发表了上漆和清漆的论文（1688年）之后，上漆这一工艺就被普及了，同时也变得更为复杂了，这是为专业和业余的橱柜匠人所做的备受欢迎的指南，反映出人们对这一新的材料的热情。斯塔克和帕克说道："我们的私室覆盖着清漆，比抛光的大理石还要亮，有什么东西能比这更令人惊奇？"

洛可可让家具有了一个巨大的转变，这一风格偏爱更小的物件，有着狭窄有力的边框，更加精致且通常不对称的装饰，而且经常有

图174
英国"上漆"橱柜
英国
约1688年
松木、橡木、大漆装饰
底部松木镏银
树胶上黄釉
159 cm × 109.4 cm × 54.2 cm
维多利亚与阿尔伯特博物馆
伦敦

着中国风的元素。比如这件皇后扶手椅——这一名字表明了家具的种类，但是并不一定是要献给王后的（图 175）。椅子由巴黎的家具大师让-巴蒂斯特·克雷森（1720—1781 年）在 1755 年的时候献给路易十五的宫廷。这件家具反映出了国王在凡尔赛宫引领起来的激进的创新，在洛可可风格中，路易十五把大小适中的私人套间引入了皇室家庭。这把椅子由上色的榉木制成，有着一个宽阔的座椅和旋开的扶手，以适应淑女宫廷服装宽大的下摆。用宫廷庆典那微妙的语言来说，类似椅子这样的物件，可以说明很多坐在它上面的人的信息：椅子形制的等级，从凳子到没有扶手的椅子，再到扶手椅，很清晰地传达出主人的地位和等级。这把扶手椅的装饰模仿了洛可可内饰中墙壁镶嵌板上的涡卷饰和贝壳饰，扶手椅最上方的贝壳摆放的角度把整把椅子的框架往后推了。椅子背面和坐垫上的织锦装饰是点绣的（最好的刺绣），用不对称的形状组成丰饶角的形式，枝叶、花朵和贝壳则松散地围成花环。虽然这一图案在灵感来源上是纯粹欧洲的，但是那蓝色和白色的配色方案让人想起中国瓷器，且这一图案是从让-巴蒂斯特·彼里门（1728—1808 年）的

图175
让-巴蒂斯特·克雷森
制作
吉恩·皮尔门特设计
皇后扶手椅
法国
约1755年
雕刻及上色榉木
点绣织锦
96 cm × 70 cm
装饰艺术博物馆
巴黎

图案中复制而来，他的纺织物设计是 18 世纪中期法国最流行的中国风元素的来源之一。一件更明显受到亚洲风格影响的物件是 1750 年制作的巴黎的两斗橱（图 176），那时中国风正是最热门的时候。木质的柜体上绘制了受中国风影响的风景，有用红色和白色颜料绘制在黑色背景上的山、佛塔、庙宇、桥梁、柳树以及中国人物形象，这些都被上了清漆，来模仿亚洲的漆器工艺。风景画不对称的分布，以及暗示透视关系的层叠的群山来自真正的中国设计，可能是从瓷器或者丝绸上得来。橱柜的曲线轮廓和其细长的桌腿遥相呼应着洛可可风格。

图176
杰克斯・杜布瓦
两斗橱
法国
约1750年
栎木
红漆
黑漆装饰
大理石桌面
镏铜配件
88 cm × 101 cm × 52 cm
卢浮宫
巴黎

那些收费最高的装饰艺术家是做金银铜器的金属手工艺人，部分是由于他们作品的原材料太过昂贵。他们有些专攻微缩雕塑。青铜是雕塑媒介，传统悠久，而且被类似多纳泰罗和詹博罗尼亚这样的文艺复兴艺术家用来做过大型雕塑。微缩雕塑主要用来装饰边桌，作为桌面的中心装饰，或者是朝天灯，或者是装饰宝库和奇珍橱柜。它们的制造者，包括弗朗索瓦・吉拉尔东（1628—1715 年），或者 18 世纪的罗马艺术家柯斯坦提诺・布尔加里和路易吉・瓦拉迪耶在内的雕塑家，都被声名显赫的赞助人委托过，甚至还被赞助人所“收集”，比如奥古斯都大力士，或者教皇本笃十四。荷兰首席巴洛克银匠是乌得勒支的保罗斯・凡・菲亚嫩（1570—1613 年），他于 1613 年制出了华丽的“戴安娜盘”（图 177），叫这个名字是因为盘子中心成为圆形浮雕的那部分，两面都用浮雕讲述着戴安娜和她命途多舛的仰慕者阿克特的传奇，这种轻快的情感田园主题在室内绘画领域里非常流行。这个装饰盘和一个单柄壶是一对，壶上有描绘这一传奇的其他场景。凡・菲亚嫩用锤子和小铁棒簪刻出这些浮雕，用一种叫雕镂的技巧给加热的金属铸形，而画面精致的背景植物以及细腻的皮肤纹理，表示出他对这一材料掌握的登峰造极。

图177
保罗斯・凡・菲亚嫩
戴安娜盘（场景出自戴安娜和阿克特的故事）
荷兰
1613年
银
40.8 cm × 52 cm
阿姆斯特丹国立博物馆

相比之下，装饰盘的边缘由一种抽象的装饰构成，而这一抽象的装饰正是凡・菲亚嫩的特征。边缘装饰看上去好像是融化的蜡滴出来或者泼出来的形状，而这些形状让人想起洛可可的贝壳工艺——但是早了 100 年。这一风格后来被称为“耳状装饰”，因为其中的一些形状看上去像耳垂。耳状装饰和凡・菲亚嫩联系得如此紧密，以至于他 1613 年在布拉格宫廷去世以后，阿姆斯特丹的银匠协会委托他的兄弟亚当制作了一个镀银的礼物，这个礼物可能是 17 世纪最不寻常的金属物品之一了（图 178）。这是一个完全不遵循传统形式的带盖的壶，把手是一个长发女人靠在一边和一个鳄鱼嘴巴的形状，最下端是一只蹲着的猴子，一对蜥蜴在杯子里面，整个壶看起来好像是一大团融化的巧克力。同样地，这件作品与洛可可甚至是新艺术主义非常相似。实际上，与之势均力敌的一次对抗就是由朱斯特–奥勒留·梅索尼埃设计、皮埃尔–弗朗索瓦·博纳斯特纳制作出来的洛可可法国银质托盘和盘子（图 179）。这是一件盛鱼汤的奢华的餐具，托盘和盘子都好像是被高温熔化过，盘子呈现出一个不对称的液体堆积的样子，而托盘是一个鼓起来的，像贝壳一样的大碗，上面有一个盖子，盖子上浇满了贝类和海藻。金银匠给洛可可发展造成了深远影响，而这绝对不是一件令人惊奇的事。

图178
亚当·范维安恩
带盖壶
荷兰
1614年
镀银
25.5 cm
阿姆斯特丹国立博物馆

欧洲人对亚洲艺术的追捧，直接导致了最重要的新洛可可媒材的产生。最受追捧的中国和日本产品是瓷器，尤其是蓝白花瓶和盘子，以及青瓷。但是彩色器皿也备受喜爱，从蓝色、红色和金色的日本瓷器，到那些奢华的颜色，比如粉彩瓷或者素三彩。尽管这些物品都非常宝贵且极受追捧，但欧洲收藏家也要用洛可可附件或标准来

图179
皮埃尔-弗朗索瓦·博纳斯特纳制作
朱斯特-奥勒留·梅索尼埃设计
托盘和盘子
法国
1735—1750年
银，托盘
36.8 cm
盘子
8.9 cm × 45.75 cm × 38.1 cm
克利夫兰艺术博物馆
俄亥俄州

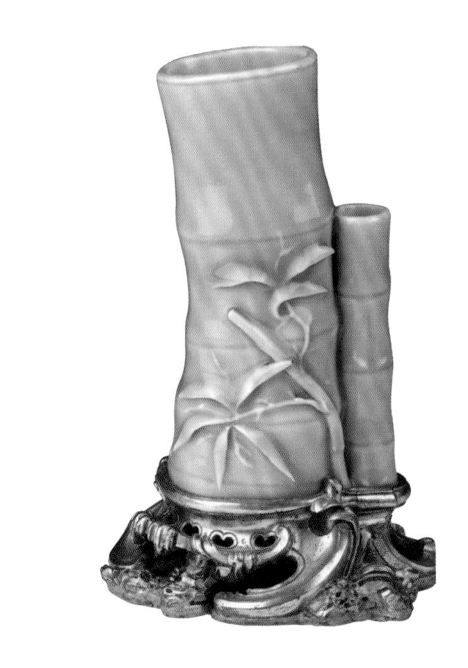

图180
青瓷竹花瓶
景德镇（中国）
1700—1720年
法国配件（1740—1760年）
瓷和雕镂金色黄铜
18 cm × 12.5 cm
维多利亚与阿尔伯特博物馆
伦敦

对其进行提升，他们通常会使用镏铜（这一材料被称为金色黄铜）。比如这个中国景德镇烧出来的青瓷竹花瓶（图 180），很显然其本身就很有价值，但是其法国收藏家仍然觉得如果没有给它搭配上金色黄铜材质的洛可可涡卷饰和贝壳工艺的话，它就不够完整。中国鉴赏家（以及今天的收藏家）都认为这一添加是十分野蛮的——我们是通过中国 18 世纪中期的学者和批评家张庚知道这一点的，他认为欧洲风格“不值得被纯粹地欣赏，古物爱好者是不会容忍这一点的”。真正的瓷器是把白泥和高岭土混合起来，在极高的温度下烧釉，最终会呈现出精美的白色器具，是于9世纪在中国发展起来的。

图181
约翰·约阿希姆·坎德勒
《凤头鹦鹉》
1734年
瓷
34.7 cm
阿姆斯特丹国立博物馆

制作瓷器的秘方一直未外传，直到 15 世纪，瓷器才被日本和越南（安南）复制成功。欧洲人最初的陶器是用低温烧黏土，然后黏土表面涂上白色的黏土泥浆，在烧制之前上色上釉。陶器可以被做得像亚洲瓷器，但是却缺乏瓷器那种精致和闪光。锡釉陶器的一个变体被称为彩釉陶器，于 1709 年被凡尔赛宫采用为官方进餐用具，20 年前，路易被说服熔化掉在其早期统治期间制作的银制家具、烛台和餐具，来填补法国已经亏空的国库。庞恰特雷恩的大臣对此非常厌恶，强调“这是一种规划失败的表现，因为这意味着宫廷和贵族要用陶器吃饭，而在首都以外的地区，绅士们还是用银餐盘”。在 18 世纪，欧洲的窑终于找出了制作出真正瓷器的方法，秘密首先由炼金术士约翰·弗里德里希·贝特格和物理学家艾伦弗里德·华尔瑟·凡·钦豪申所发现，他们在 1709 年为其时代最贪得无厌的中国瓷器收藏家奥古斯都大力士制作出欧洲的第一个瓷器品种。奥古斯都对收集瓷器如此痴迷，以至于他曾经用一整个骑兵团来换 48 只花瓶，他倒空了萨克森的金库，只为给他的收藏添新品。因此，钦豪申就把瓷器称为“萨克森的吸血鬼”。

1710 年，奥古斯都在麦森（邻近德累斯顿）建立了皇家撒克逊

图182
房间清新剂
鲁昂窑
法国
1700—1720年
陶土上锡釉
24.7 cm
维多利亚与阿尔伯特博物馆
伦敦

瓷器工厂，这一工厂成了欧洲瓷器最主要的来源。该窑烧出来的第一批瓷器是洛可可风格的，模仿类似博纳斯特纳的汤碗的银器（图 179），并装饰有涡卷饰、面具和带叶涡卷的绘画，这些绘画都被过了釉。在成为奥古斯都的宫廷雕塑家之后，约翰·约阿希姆·坎德勒（1706—1775 年）于 1731 年加入了麦森工坊担任模型师。一个宫廷雕塑家会被送到瓷器工坊，这就进一步证明了这一材料的地位。作为“模型大师”（1733 年之后），他迅速因为其大型动物形象而成名，比如 1734 年他做的古怪的《凤头鹦鹉》（图 181）。德

图183
扬・埃尔米斯
《夏日》
28片瓷片组成的镶
荷兰
1760—1780年
陶瓷
91 cm × 52 cm
阿姆斯特丹国立博

图184
约翰·保罗·肖尔
《葡萄牙大使入场马车背面设计》
1673年
寓言形象坐在马车上，手持卡斯蒂利亚武器，两侧是哈布斯堡纹章和铭文“超越极致”（Plus Ultra）
钢笔
棕色墨水
灰色和棕色水彩
纸
29 cm × 20 cm
已出售
纽约佳士得拍卖公司
大师素描
1998年1月30日

累斯顿皇室不仅对亚洲痴迷，他们对所有异域情调都很感兴趣，并在莫里茨建立了一个动物园。在那里，坎德勒对着翠鸟、长尾小鹦鹉以及其他热带鸟类写生。在坎德勒 1734 年的日记中，他描写道，他用了两天时间来写生一只葵花鹦鹉，一种他认为“外表”特别“吸引人”的鸟类。他根据这一写生烧制了瓷器，做了等大版和缩小版，这证明了他作为雕塑家敏锐的观察力：生动的姿势、身体的位置以及它专注地注视着一只幼虫的眼神，都反映出了雕塑家对原型的细致的观察——这件作品就是贝尼尼所说的“会说话的雕塑”（见第2章）的动物版。坎德勒擅长表现复杂的表面材质，在这里我们可以看到树皮的纹理、树叶的叶脉，尤其引人注目的是那一片一片的羽毛。在烧制之前，这些画面由另一个画家绘制在釉层下面。

法国彩釉陶器主要是从两个窑里面烧出来的。鲁昂烧制得较少，在今天鲜有留存，而相比之下，圣克鲁更像是一个大规模的生产厂。尽管如此，鲁昂窑被柯尔贝选中，来烧制餐具用以替换凡尔赛宫中的银餐具。他选择了鲁昂，而不是真正的中国瓷器的原因是，在法国，中国瓷器异常昂贵，因为它们不直接进口到法国。这一对鲁昂烧制的房间清新剂大约制作于1700—1720年，它们并不是宫廷物品，是为贵族或者富有的商人阶级制作的（图182）。在一个人们很少洗澡、身体异味被香水覆盖的世界里，装满扑扑莉（干树叶、花瓣和香料的混合）的房间清新剂是洛可可内饰中不可或缺的元素。这一对器皿用陶土制作，上白陶衣，绘制并上釉——鲁昂的釉有一种典型的一丝蓝色——仅仅受了中国陶瓷形状和颜色的影响。这一设计本身直接从洛可可设计书籍中得来：花束、花环和贝壳形状被圈在面板之中，并被涡卷形的藤蔓所包围。

类似这种中国的色彩和欧洲图案的组合，也是18世纪荷兰的窑所烧制出来的瓷片和其他陶瓷物品的特征。荷兰较早接触到中国瓷器，因为其东印度公司把阿姆斯特丹变成了贩卖亚洲商品的欧洲领先市场之一，很快代尔夫特和其他城市都开了窑，为没那么有钱的赞助人制作中国器皿的陶器复制品。他们使用萨克森的钴和图尔奈的优质法国黏土。到了18世纪，这些陶器因为洛可可形式和图案而变得有名，不管这些中国风的装饰是从印花图案中获得的，还是纯粹的欧洲装饰图案和主题。其中最受欢迎和经常外销的产品就是蓝白瓷片——不管这些瓷片是单独作为一个装饰物，还是组成一个更大图案的一堆瓷片中的一部分。尽管其着色法是中国的，但瓷片本身不是受中国影响的，而是从伊斯兰传统中来。伊斯兰世界通过几个世纪的与葡萄牙、西班牙和意大利部分地区的交往中，逐步将伊斯兰传统渗透进这些国家。扬·埃尔米斯（1674—1755年）所作的由 28 片瓷片所组成的镶嵌板是典型的为自由市场而制作，用以装饰家庭内饰的系列装饰物中的一部分（图 183），作品名字叫《夏日》，是四季系列中的一件。虽然它在白色背景上用了大量钴蓝，但这一场景也和中国风格没有什么关系，它描绘的是爱人在树林中的田园风光，并用贝壳、涡卷饰和挖花刺绣图案组成的边框把场景围起来，让人想起屈维利埃的内饰（图 164）。

这一章中最后要介绍的物品，不仅结合了我们在上文所讨论过的那些主要的形式和媒材，而且也是引向第 6 章的桥梁。1716 年由葡萄牙国王若昂五世委托了一个由木匠、雕塑家、镏金工人和纺织物设计师组成的队伍来完成的《海洋马车》，是最为奢华的新发明之一，集中体现了巴洛克对于壮丽的渴望，并融合了建筑、雕塑和装饰艺术的形式和风格（图 185）。礼仪马车是为了公众游行和其他重要场合中的车队而建造，有些时候仅使用一次。它是转瞬即逝的世界中的一部分，而不是宫殿及其家具陈设中“永久”陈列的一部分。尽管如此，它们依然如同一座会移动的城堡。设计它们的艺术家平时也设计内饰、家具陈设甚至像雕塑那样的“大艺术”，而且其风格来源非常多样：从科尔托纳在碧提宫的灰泥粉饰工艺（图 153），到贝尼尼四河喷泉的基座雕像（图 127），再到上文提到的那种荷兰台桌一样的家具（图 172），都与其风格来源紧密相关。罗马是马车生产最重要的中心，且其作品可跻身于巴洛克艺术最伟大的作品的行列。但因为马车不能被归类到任何一种单一媒介之中，所以它们被不公正地忽视了。大量的马车设计档案被类似约翰·保罗·肖尔（1615—1674 年）这样的 17 世纪设计师和伊格纳济奥·斯特恩（1680—1748 年）这样的 18 世纪设计师所留存了下来。肖尔来自因斯布鲁克，在意大利被称为乔万尼·保罗·特德斯科，不只是在马车设计上，而且在整个巴洛克装饰艺术的领域之中，肖尔可能都是最具影响力的了。他与科尔托纳和贝尼尼一起工作，贝尼尼在巴黎的时候尤为钦佩肖尔的作品，甚至打趣说肖尔比查尔斯·勒布朗要厉害，从而震惊了朝臣。

很多肖尔的设计都受到科尔托纳的灰泥粉饰的影响，其建筑、涡卷饰、植物和人物形象的融合尤其启发了肖尔。肖尔发展出了一种被称为“植物花”的风格，树叶和花朵相互交织，它们不仅仅是装饰，植物花也承担了结构上的功能，譬如海洋马车的轮子就是弯曲的植物卷须。虽然这一马车可以追溯到 18 世纪早期，但肖尔和贝尼尼的影响在其设计中却起到了主要作用。这一马车作于罗马的车间，这可能是马耳他建筑师卡洛斯·吉马克和葡萄牙画家维埃拉·卢西塔诺的设计，这二人都在里斯本工作。作为那一时代三驾仅剩的罗马礼仪马车其中的一驾，这是为了 1816 年 7 月 8 日，教皇宫廷的葡萄牙大使罗德里戈·阿内斯·德·萨·阿尔梅达·厄·梅内塞斯的谒见所作，为了纪念葡萄牙在支持教皇保卫正统信仰，以及传播天主教中所起到的作用。这三驾马车，第一驾叫作“航行与征服马车”，第二驾叫作“里斯本加冕为帝国首都马车”，第三驾叫作“海洋马车”，代表着葡萄牙 1498 年在大西洋和印度洋连接处的大发现。其象征意义同样是复杂的，阿尔梅达是一个知识分子，很有可能设计了整个马车项目。马车上的群雕和贝尼尼的四河喷泉一样具有纪念碑性，而阿尔梅达从贝尼尼身上学到了太多。

海洋马车的主题是雕刻和镏金的木头，上面有铁配件和丝绸装饰。马车后侧的群雕（也是最重要的）代表着两大洋的连接，是由五个真人大小的寓言人物形象排为两层组成的。最上方的阿波罗从代表世界的圆球上升起，摆弄着他的里尔琴，并举起他的右臂，代表着印度洋和大西洋之间的友谊。在两侧一对小天使代表着南极和北极，而女性寓言人物则代表着春天和夏天，她们分别拿着丰饶角和麦束，周围还有丘比特的陪伴。下方，两个老者代表着两个大洋，他们看上去像贝尼尼塑造的河神。两位老者紧握彼此的手，作为友谊的象征。前方在马车夫座位的两侧，是两个真人大小的女性寓言人物，代表着秋天和冬天，这和马车后部的两位女神一起凑齐了四季。代表秋天的女神站在前方，戴着一个鲜果王冠，而处于后方的冬季女神则拿着一个火盆，两位女神身旁伴有另一对丘比特。车舱是大使和他的侍从坐的地方，舱体四面都打开，每个角落有一根柱子来支撑着舱顶——一个较轻的华盖，那些和教皇之间的关联都呼应着

图185
卡洛斯·吉马克
维埃拉·卢西塔诺
《海洋马车》
罗马
约1716年
木制
雕刻及镏银
丝绸和铁
3.58 m × 2.45 m × 6.77 m
国家马车博物馆
里斯本

青铜华盖的形式。车舱的整个外饰和尖顶饰都覆盖着一层深红色的天鹅绒，上面用银线刺绣上树叶和涡卷形的图样。这一设计部分是在模仿一种在葡萄牙极受尊敬的印度珠宝盒，盒子用镶嵌珍珠贝母的玳瑁制成，这意指亚洲的财富。葡萄牙让这些财富在欧洲成为可能，且后来可能影响到了中国风设计革命。

海洋马车及肖尔那精巧的创造代表了巴洛克和洛可可文化运行的两个重要的领域：公共的与私人的。它们的华丽和昂贵旨在给公众留下深刻的印象——他们目睹了这一游行，且他们也参与其中。近来的学者揭示出，这些马车上的寓言和对财富的展示不仅是为了取悦那些手握权威的、要在其宫殿中迎接这些马车的男女。正如在卡塞塔宫（图 16）中那样，迎接马车的地点通常设在一个像室内车库那样的地方，那是一个被装饰得满满的大厅，在那里，他们在宫廷的文化中，谈论着秩序和特权的问题。

生活的巴洛克 游行、庆典、临时建筑和花园

图186
多米尼克・巴里尔
詹洛伦佐・贝尼尼设计，约翰・保罗・肖尔草图
1662年法国圣徒教堂蒙蒂圣三位一体广场上的烟火表演，为庆祝储君诞生
蚀刻版画
67.5 cm × 45 cm
市立印刷博物馆
罗马

1662 年 2 月 2 日的晚上，整个罗马变成了巴洛克最令人惊叹的奇观之一，那是一个充斥着公共节日的时代，赞助人为了吸引观众必须用尽浑身解数（图 186）。为了纪念法国王位继承人（王储）的诞生，巴贝里尼为其法国盟友路易十四举行了一场多媒介的赞歌。路易十四曾在巴贝里尼一家因贪污罪被起诉的时候，为他们提供了庇所。这一盛举在城市最重要的公共空间举行：一个面对法国圣徒教堂的广场——蒙蒂圣三位一体广场——现在是西班牙广场。巴贝里尼家族在红衣主教安东尼奥（1607—1671 年）的带领下，是罗马公共娱乐最具野心的包销商，他们赞助在四河喷泉（图 127）的宫殿中上演戏剧和芭蕾，也赞助让街道和广场富有生机的游行和烟火表演。在 1662 年间的庆祝活动中，西班牙广场被包围在一个巨大的幻觉式火山之中——像舞台道具一样，火山是在木质框架的基础上用石膏和布料制成的。布景从一个低阶的广场盘蔓延到教堂钟楼处。台阶左侧连接挂着寓言文本的“树”，右侧则被一圈圈耀眼的枝状大烛台点亮，人们可以在其中爬上那巨大的台阶。台阶顶端，教堂的正立面若隐若现，和平和繁殖的象征耸立着，旁边是吹着号角的天使，而这些都与一只戴着王冠的银制海豚（“王储”的双关语）形成了平衡。与此同时，另外三个小天使则在云团中托着三个一组的发光的法国王室纹章，纹章本身模仿了波旁战甲，其效果和科尔托纳的天顶画（图 51）中的巴贝里尼蜜蜂的效果很相似。王储父母名字首字母的缩写（路易的“L”和玛丽亚・特蕾莎的“M”）在教堂钟楼上闪闪发光，与此同时，女神厄里斯身着堕落天使的寓言外

衣，跌落到火山岩浆喷射的血盆大口之中。这一活动举行的当晚，红衣主教安东尼奥和其他精英观众坐在人群之上的一个临时搭建的三层观看台上，观看台铺满了红色的锦缎，看台内部还装饰着挂毯。演出负责人一声令下，火山口喷射出大团的火焰和爆炸物，撼动了整个城市，在几千米外都能一睹其貌。然而，这一奇观的巅峰时刻只在一瞬间：三个月的计划，数不胜数的花销，只给观众带来了一个小时的欢愉。

这一短暂的巴贝里尼荣光纪念碑很适合作为本章的开篇：那些临时的建筑、雕塑、彩车游行、舞台布景和服装，它们的设计是为了用短暂的生命来引起大规模的轰动。就好像花园一样，季节的慈悲、植物的娇嫩、可用的劳力以及赞助人不断变化的品位和财力，都让花园不断地产生变化。这类创造被称为“蜉蝣”，且比起巴洛克和洛可可那些可以被留存得更为永久的遗产来说，这类媒介很少被研究。但是，忽视它们是一个错误。创作蜉蝣的画家、雕塑家、建筑师和设计师，同那些创造建筑和艺术作品的人一样重要，这些人在本书的其他章节中有所提及。1662 年 2 月 2 日的庆典活动是由詹洛伦佐・贝尼尼和约翰・保罗・肖尔所设计的，在那个时代，他们是最受欢迎的建筑师、雕塑家和设计师。在重要程度和花销方面，蜉蝣艺术作品也可以和那些更为永久的创造相提并论：这一纪念储君的活动包括四种公开（关系）的庆祝，并用昂贵的雕刻来作为纪念。且最重要的是，活动对透视和光线的操纵、把人工造物做得无比真实的能力，以及它们对媒材的混合使用，都影响了巴洛克绘画、雕塑和建筑。且这些活动都有单一的主题，比如“天堂荣光”，借此，“美的整体”的印记被烙在贝尼尼的伯多禄宝座之中（图 102）。正如在第 3 章中看到的，“天堂荣光”的主题起源于临时舞台布景，舞台布景一年一换，为的是四十小时祈祷纪念，或被称为四十时祈祷（Quarant'ore），这一活动起源于中世纪时期在耶稣受难日所举行的守夜仪式。1527 年，这一仪式在米兰回归，1550 年在罗马回归。从 1595 年开始，耶稣会每年都要在罗马的耶稣教堂举行盛大的四十时祈祷，旨在与嘉年华和更为世俗的欢愉相抗衡。那时，圣

图187
卡罗・拉依纳尔迪
1650年罗马耶稣教堂
四十时装置
雕刻版画
比利时皇家图书馆
布鲁塞尔

体被放在一个上色的木质装置中，垂悬的锦缎将其框住，且其被圣物、放在银花瓶中的花朵和枝形烛台所环绕，在音乐和布道中，圣体重返生命。耶稣教堂 1650 年的四十时装置（图 187）由卡罗·拉依纳尔迪设计，他最终完成了圣依搦斯蒙难堂的建造工作（图 142）。这一四十时装置是这一体裁的典型，其作品还带有幻觉式的透视，这一透视效果是由舞台布景般的侧翼和上方喷薄而出的天堂荣光来达成的。

蜉蝣艺术和花园的创造需要雇用一支专家团队，这些专家通常都是赞助人的私仆。比起创作更为永久的艺术，这些艺术需要综合更多的媒材来进行创作。最重要的专家当属项目主管，他通常是一个著名的艺术家或者建筑师；图书管理员、神学家或者诗人来负责书写深奥的寓言规划，并撰写纪念卷中冗长的文学典故。项目主管负责遴选团队中的其他人，包括布景设计师和画家、木匠和泥水匠、工程师和烟火专家、供水专家和水管工、制造马车和船只的工人、脚手架搭建工和漂白工、作曲家和音乐家、编舞家和舞者、击剑大师和火器专家、制作布料和服装的人、侍酒师和糕点厨师、制作纪念书籍的出版商和雕刻工。赞助人也直接参与到设计和规划这些事件的工作当中，而且经常穿上戏服扮演寓言人物或者男主角，在戏剧、模拟战斗和其他表演中参演。园艺则需要更大规模的通力合作才能完成：凡尔赛宫雇用了 36000 人来创造和维持这片土地。像路易十四首席园艺师安德鲁·勒诺特（1613—1700 年）这样级别的设计师要雇用建筑师、石匠、雕塑家、透视顾问、土方工程和水利专家、运河建造者、爆破专家、喷泉设计师、地质学家、光学专家、植物医生、园艺家、猎场看守人、法律和财务顾问，甚至还要雇用天文学家。

在巴洛克时代，公众表演和烟火庆典不是什么新鲜事，但是从古代以来，这些活动出现得比任何时代都要频繁，且体量也更为可观。那些饱受拥挤、贫穷和暴力的城市，比如罗马，社会精英们有时会诉诸他们异教的祖先所使用的那些陈旧的手段，来保证公众的顺从：用小恩小惠来笼络人心。节日的政治意图也十分浓厚，比如歌颂统治者或者国家的权力，纪念皇室或者教皇家族成员的死亡或婚姻，或者庆祝国家或家族之间的联盟（通常只是一回事）。储君的生辰庆典昭示着法国派在罗马的地位，比其在哈布斯堡帝国中的地位要高，而罗马仍然是欧洲外交的主要竞技场。然而，罗马并非这样的表演的唯一场所；这些表演赞颂了它们的赞助人，给了从安特卫普到利马的那些挣扎在苦恼的日常生活中的大众一丝甜头。

早期游行中最壮观的一个发生在 1605 年 12 月的克拉科夫，为的是庆祝波兰—立陶宛联邦（以及前瑞典国王）的国王西吉斯蒙德三世瓦萨与奥地利皇女康斯坦斯的婚姻，这一盛典被记录在一个奢侈的卷轴上，卷轴有可能是由奥地利宫廷画家巴尔萨泽・格伯哈德所作（图 188）。这一游行当中最有趣的事情之一就是它混合使用了欧洲和伊斯兰视觉艺术传统。不仅是因为联邦和奥斯曼帝国接壤，而且其推动了一种被称为萨尔马提亚主义的意识形态。贵族通过声称自己有塞西亚血统而与平民区分开来，因此，他们穿奥斯曼风格的长长的、毛皮被修剪过的长袍、高骑马靴，佩带伊斯兰风格的军刀，留着长长的土耳其胡须。婚礼游行把皇家与贵族特权、地方之间的竞争、军事力量和国际外交的信息混合起来——毕竟这是两个大国的联盟。游行由联邦和其盟国的外交官和步兵营所引领：后面跟着波兹南封建领主的群体，国王自己的骑兵和轻骑兵部队，国家军事指挥官所组成的军队，波兰、奥地利和莫斯科的政要，教皇牧师，以及波斯和土耳其特使。缺席的奥地利国王由其代理人顶上。在最重要的人物出现的时候，整个游行达到了高潮：国王、新娘的哥哥马克西米利安・恩斯特大公和年幼的皇太子拉迪斯拉斯骑在马上，紧跟其后的是一驾华丽的开放式马车，被八匹马拉着，里面乘坐着庆典的女主人公们：新娘、新娘的妈妈大公夫人玛丽、新娘的妹妹玛丽・克里斯汀・巴托，以及瑞典国王的妹妹安妮・瓦萨公主。画面的最后描绘了载了随行宫女和新娘成箱的嫁妆的马车，以及克拉科夫、卡齐米日和斯特拉多姆的民兵分遣队。由于游行的一个主要的目的就是要宣布联邦统治者的合法性，并表示联邦有能力照顾领土内的人民，于是宫廷官员就向观看表演的人群抛撒硬币和奖章。

图188
巴尔萨泽·格伯哈德（？）
《奥地利的康斯坦斯与吉斯蒙德三世婚礼游行进入克拉科夫的入口》（斯德哥尔摩卷轴）
1605年之后
水彩
水粉
金漆
罗纹纸
皇家城堡
华沙

17 世纪最奢侈的娱乐之一也和瑞典有点关系。教皇亚历山大七世基吉下令庆祝退位的瑞典女王克里斯蒂娜·瓦萨皈依天主教，这绝不仅仅是一个虔诚的仪式而已。瑞典是欧洲最强大的新教国家之一（天主教徒西吉斯蒙德三世很早就被废黜了），也是三十年战争的主要参战国之一（1618—1648 年）。克里斯蒂娜是新教勇士古斯塔夫二世阿道夫的女儿，她父亲被称为“北方雄狮”。天主教会认为克里斯蒂娜是从异教手中被拯救出来的这一时代最高级别的人。和大多数庆典一样，1656 年 2 月的庆祝活动是游行、戏剧作品和户外表演的结合。巴贝里尼被迫为这次活动买单——他们在金钱方面表现得鬼鬼祟祟，但这并没有阻止教皇窃取他们的财富。这次活动中，红衣主教弗朗西斯科和他腰缠万贯的侄子马费奥掌握了领导地位。正如亚历山大和他的国务大臣朱利奥·罗斯皮廖西（1600—1669 年）所设想的那样，这一事件传播了天主教会的权威，促进了对死亡的反思，歌颂了女性的谦卑和顺从。但讽刺的是，这次活动的主人公是一个继承了很多她父亲的狮子特质的有男人味的女王。

此次庆典在嘉年华季开始的时候举行，并且充分利用了欢腾的

气氛。活动包括为贵族准备的喜剧和神圣歌剧，以及为公众准备的户外模拟战斗表演。这些活动都在巴贝里尼的宫殿内部或者邻近其宫殿处举办，说明虽然巴贝里尼要为基吉教皇资助一场表演，但这一前教皇家庭也可以利用此次事件增强他们自己的声誉。模拟战斗表演为节日庆祝画上句点，表演被称为双轮战车比武，刚好强调了马费奥著名的马棚，表演把戏剧、歌剧、芭蕾和游行结合了起来，被上千人观看（图 189）。表演在一个已经建好的户外竞技场举行，竞技场与宫殿的北翼相连，宫殿的正立面被巴贝里尼的布景设计师乔万尼·弗朗切斯科·格里马尔迪（1606—1680 年）改造成一个戏剧舞台背景，还装饰有租借的挂毯。格里马尔迪为女王和政要建造了临时的观看包间，并用两层的木楼座把整个竞技场围了起来——男人坐在下层，女人坐在上层。在宫殿的对侧，格里马尔迪还建造了露天看台和假的凯旋门。到了晚上九点钟，百余个小号手和马车夫组成了一个“骑士”和“亚马孙战士”的队列。骑士们穿着罗马的盔甲，戴着代表瓦萨家族的青绿色和银色羽毛头饰，紧随其后的是一驾相同颜色的双轮战车，上面载着三位代表美惠三女神的歌手，

图189
菲利波・劳里和菲利波・加
利亚尔迪
《双轮战车比武》
1656年
布面油画
340 cm × 280 cm
罗马博物馆
罗马

马车由另外一个歌手驾驶着，他装扮为罗马与爱情的象征。亚马孙战士们由马费奥带领，他头戴一个有六百片羽毛装饰的头饰，身着代表罗马的红色和金色的“巴西”裙装和羽毛，而四个跟随他们的双轮战车的歌手代表着愤怒与蔑视。这是一个奇异的游行，伴随着表演者的前进和后退，在火炬、歌唱、风笛和号角的伴奏下，这两组人物向观众呈现着表演，并使用真正的武器与彼此对决。表演的亮点包括歌唱的赫拉克勒斯及其战龙（这是一个循环使用的歌剧道具，巴贝里尼的管子工西格诺尔·波拉赋予了其喷火的能力），阿波罗站在他的双轮战车上，为新女王歌唱罗马之爱，他的身边是代表 24 个小时的 24 位当地美女。表演虽然复杂，但是这一娱乐表演传递给大家的信息却非常简单：克里斯蒂娜作为女人和女王的双重身份，只有在阿波罗这一无处不在的暴君形象的指引下才能发生，而在这里，阿波罗意指亚历山大七世。

还有一些游行娱乐要使用到水。其中最复杂、精美的当数科西莫·德·美第奇和玛丽亚·马格达莱纳婚礼的压轴表演模拟海战。玛丽亚·马格达莱纳是奥地利的另一个皇女，其婚礼于 1608 年 11 月在佛罗伦萨举行（图 190）。这只是一个长达两个月的婚礼活动中的一部分，这些活动包括从临建凯旋门下经过的游行、婚礼弥撒、戏剧和音乐表演、骑士芭蕾，以及在阿尔诺河中由比萨海军表演的海军竞赛。海战表现了杰森和阿尔戈号的船员取得金羊毛的故事，其中的演员包括佛罗伦萨和奥地利最有声望的公民。根据纪念卷轴的记载，几百位观众挤在圣三位一体大桥和卡瑞拉大桥之间的河岸两侧：“两座桥梁之间的街道被摆满长凳，这些凳子被直接放在河岸上，（其他人）则按照等级，在这些凳子后面由低到高逐步排列，这样一来大家都能看得到表演。”北岸上搭建了一个为新婚夫妻和其他要人准备的三层观看台，剩余的几千人则站在他们后面的房子以及教堂的阳台和房顶上，正如我们可以在雕刻中看到的那样。科尔希斯岛被改造成了一个浮动的平台，两侧被一顶帐篷所固定住，而帐篷则被作为存放金羊毛的神殿。一对喷火的公牛和一条机械龙守卫着神殿。科西莫一声令下，小型船只组成的舰队就从两侧出现，或单独航行，或成对出现，这些船只环绕着岛屿，向各个方向的观众展示着那华丽的装饰。这些船只由给其提供资金的赞助人驾驶，赞助人包括乌贝蒂恩·德格勒·奥比奇和菲力波·斯特罗奇这样杰出的市民。船身被绘制上寓言人物形象，还被装上了雕塑和人头像。有一艘船看上去好像是用贝壳、海绵和海豚做的，另一艘看上去好像是一只大龙虾，而第三艘则像是一只孔雀。赞助人和船员都戴着面具，穿上节日的礼服，当他们经过新婚夫妻的时候，他们弹奏着乐器，并鸣放火绳枪以示敬意。在阿尔戈英雄击败科尔基斯的无敌舰队之后，杰森登上了岛屿，制伏了野兽，剪下了金羊毛，紧接着，

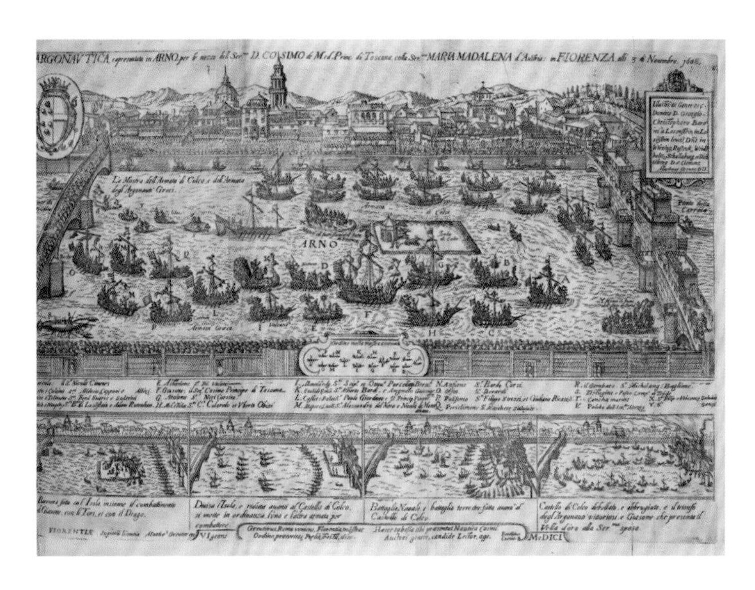

图190
马修斯·格雷特
《科西莫·德·美第奇，托斯卡纳的王子和……奥地利的玛丽亚·马格达莱纳的婚礼……上呈现在阿尔诺河上的阿尔戈英雄纪》
雕刻版画
选自《婚礼当事人描述》
佛罗伦萨
1608年
大英图书馆
伦敦

震耳欲聋的音乐、火药和掌声共同响起，在整个佛罗伦萨回荡起来。

正如巴洛克世界中大多数的游行一样，科西莫和玛丽亚·马格达莱纳在进入城市的时候，要经过一个庆典式的入口，入口是由木头、石膏和帆布所做成的凯旋门。这些凯旋门都有象征主题，比如代表着奥地利和科西莫的慷慨和荣耀。在穿过凯旋门并继续行进之前，游行队伍会暂停并致敬，有时会有庆典弥撒或者一段短暂的戏剧表演。实际上，为婚礼、胜利、葬礼和加冕典礼而制作的临时的凯旋门，是巴洛克最普遍的艺术委托之一，这为大批的诗人、学者、木匠、

泥水匠、画家和雕塑家提供了工作，其中包括当时最有名的艺术家，例如王储的火山（图 186）就是由詹洛伦佐·贝尼尼和约翰·保罗·肖尔所设计的。这些凯旋门中最特别的一个，当属彼得·保罗·鲁本斯在 1635 年 5 月 15 日为斐迪南进入安特卫普所设计的入口——铸币之门（图 191），斐迪南是西班牙国王的王子。这是一个对西班牙王朝权力的颂歌，融合了对欧洲、古典和印加文化的征引。铸币之门是为这次活动所建造的 11 座拱门之一，首先，它是一个献给“奥地利恺撒”（菲利普四世）的大门和拱廊的组合体，上面还有国王、其祖先奥地利的马克西米利安大帝和古典诸神的雕塑；第二，这座拱门用希望和安全的形象来纪念葡萄牙对西班牙（那时他们服从于同一个皇室的统治）的臣服；第三，是纪念从菲利普一世到菲利普四世的西班牙的统治。和所有的拱门一样，铸币之门两侧的装饰是不一样的，但是正面尤为显著，是因为其把旧世界和新大陆的图像、人造物和自然物混合呈现了出来。从传统上来说，这类拱门由地方利益团体所赞助，铸币之门就是由铸币工人组成的安特卫普联谊会（协会）所赞助的。

尽管铸币之门是由木头和石膏制成的，但其看起来像是一个粗面石堆砌成的出入口，顶部还冠有一座山，这座山代表着波托西（今天的玻利维亚）的塞雷里科山，或被称为富山，富山是历史上最惊人的银矿，而正是这个银矿把西班牙变成了世界上最伟大的经济体之一。地面层的两个神龛中摆放着罗马风格的假大理石河神雕塑，分别代表着秘鲁（有可能是亚马孙）和位于今天阿根廷的里约·德·拉·普拉达河（银河），贝尼尼后来为他的四河喷泉选择了四条河流，其中就有这条河（图 127）。顶部的山被两根立柱框住，立柱柱基是两头狮子，代表着“赫拉克勒斯支柱”，这是从地中海进入大西洋的入口，也是西班牙帝国的象征。立柱顶部被冠以太阳和月亮，分别象征着金子和银子，这一比喻可能来自印加地区，在那里金子被称为“太阳的汗水”，银子被称为“月亮的眼泪”。铸币的象征形象手持丰饶角和一对天平，坐在山体中央的神龛中，两侧是由硬币组成的花环，花环里围绕着的是早期哈布斯堡君主的

Pag. 151.
PRETIVM NON VILE LABORVM
VLTRA ANNI
SOLISQ VIAS
OCEANVMQ
VLTRA
MONETA
ARCVS MONETALIS
PARS ANTERIOR
PERVVIVS
RIO
DE LA
PLATA
ARENAS.
P. P. Rub. Invent.

画像。在最顶端，杰森正从树上篛取金羊毛，这棵树被毒蛇保卫着（那时候还没有龙），与此同时，幸福女神站在一边，手持一艘小船。这一拱门还有一些南美洲形象，包括树上的一对鹦鹉和一只兔鼠—— 一种像兔子的啮齿动物，只有在安第斯山脉的最顶端才能找到。印加图像和兔鼠不属于那一时代普通的异域风情形象，这暗示着负责图像规划的作者可以读取这一区域的一手知识资料。

有些建筑结构就是要在观众的眼前被摧毁。1637 年，在庆祝斐迪南三世当选神圣罗马帝国之王的罗马节日之中，一个假的石头城堡在庆祝的最后一天在公共广场拔地而起，这座城堡（图 192）由西班牙大使马奎斯・德・卡斯特・罗德里戈侯爵赞助，为的是用古西班牙帝国的权威给教皇留下深刻的印象。文献并没有说出这一公共广场在那里，直到 1647 年，罗马才修建了第一个西班牙大使馆。“城堡”的每一个角落都有一个圆形的堡垒，上面各站着一个代表四大洲的女神，并分别配以当地的动物：狮子、鳄鱼、骆驼和马，其中的三位扮演着贝尼尼的四河喷泉中的角色（图 127）。城堡中央是一个方形钟楼，四角分别冠以四个柱基，柱基上是喷火的龙，而中间的柱基上则是哈布斯堡纹章。到了傍晚，整个建筑都被点燃，随着号角的伴奏，城堡在可怕的爆炸中轰然倒塌，露出里面的圆形钟楼（图 193）。钟楼上方开始燃放无数的烟花，点亮了一个栩栩如生的、身披铠甲的斐迪南形象，这时表演才结束。这样一来，用纪念册中的话来说，“整个夜空有如白昼”。另一种蜉蝣结构更加充斥着王朝和古典象征。灵柩车，或称出殡的丧舆，是一个木质结构的精巧的设计，建造在大都市教堂之中，来纪念重要人物的死亡，这些人通常是君主。灵柩车是精心策划、持续数日的葬礼仪式上的重点，其通过歌颂王族一脉的永恒，与“死亡提醒”形成鲜明的对比。1644 年，在马德里的圣赫罗尼莫的皇家女修道院，为了纪念伊莎贝尔・德博尔冯的死亡，建立起了一个六层灵柩台。伊莎贝尔是西班牙和“新大陆”的女王，她的灵柩台是这一体裁的典范制作（图 194）。灵柩台摆放在教堂十字架之下，让所有会众都可以看到，那粗糙的圆锥形假大理石结构坐落在五层台阶柱基上，由八根柯林

图191
彼得・保罗・鲁本斯
《铸币之门》
雕刻版画
52 cm × 36 cm
选自《斐迪南游行》
（安特卫普，1635年）
比利时皇家图书馆
布鲁塞尔

图192
米格尔·贝米德
斯·卡斯特罗
《烟火城堡》
（关闭）
雕刻版画
选自《马丁
斯·德·卡斯
特·罗德里戈先
生庆祝斐迪南
三世当选神圣罗
马帝国之王盛
典的描述》（罗
马，1637年）：
25页
大英图书馆
伦敦

图193
米格尔·贝米德斯·卡斯特罗
《烟火城堡》（打开）
雕刻版画
选自《马奎斯·德·卡斯特·罗德里戈先生庆祝斐迪南三世当选神圣罗马帝国之王盛典的描述》（罗马，1637年）：9页
大英图书馆
伦敦

斯立柱团团围住。观众席由立柱围就，中间摆放着灵柩车，上面盖着织锦，织锦上放着一个枕头，枕头上摆放着皇冠。由于这个灵柩台在首都，所以灵柩车里躺着已故人的尸体：在地方教堂和新墨西哥城中，就会用棺椁代替灵柩台，棺椁里面是空的。和四十时装置一样，灵柩台被众多枝形烛台点亮，四个柱基围绕着灵柩台，而每个柱基上都立着一对柯林斯立柱。死亡的征引在建筑中无处不在，比如主要的饰带上都装饰着骷髅和交叉骨。和大多数的蜉蝣结构一样，灵柩台上覆盖着徽章、寓言图像或者象征符号，象征符号通常伴随有铭文，帮助阐释其含义。马德里灵柩台中，单是围绕灵柩台的柱基上，就有着 16 个这类“象形文字”，其中包括对身着盔甲的

图194
简・德・诺尔特
《圣赫罗尼莫的皇家女修道院中的灵柩车，纪念西班牙女王伊莎贝尔・德博尔冯之死》
1644年
雕刻版画
选自《哀荣荣誉和至高无上的天主教徒伊莎贝尔・德博尔冯女士的葬礼》（马德里，1645年）：53页
大英图书馆
伦敦

图195
《黄金时代，胜利双轮战车》
雕刻版画
选自《巴黎城中国王的胜利的见面中的哀悼颂词和演讲》（巴黎，1628年）：201页
大英图书馆
伦敦

国王的描述、刻着女王去世日期的死神头像、女王在天堂和人间统治的象征，以及死亡象征——例如一个骷髅对着一棵树吹风，不仅树叶被吹动了，甚至王冠、主教法冠和教皇的三重冕都被吹动了，这些东西都掉进了坟墓中，表示在死亡面前，身份也不能成为保护（对比图 78）。殉道者的棕榈叶通常是表示为了保护其信仰而牺牲的圣徒，在这里使用棕榈叶是为了表示女王对上帝及其子民的无私奉献。其余的图像则和凯旋门上的象征符号如出一辙：波旁族徽、镏金的关于美德和季节的雕塑、吹号角的天使，以及镏金的寓言雕像——代表着帝国的一部分正在为其死亡而流泪（西班牙、意大利、佛兰

德斯、奥地利、耶路撒冷、提洛尔、非洲和印度）。

大多数的游行都有战车，寓言游行花车上载满雕塑、假堡垒或洞穴，以及穿着戏服表演的真人。在 1635 年的安特卫普游行中，为首的就是一辆载着年轻优雅女子的战车，她们是城市的象征，并从战车上走下来迎接亲王，为他献上月桂树冠，就好像他是一个罗马胜利者一样。在路易十三进入巴黎的传奇入场中，首先表现了 1628 年他在拉谢罗尔战胜了胡格诺教徒——这场表演中有一列真正的凯旋门；紧接着，国王被三辆寓言战车所迎接，一个绘制着罗马马戏团（完成了一个角斗士比赛），其余两个则代表着巴黎和黄金时代，后者是古希腊罗马乌托邦，象征着和平和繁盛（图 195）。后面裸露的岩石上栖息的农业之神，不仅是黄金时代的代表（古人有时候把这一时代叫作“农业之神的时代”），也代表国王治理有方。农业之神的脚边是河神，我们可以注意到，从他们的桶里泼出来的不是水，而是闪闪发亮的布料。河神在广义上代表繁殖能力，而在珀加索斯面前，他们也意味着诗泉，也就是神话中知识和艺术的源泉。在岩石的底部，装在篮子中的水果、蔬菜，还有那些乐器，代表着繁殖能力、和谐和文明。而摆出经典驾驶姿势的马车夫是花车上唯一的真人。

图196
《〈被胜利的美德包围的欢欣鼓舞的爱〉舞台背景，建立在策勒的公爵宫之中（德国）》
雕刻版画，选自《胜利的爱》（汉堡，1653 年）：37页
大英图书馆
伦敦

正如我们已经看到的，很多节日中都包括歌剧、歌剧芭蕾、喜剧和其他戏剧表演，这些表演通常都在赞助人的宫殿中进行，是为贵族和其他社会精英准备的。戏剧不仅在巴洛克时代取得了长足发展，且这一时期也出现了定制的永久存在的剧院。早期的实践是把已经建成的礼堂暂时改造为剧院，演出结束以后就把搭建的东西拆除，这样房间就可以另作他用。这样一来，当巴贝里尼把戏剧表演搭建在四河喷泉的宫殿之中的时候——比如 1634 年的神圣戏剧《圣阿勒西奥西二世》，他们就在宫殿空间中设置了一个镜框式舞台、一个为音乐家准备的乐池、复杂的灯光安排和存放不同特效的房间，其中包括一个可以让表演者从天而降的机器、一个机械驱动的飞翔天使、地板上的为恶魔准备的陷阱，还有可以制造云雷声和闪电的机器，这样一来，他们把一个巨大的沙龙大厅变成了剧院。一个相

同的例子就是戏剧芭蕾《被胜利的美德包围的欢欣鼓舞的爱》，其舞台于 1653 年修建在策勒的公爵宫之中，来庆祝克里斯汀・路德维希（不伦瑞克-吕讷堡公爵）和多萝西娅（石勒苏益格-荷尔斯泰因-松德堡公爵夫人）的婚礼（图 196）。策勒宫殿自 16 世纪以来就是繁荣的音乐和戏剧表演的中心，且在 17 世纪上半叶，这里还定期举办德国剧团的表演。表演总在骑士大厅举行，这是一个巨大的礼堂，根据表演需要被改造为舞台。1653 年芭蕾表演的三个舞台布景中的

一个被雕刻成了浮雕，这是一个罕见的对这类事件的记录。作为当时歌剧芭蕾的典型，表演包括了一系列以寓言人物形象为主的小型表演：浮雕表现的是贪婪、淫欲和其他罪恶，被正义、节制和其他美德所征服。表演有一个乏味一点的幕间休息表演，就是表演者装扮成跳舞的熊，并举着火把。舞台由一个长方形的、由沉重的楣板组成的台口框架构成，框架架在一对多利斯柱上，柱下还有柱基。柱基建立在六层台阶上，这样就给舞台下方留下了空间以放置陷阱，

让表演者可以从舞台上消失。舞台设有一个倾斜的角度，这样一来观众就可以看到后排的表演者了，而且透视效果还会让舞台显得比其本身要大。布景由彩绘的套房和背景组成，它们都特别普通，这样一来就可以重复使用（一个是森林场景，一个是宫殿拱廊，还有一个是正式的花园场景）。

由于这种表演成了贵族生活中非常重要的一个方面，很快，固定的宫殿剧院就成了比较大的宫殿中不可或缺的一部分。最早的新剧院之一就出现在巴贝里尼的宫殿当中，于 1639 年完工，贝尼尼设计了舞台布景。1670 年，格奥尔格・威尔海姆公爵在策勒宫殿建立了一个永久的剧院，今天，它是德国最古老的仍在使用的剧院。然而，巴洛克——或在这一情况下来说是洛可可——保存得最完好的舞台之一是捷克克鲁姆洛夫的宫殿剧院（图 197）。它保存着原始布景、套房和舞台机器——这样的剧院只有两座，另一座在皇后岛上的瑞典皇家夏日行宫之中（1766 年）。在这一地区第一座定制的剧院是 1680—1682 年由约翰・克里斯蒂安一世冯・爱根堡王子建造的，而现存的这一座于 1762—1766 年由约瑟夫・亚当・祖・施瓦岑贝格进行了现代化改造，以便其可以装下最新的设备。新改造的剧院布景是由来自维也纳的团队制作的，包括洛伦兹・马赫（木匠）以及布景画家汉斯・韦奇尔和利奥・马克尔。舞台设备包括在舞台下方更换舞台侧翼建筑的装备、升高脚灯的设备、一台让表演者从舞台的陷阱中升上来的升降机、旋转的台口门、陷阱、拉动幕布的滑轮，舞台上方还有运作飞翔器械的滑轨。在今天看来，这一剧院的台口拱门、阶梯式排列的舞台、全套有透视效果的侧翼和一个世纪以前的策勒歌剧芭蕾所使用的那些装置（图 196），以及今天全世界的剧院的装置，都惊人地相似。

公共表演不仅局限于城市地区、宫殿或者教堂。某些最为壮观的表演都在皇家或者贵族的花园中上演，而花园本身就是巴洛克和洛可可最昂贵、最耗费人力的创造之一。虽然和节日用品比起来，花园没那么转瞬即逝，因为土地永远在那里，喷泉、石窟和墙壁也相对比较持久，但花园中最主要的“原料”更加精致，而且在没有

图197
约瑟夫·亚当·祖·施瓦岑
贝格
宫殿剧院
1762—1766年
克鲁姆洛夫（捷克）

持续关照的情况下，它们的生命是非常短暂的。鲜花每年都需要被重新移植，如果是多年生的植物，还要保护它们不受霜冻的危害；在冬天，果树和热带植物必须被移入室内（花园经常有一个单独的建筑，意大利人称其为柠檬园，法国人称其为橘园，用来保护柑橘属果树不受寒冷季节的侵害）；树木和树篱都需要不断地修剪，而草坪则需要被修剪和除去杂草。甚至是树木都需要定期被砍伐并重新种植，通常是每 100 年做一次，但是通常不需要间隔这么长时间，因为园主经常要种新植物，或者园主觉得原来的树木和这块区域契合得不是很完美。总的来说，由于植物旨在被即时欣赏，并且会根据土地拥有者的突发奇想而被改变，在凡尔赛宫的皇家节日中，那些植物甚至一天之中就要被更改数次。植物被强制种植、被虐待，所以没有办法存活很长时间。圣西门公爵就对路易十四时期的凡尔赛宫做出了评论："如此暴力地对待自然，谁能帮助这些被强迫和被厌恶的生命？"今天的劳动成本如此之高，这些花园再也无法被复制。如今参观过巴洛克花园的人中，只有少数会意识到，他们看到的仅仅是其原貌的一小部分，就好像去参观那没有家具、绘画和挂毯的宫廷内饰一样。

在文艺复兴期间，花园有两个主要的象征目的：首先，它们象征着其拥有者的美德或智慧；其次，花园也是"悠闲"的环境，这是一个彼特拉克式概念，意在乡村中休息和再生，这一概念源于古罗马的乡间宅邸。尽管如此，早期的文艺复兴花园保存着其功能性，草药和果园一定会出现在主设计之中，且它们被对称排列，暗示着平衡与和谐。但是到了 16 世纪，设计师探索出了变幻的花园的概念。在这些花园中，蜿蜒的小路引向僻静的树丛，里面隐藏着雕塑和机械（尤其是水利工程），以给来访者带来惊喜和愉悦。最受欢迎的晚期文艺复兴花园坐落于蒂沃利的埃斯特别墅中，由皮罗・里高里奥设计于 1560 年，是为红衣主教伊波利托二世埃斯特所作的（图 198）。花园内的植物被种进花坛中，花坛呈对称排列，花园中还有人造森林小路以及那些令人想不到的东西，比如假瀑布和液压操作的管风琴，而所有的这一切都沿着横纵轴排列。从宫殿附近的那

图198
皮罗·里高里奥
埃斯特别墅
1560年
蒂沃利

些刻板的花坛走向“野蛮”的森林及更远方的过程，象征着从文明世界到自然世界的过渡，这种并置在巴洛克时期成为最受欢迎的主题。巴洛克设计师把这种无限延伸的概念看得越来越重要，他们创造出了一个个看起来可以无限延伸的远景，这些景色沿着轴线向外延伸，或者像车轮上的辐条一样向外辐射。而通过在花园中挖出池塘、开辟运河、种植草坪和在森林中开辟出林荫路，设计师让这一无限延伸的错觉成为可能。这种制造长远距离的能力，最为露骨地彰显着拥有这一花园的君主、贵族或者教会的权威。

与宫殿一样，法国人也引领着巴洛克花园设计。这种优势在一定程度上归功于在 16 世纪和 17 世纪出版的那些颇具影响力的园艺手册，尤其是克劳德·摩勒的《剧院和园艺设计》（于其死后出版，1652 年），以及安德鲁·摩勒的《欢愉之园》（1651 年），后者立刻被翻译成数种欧洲主要的语言。作为园艺设计的宣言，这些园艺手册强调着宫殿和花园之间的联系，认为观赏植物远高于实用植物，并重申了沿着轴线的从苗圃到树丛的发展过程，而树丛本身则被林荫路切开。然而，在巴洛克花园中，没有一个人能比安德鲁·勒诺特更有影响力，他是园林设计界的贝尼尼。再一次，在子爵谷城堡中，一种新的风格产生了（图 199）。圣西门公爵自豪地指出，勒诺特所设计的法国花园“把意大利花园（相比之下一文不值）的声誉贬得如此之低，以至于意大利著名的园艺建筑师现在都来法国学习并仰慕这里的花园”。勒诺特出生于一个皇室园丁家庭，直到 1637 年被认为是园艺大师之前，他主要在巴黎的杜乐丽花园工作。勒诺特不仅是一个种植者，他还有可能跟随勒布朗学习了绘画和透视，并且他熟悉从树木栽培到水力学的一切。虽然他成了路易十四最喜欢的宫廷随从之一，并被尊称为国王建筑的总指挥，但在操持凡尔赛宫花园的过程中，自觉动手能力强的勒诺特更喜欢“体力劳动者”的称呼——他希望别人看到的他是一个扛着铁锹的形象。1681 年，在国王授予他贵族地位的时候，他选择了三只蜗牛和一个卷心菜作为他的纹章。勒诺特设计了法国最重要的那些花园，在罗马，他为教皇和贵族工作，还在英格兰美化了几处地产，其中包括格林威治的公园，公园位于当时还未修建起来的由克里斯多夫·雷恩所设计的医院和女王居所（图 141）的后面。然而，当我们评估勒诺特的遗产之时，记住其赞助人的影响是非常重要的，其中的很多人——尤其是路易十四——发起了这些修建的计划，并且十分关注园艺师的设计，还经常亲自调整这些设计（甚至在已经修建好的情况下），来适应他和他的情妇们的突发奇想。

图199
安德鲁·勒诺特
子爵谷城堡花园
1656—1661年（法国）

体现子爵谷城堡花园（1656—1661 年）天才之处的一个地方，就是勒诺特在一个不完美的地点强加其视野的方式（图 199）。这一宫殿的地基不平，两侧都是村庄，蜿蜒的安格耶河直接从花园中间穿过。虽然村庄的问题可以通过简单的拆除来解决，但是勒诺特需要让这条河为他所用。他把河流沿着 45 度角拉直，让河流变成了一条一公里长的运河，也就成了后花园的横轴，同时也成了毗邻的石窟和喷泉中的许多水利工程的水源。从宫殿的后面，花园不知不觉地向河边倾斜，花园两侧都是丛林，这是一处创新，因为传统上来说，丛林都是被放在正式花园的后面的。从城堡处开始，我们的眼睛首先从长方形的花坛露台的中间穿过——这些花坛的设计受土耳其影响，被围绕在盒子之中，这被称为花园刺绣，在那里，水渠和池塘组成了第一条横向轴线；再向远处看去，在两块长方形的带有喷泉的草坪中间，两个非常大的、波光粼粼的池塘位于运河的前面和后面（运河在这一平台上是看不见的），最终，我们的目光在一个超大的石窟和台阶处终止。石窟被修建得非常大，但从城堡的角度来看，石窟的比例就是适宜的，而石窟环抱式的两翼，让我们的眼睛在向上看向石窟后方那一路切进森林的宽阔的大道之前，可以暂停一下，首先看到在离城堡 1.5 千米处的一座山坡上那巨大的赫拉克勒斯雕像，然后目光就可以继续向外延展 3 千米。

在城堡中，秩序是一个非常重要的主题，对自然的征服表达着人类对元素的控制。勒诺特也在其花园中引入了巴洛克的幻觉和幻象的感觉，把花园和晚期文艺复兴的祖先的工作相联系。通过对透视的微妙操纵，我们就被骗了，认为我们可以从宫殿台阶上看到整个花园，然而当我们向石窟走去的时候，就会发现这一诡计。石窟比看起来要离我们远得多，在我们接近的时候，它好像会后退似的：草坪原来比花坛要长两倍，方形的水池原来是长方形的，且最戏剧化的是，那隐藏的运河和小瀑布在运河南岸突然冒了出来，阻挡了人们前往石窟以及花园更深处。实际上，如果来访者执意要到石窟那里，需要用将近半个小时绕过运河尽头，甚至需要更长的时间才能登上山顶看到赫拉克勒斯的雕像。在城堡的前面，勒诺特修建了三条小路，以门为中心向外辐射，组成了一个三叉戟——被称为鱼尾纹，或者鹅掌，成了他最著名的装饰主题，并且在花园的运河后面还有一个短版的鱼尾纹主题。相同的三叉戟在意大利乡间庄园中再次出现，但是方向不同：通过转动门前小路，勒诺特发明了另外一种方式，来呈现在赞助人土地上的广泛的权威。

如果子爵谷城堡的花园是对秩序和永恒的表达，勒诺特为凡尔赛宫所做的园艺（始于 1661 年）则更加多变且有适应性，这回应了路易十四善变的个性，也适应了他不可避免地不断改变的品位。这一花园围绕着国家的行政中心，这里要举行不同种类的庆典、节日和活动，凡尔赛宫的花园必须有能力来应对这一切（图 200）。勒诺特同样面临着自然上的挑战，不仅因为这一块土地比子爵谷城堡的那一块要大好几倍——其占领着 60 平方千米的土地，还有一块巨大的沼泽，而且这块土地太平了，所以不能使用重力来运行水利工程。凡尔赛宫中的喷泉和雕塑非常重要，它们可以清晰地阐明花园的图像规划，在此处工作的雕塑家的数量达到了惊人的程度（其中包括拜诺伊斯特・凯塞沃克斯、老皮埃尔・勒格罗斯、让-巴蒂斯特・图比、艾蒂安・勒・翁格尔和托马斯・勒尼奥汀），这些雕塑家对花园外表和图像规划所做的贡献与园艺师和树艺家一样多。这一花园的设计规划最终由路易本人决定，他甚至还在 1689 年到 1705 年间写了六份个人徒步参观的方案。花园围绕着一些关键主题展开，包括“太阳王”的概念，主要通过征引阿波罗而得以实现；君主对海洋和陆地的统治，尤其强调其对法国的统治；季节和自然世界；国王维持和平的能力；以及他与罗马帝王的联系，这通过法国学院学生所作的古希腊罗马雕塑的复制品来彰显。狩猎场景通过戴安娜和与野兽搏斗的雕塑来呈现，表明这种贵族爱好在宫廷的重要性。路易特别为花园中的水利工程感到骄傲，这一工程需要四个蓄水池，里面装满了水泵和风车、导水管和工业规模的机械，比如马尔利机，一个联动 14 个水轮和 221 个水泵的结合体，用来在 8 千米之外的塞纳河中抽水。然而，即使是这样极致的水利创造，也不够支撑所有的喷泉同时运行。于是花园雇用了一大批带着口哨的年轻男孩来当信号操作者，这样一来，当皇室成员经过的时候，其视线之内的喷泉就会开始喷水。

通过两条轴线，面对着四个主要的方向，一片巨大的土地规划被建立起来。南北轴向和宫殿的正立面平行，而东西轴向则从国王的房间中延伸出来（在建造镜厅之前），并向西沿着落日的方向（对“太阳王”来说非常重要）延展将近3千米。从宫殿处，我们向下看露台，首先看到一个马蹄形的拉托纳喷泉（根据阿波罗的母亲命名）。接着，我们的目光沿着一处被称为“绿色地毯”或者“皇家大道”的狭长的草坪，就可以看到阿波罗喷泉，再往远处看，越过整条大运河，映入眼帘的就是另一条逾500米的砾石小路。大运河（1667—1680年）本身就长于1.5千米，河里永久陈列着迷你法国海军舰队以及进口的威尼斯贡多拉。南北轴则短了许多，由五个长方形的部分组成，其中包括花坛、喷泉和橘园，这五个部分通过中心小路连接起来，轴线两端分别是海神喷泉（朱尔斯·哈杜·芒萨尔特所作，1679—1684年）和巨大的瑞士警卫湖——国王雇用了一群贪财的士兵来挖掘这个湖，并以此命名。瑞士警卫湖如此之大，简直可以容下整个宫殿。然而，从国王的行走笔记中，我们知道东西轴线更加重要，这是来访者首先看到的一条轴线。在转身凝视宫殿和花坛之前，来访者首先要向下看到拉托纳喷泉，并凝视整条东西轴线。东西轴线上的雕像也最多，因此其图像意义也最大。这些雕像在阿波罗喷泉处达到高潮，这座喷泉不仅是国王的象征，也是黎明的象征。喷泉有阿波罗坐在战车中的镏金青铜组雕，由让-巴蒂斯特·图比（1635—1700年）制作。勒诺特划分了“驯服”和“野生”之间的界限，这一手法他曾在子爵谷城堡中使用过。在凡尔赛宫花园，勒诺特把16个正式的花坛、花园、喷泉和树丛组成的交织图案摆放得离宫殿最近，来完成了这一划分。围绕着这一交织图案的三面是森林区域，在宫殿对面的那一片森林被大运河分成两半，比正规花园要长三倍、宽四倍。其整体被倾斜的小路切割成纵横交错的几块，并向远处延展而去，就好像轮毂的辐条那样（包括大运河起始处的非常显著的鱼尾纹设计），对比之下，交织图案的部分排列得更加对称和静止，

图200
安德鲁・勒诺特
凡尔赛宫花园
始建于1661年（法兰西）

图201
罗宫花园
1689年（荷兰）

而丛林的部分则更加随意。因为丛林部分本身不像正式区域那样是对称种植的，所以其中可以囊括各种被称为“大厅”的建筑，比如“舞蹈大厅”“绿色大厅”“理事大厅”和“节日大厅”，这些大厅的名字都反映出了在皇室庆典中它们所承担的角色。然而，凡尔赛宫的森林比子爵谷城堡的要更温顺，其中有着足够多的小路和开口，可以用来容纳时常举行的皇家狩猎（在断了一条胳膊以后，国王就只坐在马车里打猎了）。阿波罗喷泉南面的丛林中曾经有一个动物园，有很多异域动物。

新教花园也中了勒诺特的魔咒，比如格林威治，但是设计师修改了他专制者的图景，以去适应更小的预算和反天主教的议程。荷兰的花园以较小的规模来复制法国花园典型，部分原因是经济和实操限制——赞助人没有那么有钱，且花园通常沿着河岸，所以不能延展得那么长；另一部分是为了折射出新国家中的中产阶级身份。这类花园的一个典型的拉长版，如今仍然可沿着费赫特河河岸去参观，就在阿姆斯特丹南部，有钱的商人在那里修建他们的夏日休憩地。这些园艺用全套的古典雕塑、花园、石窟、极其昂贵的郁金香（见第 2 章）和优雅的修剪过的树篱来弥补其较小的体量。来自印度的温室植物是对荷兰贸易的纪念，其中大多数植物在北方的冬天需要被存在橘园中。这些花园也用了某些勒诺特的透视效果，尤其是他的“无限远景”效果，尽管有时候林荫路都已经延展到花园之外了。荷兰花园中最著名的是罗宫花园，是路易十四的敌人威廉・奥兰的夏日休憩之地（图 201）。由于威廉被任命为统治者（基本上是荷兰领域的统治者）以及联邦军队的统治者，来保护荷兰不受天主教军队的侵袭，所以他的花园就是一个罕见的贵族花园，当他在 1688 年获得英格兰王位的时候，这一花园甚至获得了皇家地位。虽然这一花园是由法国花园设计师克劳德・德戈茨（勒诺特的侄子）和丹尼尔・马罗特（1661—1752 年）所设计的，但它还是保留了传统的荷兰特征，一个由墙壁围绕起来的长方形区域成为正式花园，这比其法国原型要窄一些，并把树丛的部分降级到墙壁之外去了。在罗宫，更多可看之处主要集中在花园中心轴上，这引导着人们的目光穿越花坛，进入森林及其之外。花园的主体部分比子爵谷城堡或者是凡尔赛宫的要更加方正一些。异域植物种类繁多，并着重在令人惊讶的颜色的并置上。罗宫的喷泉集中在中心轴线上，是由风车发动的。虽然花园里点缀着军事的和王朝的图像，比如威廉以赫拉克勒斯的形象塑造自己，并保留园中的橘子树，来向他的家族名致敬，但罗宫强调的是私人享受，而不是统治权力。

瑞典是新教主义的另一处堡垒，那里的园林设计也调整了勒诺特的设计，以适应当地的品位。瑞典最出名的建筑师在整个欧洲也盛名广播，他就是小尼科迪默斯·特辛（1654—1728 年）。特辛是皇家建筑师，并对斯德哥尔摩皇家宫殿（17 世纪 80 年代—18 世纪头 10 年）和国王查理十二世在德罗宁霍尔姆的乡间休憩处和花园（1662—1681 年）进行了根本性的改造。德罗宁霍尔姆是他对勒诺特最公开的致敬，其在纵轴线上有一个长长的视野，有花坛和丛林的结合，还有运河、喷泉和林荫路。他的私人住宅邻近皇家宫殿，他最具创新的设计之一就是为这座住宅设计的小花园和花园立面（图202）。这一作品把勒诺特的园艺与贝尼尼和卡罗·丰塔纳的建筑幻觉结合了起来，特辛在法国和意大利做学徒的时候见过这三位建筑师。特辛为宫殿设计的花园的特点是那种古典主义的理智，但在这里特辛舍弃了这一点，并用凹凸的曲线、开合的空间以及透视的技巧来进行实验——这些都是罗马巴洛克的语言。建筑和土地都小而对称，而特辛的挑战就在于用微妙的透视方法让花园看上去比其实际要大。他把这一空间划分成了两个梯形的花园，一个在前，一个在后，并用方形的树篱把正式的花园区隔出来。喷泉位于宅邸的正后方，而喷泉后面则跟着一块更加平整的草地。梯形花园的远处一边较宽，这样一来围绕花园的围墙以倾斜的角度向远处延伸，让空间显得比实际要大。第二块梯形花园是一个惊喜，因为只有走过一个狭窄入口才能欣赏到其全貌，入口两侧是不需要支撑物的凹盲拱。在第二个花园较远的一端，特辛再次愚弄了我们的眼睛。在墙面的第一层，他嵌入了一个巨大的罗马风格的长廊，中间还有一个高高的拱门，两侧伴有带有窗户的小拱门。长廊给了我们一个错觉，

图202
小尼科迪默斯·特辛
花园和花园立面
1692—1700年
特辛宅邸
斯德哥尔摩

让我们以为花园后面还有另一个纪念碑型的宫殿侧翼建筑（其实没有），且特辛通过压缩拱门中心的透视，增强了长廊的效果，让它看上去像是一个长长的柱廊。这是一个完美的戏剧化的幻觉，极少有相似体量的巴洛克花园能够做到这种宏伟的效果。

然而，随着 18 世纪前 25 年洛可可的到来，宏伟的效果已不再是理想的花园设计风格。起初，设计师只是缩小了花园组成部分的规模，创造出更亲密的空间和更少的宏伟景观，花园中的雕塑和喷泉已经开始反映着洛可可设计不对称和有机的一面，且它们仍然是花园的基本组成部分。洛可可式的花园受到安东尼·华托和弗朗索瓦·布歇所创造的那种流行的田园风光的启发，在那里，懒散的年轻男女听着音乐，或在草地斜坡和森林空地处拥抱（图 76）。库勒斯宫（1747—1780 年）是葡萄牙国王佩德罗·德·布拉甘萨阁下的夏季休憩处，一个一流的洛可可式花园环绕着这一宫殿的三面。这一花园借鉴了勒诺特花园设计中的运河、方形树篱花坛、石窟和喷泉，但是花园本身被分割成小块的围篱和树丛，适宜更为私人的邂逅和沉思。然而，库勒斯宫花园代表的是一种传统的结束，而不是新传统的开始，一场即将永远改变人们对园艺的想法的设计革命，已经在英国展开了，在巴洛克和洛可可时期，这是英国唯一一次主导了整个欧洲的品位。英格兰花园设计舍弃了正式花园中间隙均匀的花坛、对称的运河和开阔的视野，并以此开始挣脱了正式花园的辖制，设计师开始向他们所认为的更加“自然”的花园大踏步地前进。他们使用了不平的园林、不对称的树木、蜿蜒的池塘、迂回的路径和雅致的草坪来做到这一切。然而，那所谓的“自然的花园”或者“英国花园”，像其巴洛克的前辈那样充满着幻觉和视觉诡计。

虽然“自然的花园”是许多园丁、赞助人和知识分子用了几十年的时间合作的产物，但是其主要还是和两个设计大师紧密相连：威廉·肯特（1685—1748 年）和他的学生兰斯洛特·布朗（1715—1783 年）。“自然的花园”也常常与新古典主义的兴起和所谓的“理性时代”（Age of Reason）的崛起有关，特别是归功于古典主义作家，如霍拉斯·沃波尔（1717—1797 年）和亚历山大·波普

（1688—1744 年），他们身体力行地参与到了这一花园设计的发展之中。然而，如果我们追溯它的起源，至少在其初级阶段，“自然的花园”是完全符合巴洛克模型的。“自然的花园”是从相同的意大利晚期文艺复兴模式中生发出来的（尤其是在蒂沃利的那些花园，图 198），里面有着精致的水利工程，还有为来访者准备的“惊喜”的元素。“自然的花园”受到了巴洛克风景画的启发（尤其是克劳德・洛兰，图 67），且深深地根植于透视研究之中，并深受戏剧的影响。实际上，肯特有着典型的巴洛克资历，他曾被有钱的赞助人送上了壮游之旅，且跟随晚期巴洛克大师卡罗・马拉塔（1625—1713 年）学习历史画，还在 1713 年的圣卢克罗马学院中获得二等奖，为弗莱明的圣朱利安的罗马教堂（1717—1718 年）绘制了云团翻滚的天顶壁画《颂扬圣朱利安》。肯特也热衷布景设计，还是意大利戏剧的推动者。虽然作为一个画家他失败了，但当肯特回到英格兰，他和他的合作者把这些戏剧形式强加在他们本土的园艺中，创造出了一个民族主义和自然主义并重的风格。事实上，归根结底，“自然的花园”并不像其反法国那样反巴洛克。

肯特艺术的第一次展现是在 1792 年奇斯威克府邸的花园（图 203），这可以被称为肯特的“子爵谷城堡”。这一花园位于伯灵顿伯爵理查德・博伊尔（1694—1753 年）的乡村别墅之中，博伊尔也是肯特终身的赞助人、朋友、壮游途中的伙伴之一。博伊尔不仅仅是个业余玩家，还是一个正经的建筑师，而且在花园最终的呈现中，他和肯特参与得一样多。这座别墅是一个小型的亭阁，受安德里亚・帕拉第奥在维琴察的圆厅别墅的启发（始建于 1566 年）。比起新古典主义，这座建筑更像是文艺复兴风格。从建筑北部到西北部，其周围环绕着相对适中的土地。肯特和博伊尔的设计故意避免了对称性，没有使用正式的花坛和勒诺特那种人工修剪的树篱（教皇和随从诗人约瑟夫・艾迪生都憎恶林木造型和花坛刺绣），但通过雕刻出小丘、铺就绵延的草坪、挖出不平的池塘和运河，并富有策略地种植低矮的树林，他们创造了一个完全人工的“自然主义”风格。花园的尽头甚至有一个巨大的鱼尾纹设计，通过一条笔直的

图203
威廉・肯特和理查
德・博伊尔
奇斯威克府邸花园
1729年（英国）

图204
威廉・肯特和兰斯
洛特・布朗等
斯陀园花园
18世纪30—40年代
（英国）

林荫路，鱼尾纹设计直接连接到别墅的背后。当时的有些人坚持相信沃波尔的景观理想，并认为花园是这种景观理想的完美展现，而花园设计中要没有直线。对于这类人来说，这条笔直的林荫路就是一个回击。肯特的自然概念可以追溯到多梅尼基诺或克劳德的风景画上（图 66、图 67），其中那具有迷惑性的绵延起伏的小丘和直立的树木，创造出了一个观看的框架，框住了横跨水面、看往神庙残骸和雕像的视野。在奇斯威克宫，肯特把雕像、假古典遗址、石窟、狮身人面像、方尖碑，甚至一个小型万神殿放在合适的位置，这样一来，当来访者在花园中漫步之时，在其视野的尽头，这些东西就好像有魔法一般地出现了。肯特在画布上无法取得的成就，用他的才华在自然中创造了出来。他像一个画家一样对待自然景色，而在他调色盘上的东西，则是水、树木、土地和天空。

布朗的设计则完全不同，正是他逐渐将“自然的花园”从巴洛克的原型中抽离出来，并推动其走向更为洛可可的审美之中。这一贡献可以在白金汉郡斯陀园（Stowe）壮观的花园（图 204）中看到，肯特和布朗都参与了这一花园的创作。斯陀园是一个漫长的工程，从 17 世纪 80 年代开始，它被重新设计了好几次，当肯特于 18 世纪 30 年代到达那里的时候，他换下了詹姆斯・吉布斯和查尔斯・布里奇曼，接手了花园的设计工作，并不得不去适应逾越 50 年的想法和妥协所产生的结果。肯特最主要的贡献就是在这片土地的西南部和东部——特别是在“极乐世界”中——添加了一些假物，其中包括古代美德神殿（基于蒂沃利的哈德良的别墅中的一个神殿设计而成）、金星神殿、粗面石堆砌的修道院和一个巨大的半圆形讨论间形式的杰出人物神庙，里面陈列着捐献者的胸像和（曾有一次）一条狗的胸像。当 1741 年，布朗作为首席园艺师被雇用之后的十年，他在花园中引进了自己的创造。与其赞助人科巴姆勋爵一起，他创造了“希腊谷”，以没有假物著称。希腊谷里还有一个由肯特设计、科巴姆主持建造的神殿（1746—1754 年）。布朗给我们呈现的是一片轻柔起伏的绿色草坪、人行路、被直立的树木框起来的池塘景色。在那个假的半圆形讨论间的地方，他修建了一个由土木和青草构成

图205
中国式夏日别墅
斯陀园花园
1738年（英国）

图206
伊斯拉埃尔·西尔维斯特和弗朗索瓦·肖沃
1664年烟火表演之前的《阿尔辛娜宫》
凡尔赛宫
选自《魔法之岛上的乐趣》（巴黎，1674年）：115页
大英图书馆
伦敦

图207
伊斯拉埃尔·西尔维斯特和弗朗索瓦·肖沃
1664年烟火表演之后的《阿尔辛娜宫》
凡尔赛宫
选自《魔法之岛上的乐趣》（巴黎，1674年）：123页
大英图书馆
伦敦

的圆形露天剧场。斯陀园预示了接下来花园中会产生的变革：在 18 世纪 60 年代的列治文的皇家花园中，在布朗对布里奇曼和肯特的花园进行改造创新的时候，他把他的前辈所设计的笔直的路径改造成为迂回式的，他还移走了花园中的假物，只留下了一个他老师设计的。在布朗设计的最大的花园之中，如朗里特庄园或布莱尼姆，他把公园建得离建筑尽可能地远，抹去灌木篱墙和护栏，在土地的边缘加入名为“隐篱”的凹陷的沟渠以隐藏掉草地和公园之间的界限，借此，他把建筑和花园连为一体。讽刺的是，虽然其意识形态是反法的，但是肯特和布朗的创新在法国找到了丰厚的土壤，在那里洛可可美学已经开始偏爱不对称的设计、田园风光和未加驯服的自然了。政治意图也加入了这场游戏之中，由于法国知识分子厌倦了皇室的奢靡，他们开始把英国作为一个更加民主的政府的典范。洛可可设计师雅克–弗朗索瓦·布隆德尔于 1737 年出版了一本花园的操作手册，其中对“自然的花园”多变的、超出预期的并置以及异想天开的做法大加赞赏。65 年之后，玛丽·路易莎·伊丽莎白·维杰–勒布朗（图 62）被斯陀园彻底迷住了，并声称：“（这一）公园……装饰着神庙、纪念碑和其余各种各样的建筑结构，呈现出一种极致的美。”另一个和“自然的花园”联系紧密的洛可可特征也来自英国：中国风凉亭。这一装饰主题直接来自英国贸易利益，因为东印度公司于 1711 年在广州建立了咖啡贸易，所以茶叶和中国陶瓷在伦敦市场上变得极其充裕。从斯陀园的中国式夏日别墅开始（图 205），从巴勒莫到德罗宁霍尔姆的欧洲的大花园中，都出现了有着外翻的屋顶、宽椽子、屏风窗户和鲜艳外饰的木头凉亭。斯陀园凉亭曾坐落在湖中心，要通过小桥才能到达。这一凉亭是用木头和画满中国绘画的帆布建造的，绘画由威尼斯人弗朗切斯科·斯莱特（1685—1775 年）绘制。中国风凉亭开始和英国花园紧密相连，布隆德尔甚至把“自然的花园”的整个概念与“中国影响”结合起来。

肯特理解人在花园设计中的重要性：直到其中充满了游客，且来访者参与到风景、声音和娱乐中，一座花园才算真正富有了活力。没有人比路易十四更理解这一点，他在凡尔赛宫中主持了各种各样的活动，从宴会和芭蕾，到歌剧和烟火表演，且这些活动通常都在花园较大的池塘或者运河前举行，或者从花园中众多的森林大厅中选择一个，来作为活动的地点。在要结束这一章的时候，我想回归到蜉蝣娱乐的主题上，来讲一讲巴洛克时代最为奢华的花园节日。在 1664 年 5 月 7 日，举行了一个多媒介的、被称为“迷人的魔法岛”的庆祝活动，活动是为了向法国的两位王后（奥地利王母安妮和玛丽亚・特蕾莎女王）致敬，同时也庆祝在城堡第一个建筑改造运动的开始（1664—1668 年），其中包括改造勒诺特的第一套花园雕塑，被称为小订单。这一活动囊括了当时最伟大的艺术家、作家和音乐家，包括但不限于勒布朗和勒诺特，还有剧作家莫里哀（1622—1673 年）以及作曲家让-巴蒂斯特・吕利（1632—1687 年），他们在寓言戏剧和音乐娱乐中通力合作，且演出布景由国王的工程师卡罗・维加拉尼（1637—1690 年）所设计。在三天的庆典中，花园迎接了 600 位客人——在路易的日记中，他“感谢上帝”，让他不必在他的宫殿中接待他们。客人们观赏了庄严的游行；参加白日和夜间户外宴会，由穿戴为牧羊人的侍者为其提供服务，还有舞蹈家在表演上帝、四季和四大陆（其中还有机械动物）；观看了乘坐阿波罗战车的骑兵表演；观看了一场马球赛（一种马术比赛）；欣赏了题为《阿尔辛娜宫》的海上芭蕾，讲述查理曼大帝和摩尔人之间的战争；节目还包括莫里哀神话喜剧的第一次公演，以及芭蕾舞表演《伊利斯公主》。墙面、餐厅和舞台背景被植物、园林和喷泉所取代。宴会和马戏在一个半圆形讨论间前面的草坪上举行，讨论间旁边还有三个用树篱雕刻出来的凯旋门。在一个树木组成的林荫路前，搭建了一个镜框式舞台，而喜剧就在那里上演——这是有史以来国王建立的第一个临时舞台。海上芭蕾则在四叶草水湾中上演，后来这里变成了阿波罗水域。宫殿里搭建了另一个临时的剧院，上演另外三场莫里哀写的戏剧。

在菲利比安书写的纪念卷上，有两张由伊斯拉埃尔・西尔维斯特和弗朗索瓦・肖沃绘制的插图，描绘了“阿尔辛娜宫”，画面呈现的是烟火表演之前和之后的演出现场（图 206、图 207）。这两个场景都让人想起风靡欧洲的、在更为公共的竞技场中（图 190、

图 192、图 193）举行的模拟海军战斗和烟火表演。宫殿是木头和石膏组成的，侧翼有一个倾斜的角度，来增强其透视效果（对比图 196）。宫殿建造在岩石上，位于四叶草池塘较远的一端。两张挂毯创造了一个狭窄的透视空间，以防止观众看到池塘的两侧，强迫观众把注意力集中在中心轴上。在“宫殿”前院，有一个专门为舞者搭建的梯形舞台，音乐家们沿着挂毯的内侧挤在一起，小提琴手在右边，小号手和定音鼓鼓手在左边。三个海怪机器在城堡前面的水中移动，每一个上面都骑着一个穿着寓言戏服的表演者。虽然浮雕显示国王和他的家人在华盖的下面，坐在大群的观众之间，但国王实际上在芭蕾舞中扮演着主角鲁杰罗，且他的侍者穿着古希腊的戏服协助着他的表演。国王安全离开岛屿的那一刻，岛屿就燃起了熊熊火焰，结束了三天的庆典，并震惊了在场的观众。菲利比安写道：“这好像是天堂、人间和水域同时燃烧了起来……顶部飞舞着燃烧的烟花，有些围绕着海岸盘旋，有些从水里冒出来……创造出的景观如此美好、如此壮丽，除了用这些美丽的烟火以外，庆典不可能有更有魅力的结束方式了。”这场表演以一个巨大的爆炸结束，声音是先前爆炸声的两倍之大，并以一串回响渐强的爆炸声告终。“太阳王”很高兴。

巴洛克的影响 俄国、拉丁美洲、非洲和亚洲的巴洛克与洛可可

图208
圣迈克尔修道院
1716—1746年
基辅

巴洛克和洛可可真的在全球范围内流行了起来，这是之前的任何文化都无法企及的。古罗马人将古典艺术从苏格兰传播到北非，从伊比利亚半岛远播印度的辽阔疆土。罗马式和哥特式文化沿着中世纪基督教的轨迹前往斯堪的纳维亚和塞浦路斯、里斯本和立陶宛。在 15 世纪和 16 世纪伊比利亚文化初至美洲和亚洲之后，文艺复兴风格沿着这条道路进一步传播，进入中美洲和安第斯山脉的部分地区，最远到达了马来半岛。亚洲帝国——倭马亚王朝（Umayyad Caliphate，660—750 年）和蒙古汗国（Mongol Khanate，1206—1368 年）——都把他们的视觉艺术传统散播到他们所到之处，传播范围达到了这块区域的三分之二。然而，随着西班牙帝国领土的扩张，以及其竞争对手法国和荷兰的不断壮大，再加上天主教传教士更为深入非欧洲世界之中，巴洛克和洛可可被强加于从加利福尼亚到巴塔哥尼亚的美洲、非洲和印度的两个海岸等。许多其他国家也接受了这两种风格，例如奥斯曼土耳其、埃塞俄比亚、伊朗萨非王朝、莫卧儿印度、中国和日本。在欧洲，巴洛克和洛可可的发展超越了天主教和新教世界，进入了扩张的、越来越国际化的沙俄帝国的心脏。这种西欧风格的传播不仅限于艺术风格层面的征服。即使在那些地方文化被残酷镇压的地区，这些地区的文明和信仰也改变了巴洛克和洛可可，以让其适应非欧洲的美学、形式和图像传统，或干脆发展为令人耳目一新的区域变体，就好像巴伐利亚或西西里岛的那种独特的审美体系。

本章将讨论在天主教和新教欧洲以外的那些经常被忽视的巴洛克和洛可可文化，所以在本章中所讲的很多艺术形式和媒介，在过去六章中已经被强调过。但这将冒着过度简单化的危险，因为它可能暗指着全球文化的单一性。然而，我希望本章可以展示出的仅仅是真相本身。在西欧以外的地区，巴洛克和洛可可从一系列令人眼花缭乱的文化和地理区域出现了，在不同方式、不同程度的热情、多样的政治目的和宗教信仰的驱动下，这一外来风格被融入本地文化语境之中：俄国东正教、伊斯兰教、印度教、佛教，以及大量的非洲和美洲土著的信仰。虽然创作这些建筑物、雕塑和绘画的艺术家和建筑师中，有一些是西欧人，但这数量微乎其微。北安第斯山脉的巴洛克教堂是由印加帝国的盖丘亚族后裔建造的；印度和穆斯林艺术家创作了葡萄牙殖民地果阿的雕塑和建筑；而中国澳门、菲律宾的基督教雕塑是由佛教徒或新的“皈依者”雕刻的，他们在表面上改变了他们的信仰，以获得市场优势。

俄国在其巴洛克和洛可可形式的转变中也不例外：中世纪莫斯科的东正教教堂的结构和装饰语言，以一种不由分说的方式主导着教堂的建筑，这样一来，外来风格有时看起来就像是在本土形式的内核上披上了一层虚假的外衣。在文艺复兴时期，俄国首次表现出对西欧风格感兴趣，在当时大伊万三世大帝（1462—1505 年在位）的驱动下，西欧技术和风格被引入莫斯科。他还邀请了如亚里士多德・菲奥拉万蒂（约 1415—约 1486 年）和马尔科・鲁福（Marco Ruffo，活跃于 1485—1491 年）这样的意大利建筑师重建克里姆林宫。除了堡垒之外，他们还负责克里姆林宫大教堂广场上的乌斯别斯基大教堂（1474—1475 年）和天使长米迦勒大教堂（1505—1508 年）的建造，后者在外饰部分引入了文艺复兴的形式。但伊万不希望这些建筑师大规模地采用外来的西方风格的教堂。他坚持要让这些意大利建筑师把自己浸泡在俄罗斯建筑传统之中，以实现一个东正教形式与意大利古典装饰的和谐融合。巴洛克形式首抵俄国和乌克兰并非是因为皇家法令，而是大众文化使然。这一风格在邻国波兰—立陶宛联邦已经站稳了脚跟，且印刷书籍和雕刻都已缓缓渗透到莫斯科和基辅之中。到了 17 世纪晚期和 18 世纪初，这些城市的教堂都装饰着巴洛克风格的凹凸不平的三角形山墙、涡卷饰、带有尖顶饰的栏杆、壁柱和立柱。东正教教堂的传统设计中有一个高高的中心穹顶区域，这一区域被四个或更多的较低的、带穹顶的房间所围绕，这样一来就在广场中形成一个希腊十字，这种教堂构造让其比较容易接受巴洛克的团形设计，这种设计是巴洛克非常喜爱的一种设计模式。

例如，基辅的圣迈克尔修道院在 1716—1754 年翻新了外饰。建筑本身于 1936 年曾被炸毁，并在 1997—1999 年被艰难地重建起来（图 208）。教堂保持了其传统的团形设计，高高的中央穹顶被六个较低的穹顶所围绕，同时环绕在周围的还有附属的半圆壁龛、侧面的扶壁以及主入口和其两侧的两个方形房间。镀金的洋葱圆顶——除了中间的一个之外，都能追溯到 18 世纪——展现出一个传统的俄罗斯东正教轮廓线。在 1746—1754 年，乌克兰建筑师伊万·赫里霍维奇·巴尔斯基（1713—1785 年）用灰泥覆盖住外墙，并赋予这座建筑以巴洛克和洛可可的外观，包括正立面上冠有壁柱的嵌墙柱；凹凸不平的三角形山墙上的圣像周围围绕着涡形花样、花卉涡卷纹和植物花环；窗户上方有贝壳状的涡卷饰，但窗户本身仍保留了中世纪的圆形轮廓。同时，在沙皇彼得大帝（1672—1725 年在位）的引领下，自上而下地引进巴洛克风格的运动也开始了，在 18 世纪的第一个 10 年，巴洛克风格的引进和新首都圣彼得堡的兴建紧密相连，而这都是无情地大修俄国建筑的一部分。彼得决心与荷兰或奥地利帝国等国家建立商业和外交联系，并引入西方建筑技术和风格，使俄国达到当时的西欧水平。他邀请了法国、德国和瑞士的建筑师团队为其设计首都及首都防御工事，团队成员包括多明尼哥·特列辛尼（1670—1734 年）和让-巴蒂斯特-亚历山大·勒布隆（1679—1719 年），彼得称后者为“真正的奇迹”，他也建造了彼得夏宫的宫殿和花园，他的同乡尼古拉斯·皮诺（1684—1754 年）以洛可可风格装饰建筑和花园，皮诺是巴黎的洛可可领军人物之一。彼得对这座城市的宏伟计划在他死后还没有完成，而其西欧建筑师所设计的大部分建筑在他死后都被彻底改变了。

彼得追求简单和实用，但他的二女儿伊丽莎白（1741—1762 年

在位）是欧洲最狂热的洛可可赞助人之一，她在圣彼得堡、普希金和基辅委托建造了大量的婚礼蛋糕宫殿和宝石盒教堂。在她最喜欢的建筑师，俄国—意大利人巴尔托洛梅奥·拉斯特列利（约 1700—1771 年）的工作下，伊丽莎白用意大利和中欧的巴洛克和洛可可形式改造了俄国建筑中传统的穹顶、钟楼和其他建筑结构，这样一来，她发展出了一种混合风格，这种风格比巴尔斯基的那种简单的西方外壳要复杂和深刻得多。最能代表这一完整原创风格的是伊丽莎白的教堂，特别是在圣彼得堡的斯莫尔尼修道院（图 209）和在基辅的圣安德鲁大教堂（图 210），二者都由拉斯特列利主持建造。斯莫尔尼修道院属于复活大教堂的一部分，被建成一个为服务上层女性的东正教女修道院，而当伊丽莎白被赶下王位，并发誓成为一个修女的时候，修道院也成了她的居所。大教堂被漆成天蓝色，上面有白色的装饰，这是典型的俄国配色（还有青绿色和白色），这就把伊丽莎白委托建造的建筑和同时代的西欧建筑区分开来。

图209
巴尔托洛梅奥·拉斯特列利
斯莫尔尼修道院
1748年
圣彼得堡

图210
巴尔托洛梅奥·拉斯特列利
圣安德鲁大教堂
1747—1762年
基辅

复活大教堂结合西欧建筑结构和俄罗斯建筑模型的方式是高度原创的。虽然教堂穹顶有着一个巴洛克式的轮廓，而不是东正教式的，

120м

且教堂也借用了意大利建筑典型的其他特征，例如圣依搦斯蒙难堂（图 142）或邻近都灵的苏佩加的菲利普·尤瓦拉的巴西利卡（1717—1731 年），并将其在俄罗斯语境下重新阐释，但拉斯特列利通过将更传统的附属穹顶改造成钟楼而保留了教堂的俄罗斯轮廓。对于一个团形设计的教堂来说，和圣依搦斯蒙难堂中那单对的钟楼比起来，用四个钟楼是一个更成功的方案，因为这四个钟楼把穹顶围在中间，且建筑师把它们每一个都旋转了 45 度，使它们可以更好地和建筑的曲度结合起来。建筑中还有其他从西方巴洛克式和洛可可中借鉴的东西，比如窗框，灵感来自波洛米尼（图 133）；洋葱穹顶的轮廓，类似于梅尔克修道院（图 147）；以及正立面上的椭圆形窗户，这在都灵是巴洛克教堂的典型，如尤瓦拉的圣克里斯蒂娜教堂（1715—1718 年）。然而拉斯特列利使用了富有创意的方法来传承俄国建筑传统，他的建筑平面是在广场中铺开一个希腊十字，让正立面的墙面以一种巴洛克的方式向前挺进，来强调中心的出入口。当拉斯特列利被委托建造一个典型的俄罗斯独立钟楼的时候，他的设计源自茨温格宫的塔门（图 137），并在此基础上将其拉高 2.5 倍，还在顶部冠以一座方尖碑和一座洋葱穹顶（这座塔本应是城里最高的，但在 1762 年伊丽莎白去世后建筑就停工了）。在教堂内饰上，拉斯特列利也同样具有创造性。在基辅的圣安德鲁大教堂的十字的交叉处，他创造了一个意大利风格的孔波斯托，把一个俄国东正教圣障纳入其中，圣障是一个满是圣像的屏风，把祭坛和人群分离开来（图 211）。通过把在镏金的洛可可涡卷饰中的圣像分布在穹顶、三角形山墙和圣障上，拉斯特列利保留了东正教图像的层级结构：他把天堂的人物（萨巴斯、基路伯和大天使）放在穹顶上，福音传道者放在三角形山墙上，《旧约》和《新约》中的人物形象和故事叙述按照传统的方式排列着，大天使和圣礼则放在圣障上——但在此基础上，他把整个教堂十字转变为一个在风格上统一的冥想和礼拜空间。他也通过一串逐渐变多的镏金灰泥装饰把我们的目光向上引去：这些装饰被简朴且低矮的白色墙面隔开，在窗户上方变得越来越丰满，并在穹顶处融入那些镏金花环和涡卷饰之中。礼拜者在

图211
巴尔托洛梅奥·拉斯特列利
圣安德鲁大教堂圣障
1747—1762年
基辅

图212
巴尔托洛梅奥·拉
斯特列利
沙皇夏宫
1749—1756年
普希金（俄罗斯）

圣障前就座，与那些绘画产生交流，传统的圣像是示意图样式的，这种绘画方式避免了使用现实主义来增强圣洁感，但基辅的教堂没有使用这种圣像。其圣障和穹顶（由一个团队完成，其中包括伊万·维什纳科夫和奥勒克西·安特罗波夫）中的绘画是自然主义的，且有着情感的参与，画面中甚至包括风景和风俗画元素。但是这些元素巧妙地保留了东正教传统，人物面朝前方，且有着刻板的站姿。

伊丽莎白和拉斯特列利最大的成就就是那些令人震惊的宫殿：位于沙皇村的沙皇夏宫（图 212）、位于圣彼得堡的沙皇冬宫（图 213）以及位于圣彼得堡的被彻底重建外立面的彼得夏宫花园（图 214）。虽然沙皇夏宫青绿色和白色的正立面非常长，但它将明显不同的风格并置在一起，这样一来外立面就没有凡尔赛宫花园立面那么单调了（图 135）。沙皇夏宫的正立面有两种类型，一种更高、更简朴，而另一种则奇特且华丽，沿着一条水平轴线，这两种类型被串联在一起，好像火车一样。 而这两种类型屋顶部分的差异，赋予了整座建筑一条愉快且有节奏的轮廓。较为简朴的部分把平整的侧翼墙壁和更为大胆的中心凸起（突出的部分）并置在一起，而在粗面石堆砌的柱基上立起的巨大的柯林斯立柱造就了凸起的部分。在正立面的中间部分，拉斯特列利让两侧顶端都凸起，并让中央部分凸出得更加厉害。因为中间部分是入口，且有一个门廊和一个高高的、华丽且凹凸不平的三角形山墙。然而，尽管正立面上更奇特的部分的轮廓线比较低，但这一部分还是成了整个正立面的焦点：其充满了镏金的雕塑和装饰物，更吸引人注意的是底层那一排巨大的女像柱，以及一层上的赫尔墨斯像——这些雕像成为窗框的一部分。由雕塑而形成的重要感，以及窗户向外扩展和立柱相接的方式，都让人想起茨温格宫（图 137）。正立面的两端都被凸起的建筑锚定住，其一端凸起被冠以青绿色的钟楼，宫殿教堂上还有闪闪发光的穹顶，奇怪的是，比起拉斯特列利设计的其他教堂，这个基督教礼拜堂的结构设计更为传统，它唯一借鉴西方的东西就是其厚重的洛可可窗框。伊丽莎白宫殿的内饰中充斥着丰富的镏金洛可可装饰物，天花板上绘制着广阔的幻觉式天顶画，且其通过嵌花琥珀（一种俄罗斯商品）以及覆盖有蓝白瓷砖的房间加热器等媒介，让整个房间沉浸在颜色的变化之中。单色灰泥装饰的大厅，与充满色彩鲜艳的装饰物的房间形成鲜明的对比。沙皇冬宫的大楼梯（图 213）虽然缺乏结构上的创造性，但其有一个精致的洛可可趣味，在白色的墙壁上点缀着狭窄的镏金框架和镜子。虽然天顶画部分非常灰暗，但环绕天顶画四周的幻真画元素却更加明亮，假雕塑和壁龛则用白色、淡紫色和灰色涂成类似浅色灰泥的样子。

图213
巴尔托洛梅奥·拉斯特列利
大楼梯
沙皇冬宫
1752—1768年
圣彼得堡

图214
彼得夏宫花园
1746—1758年
圣彼得堡

沙皇夏宫和彼得夏宫（图 214）都以拥有令人印象深刻的花园而自豪，其花园以勒诺特创造的样式为基础——有时这种风格通过维也纳折射到俄国——但其也表现出洛可可式的中国风和更“自然”的威廉·肯特风格。彼得夏宫建在一个高高的、可以俯瞰涅瓦河岸的断崖上，坐落在一个壮观的环境之中。通过花园和花园之外的宽阔的河流，彼得夏宫花园可以创造出引人注目的水利工程和壮观的远景。和子爵谷城堡或者是凡尔赛宫不同，这里的水利工程完全是

由重力驱动的，水源被储存在宫殿后面的水箱之中。花园中的亮点是那一对大瀑布台阶，从城堡坐落的峭壁上倾泻而下，台阶两侧是金色的喷水雕塑、石窟、下方两个池塘中的两个垂直的水槽，一个镏金的雕塑《参孙与狮子》矗立在池塘中，这是俄罗斯征服瑞典的象征。这种台阶瀑布的灵感可能来自勒诺特在马尔利勒鲁瓦设计的皇家宫殿，也让我们回忆起了那些意大利的例子，如科洛迪别墅（图 5）和埃斯特别墅（图 198）。彼得夏宫花园中另一处对意大利花园的致敬是那些惊喜，例如那配有水管的长椅和“树木”，当游客接

近的时候就向他们喷水。峭壁下面的较低的花园中有着通海运河，把我们的眼睛引向涅瓦河，同时我们还能看到一些比较小的装饰性宫殿建筑，这些建筑模仿了凡尔赛宫。伊丽莎白和拉斯特列利的洛可可时代在伊丽莎白死后陡然结束，而凯瑟琳大帝（1762—1796年在位）则把更为严肃的新古典主义风格引入了俄国。

俄国人之所以探索巴洛克和洛可可的风格和形式，是因为他们和他们的君主认为这很有魅力，或这些君主相信这种风格和形式会帮助他们把俄国放在世界的舞台上。美洲、亚洲和非洲的古西班牙帝国殖民地在接受巴洛克和洛可可的时候，表现得就与俄国非常不同。有一种政策即为对美洲原住民、亚洲人和非洲人的宗教、文化和视觉艺术传统进行无情毁灭。在这一政策施行 100 年之后，巴洛克和洛可可风格才出现。然而显而易见的是，这些传统并没有死亡：即使在受殖民政策影响最严重的一些地区，占人口比例大多数的当地人依然保留了他们的信仰、语言、社会政治结构、图像、艺术和建筑实践中的许多方面。许多美洲的巴洛克和洛可可建筑物和艺术作品都反映出了当地的遗产。其他作品——尽管大部分是由美洲原住民和混血血统的艺术家创作的，但其已经和当地传统没什么关联了——然而这些作品也并不缺乏原创性，其中最好的作品可与这一风格中最卓越的欧洲变体相媲美。

1492—1504 年，克里斯托弗·哥伦布航行到加勒比和中美洲，这是西班牙人第一次到达美洲，但其大规模征服开始于 1519—1920 年对阿兹特克帝国的破坏以及更加旷日持久的 1531—1581 年对印加帝国的破坏。向西移动，穿过太平洋，西班牙人也夺走了菲律宾群岛，那里本身居住的大多数都是塔加拉族人（1571 年）。跟随瓦斯科·达·伽马 1498 年环绕非洲海岸的航行，葡萄牙人沿着非洲和亚洲的海岸割据出小块的殖民地：始于 1505 年，他们在莫桑比克、迪乌、果阿和马六甲（今天的马来西亚）等地建立了定居点，并探索了巴西海岸（在 18 世纪之前，那里的殖民都不是特别重要）。在统治美洲的头一个半世纪之内，大多数美洲原住民的艺术和建筑形式都被系统地摧毁了，但有些被认为是有用的，就被改变了形式并予以保存：例如阿兹特克神庙建筑群中的一些建筑物，给传教教堂庭院的结构带来了启发；阿兹特克羽毛绘画这种奢华艺术被用来制作基督教图像。同时，美洲原住民艺术家和建筑师将雕文（阿兹特克象形文字的建筑基块）或当地宗教图像融入为传教士创作的基督教正立面或壁画的边缘，以此来巧妙地延续自己的传统。这种现象在墨西哥表现得比在南美更明显：阿兹特克人的人物艺术传统比印加人的更强，他们的石匠和画家把这种传统风格和符号代代相传。然而，这种现象在墨西哥也消亡得更快，因为土著美洲工匠在大规模的瘟疫中逐渐死亡，逐渐与他们的前西班牙过往失去了联系。在墨西哥，只有少数这种类型的混合艺术可以留存到文艺复兴时期。相比之下，在南美洲，也许是因为反殖民斗争持续了更长时间，也因为殖民者对土著宗教的攻击是非常恶毒的（但攻击者一直没有获胜），在 17 世纪最后几十年之前，艺术中几乎没有美洲本土的内容。这时正是巴洛克的全盛时期。

巴洛克来到南美洲的时间比较早。在贝尼尼和波洛米尼在罗马建造盛期巴洛克式建筑的同一时代，作为印加帝国首都的库斯科市，在 1650 年的毁灭性地震之后，产生了世界上最原始的巴洛克纪念碑之一 。由欧洲建筑师和美洲原住民石匠修建的主显圣容耶稣会教堂（被称为康培尼亚）成了一个充满活力的新风格的样板，其特点是立柱和柱上檐部的复杂交织和重叠，直到这一世纪末，这一特点在整个广阔的库斯科主教辖区被广泛模仿（图 215）。严格地说，康培尼亚不是第一座执行这种新风格的建筑——大教堂的正立面（1649—约 1654 年）更早一些。但因为新的耶稣会教堂（1651—1668 年）完成得更加统一，这一在视觉上更令人满意的结构注定要成为库斯科巴洛克的原型。康培尼亚可能是由佛兰芒的耶稣会的让-巴蒂斯特・吉尔斯（或胡安・包蒂斯塔・埃吉迪亚诺）所设计的——有人说他是耶稣会的编年史家，也有可能是祭坛创作家马丁内斯・德・奥维多设计的，他也负责修建康培尼亚的正立面。建筑本身包括一个主教堂、印度（落雷托）礼拜堂和监狱礼拜堂，以及一个围绕着庭院坐落的宽敞的学院。

库斯科的康培尼亚的正立面——这里我指的是中心部分——被称为“祭坛正立面”，旨在通过装饰物的自由使用以及其形式的和谐，来抓住观众的注意力。通过使墙面和立柱从侧面向中心凸起，将我们的视线向内引导，就好像正立面是一个舞台背景一样。这种效果是建筑师有意为之的，因为音乐表演、游行和其他活动都在这个正立面前举行。这里还有那种典型的巴洛克式的对垂直的强调，通过高高的钟楼、相对狭窄的正立面和比其余侧面都要高的中央部分（门的部分）来达到这一效果。和巴洛克相同的地方还有装饰元素的倍增，例如第一层侧面成对的壁龛或窗户，以及和真的钟楼遥相呼应的带着玩具屋样尖顶饰的钟楼。康培尼亚的正立面富有层次、质感多样，有着独立的科林斯立柱、大胆的檐带、精心雕刻的带状装饰和镶嵌板、令人头晕目眩的壁龛和各种颜色的石头，这与另一侧钟楼基座处的朴素墙面形成鲜明的对比。和波洛米尼的四喷泉圣卡罗教堂（图3）一样，檐带是统一建筑各部分的重要元素，但秘鲁建筑师可能是自己发现了这一解决方案，因为两座建筑几乎是同时代建立的。正立面底层和上层的檐带平行排列，把钟楼和正立面连在一起，上层檐带的走势遵循着下面壁龛的轮廓，形成高耸的三叶形曲线。甚至钟楼窗框上较窄的檐带都与正立面第一层中唱诗席的窗部檐带相连，并且，令人赏心悦目的是，窗框根据整个正立面形式的变化而变化着。

图215
让-巴蒂斯特·吉尔斯和马丁内斯·德·奥维多
主显圣容耶稣会教堂
1651—1668年
库斯科（秘鲁）

美洲和欧洲的“混血”建筑于17世纪晚期首先出现在南美洲，这一令人着迷的巴洛克变体的代表，也就是当地符号和风格，在前一个世纪的清洗下，以其余媒介——尤其是纺织品的方式——存活下来之后，这一新的建筑变体才出现。这个所谓的“安第斯混合巴洛克”风格的原型样本也是一个基督会教堂，它相当于秘鲁南部城市阿雷基帕（图216）的康培尼亚的正立面。这座建筑的特点是视觉丰富，有着高浮雕和源自安第斯编织服装的装饰元素交织分布，还有大量的当地装饰图案，其中包括对印加和前印加宇宙学的征引、印加皇冠——或称为流苏头饰；对美洲原住民的描绘；以及一系列当地植物和动物，从管状的坎图塔和印加百合，再到仙人掌花、美洲狮、蜂鸟和猴子。有趣的是，这些植物和动物虽然原产于秘鲁，

DL
1698

但其大部分来自遥远的丛林低地，表明它们代表一种理想化的来自天堂花园的自然景观。作为典型的西班牙—美洲的巴洛克式正立面，它没有通过波浪状的外立面来表现出移动的动感，而是通过大胆突出的飞檐和三角形山墙以及沉重的立柱来表现出这一感觉。

正立面由西班牙建筑师迭戈·德·阿德里安监管建造，几乎所有的安第斯混合巴洛克风格建筑的装饰都是由美洲原住民雕塑家和石匠雕刻而成的，这座建筑也不例外。但这些原住民在图像选择上享有惊人的自由。门廊被水平分为两层，一个巨大的门楣山墙本身就好像是一层。门廊被垂直分成三块，最宽的一块处于中心。这个基本划分在复杂的雕刻装饰上显得十分突出，把装饰分为正方形或矩形的方块。下层两侧是巨型雕刻镶边，由蛇形怪物组成，其巨大的嘴巴中吐出石榴、烟丝形状的叶子、仙人掌花、坎图塔花、涡卷饰和怪物面具。同样奢华的镶嵌板出现在立柱之间，把日期铭文、低层楼上的装饰带，以及第一层窗户周围的边饰和镶嵌状的装饰板包围在其中，镶嵌板上有戴着坎图塔耳环的带翅膀的天使（玻利维亚和秘鲁的妇女今天仍然戴这种耳环）、其他人物形象和面具（其中一个还戴着印加皇冠）、热带植物和花朵、鹦鹉和鸣禽。正立面的上部有装饰带、门楣山墙和尖顶饰，上面也满是人物形象、植物和其他装饰图案。从库斯科远到今天南玻利维亚，教堂的正立面给了这一区域的各类变体以灵感，且其和出现在偏远村庄的、晚至 19 世纪早期的耶稣会教堂都遥相呼应。

图216
迭戈·德·阿德里安等
康培尼亚正立面
1698—1699年
阿雷基帕（秘鲁）

许多拉丁美洲教堂对孔波斯托的处理都特别灵活，这些孔波斯托源自伊比利亚半岛教堂装饰丰富的内饰，但却产生了独特的结果（图 105）。其中一些结合了欧洲和美洲土著的元素，如位于墨西哥托拿特新特拉的圣马利亚教堂（图 217）中那令人眼花缭乱的华丽的内饰。除了一个装饰烦冗的十字架以外，这个教区教堂其他部分的装饰都非常适度。 高浮雕的灰泥藤蔓交织在一起，并以金叶子勾勒轮廓；耳堂和穹顶的墙壁是以多重颜色绘制的，还装饰着天使、圣徒、女像柱、花朵、花饰、鸟类、葡萄和人头装饰。该地区的美洲土著工匠发明了一种新的灰泥粉饰技术，其中灰泥是用面粉、蛋白和水制成的，且这种技术只在一个短短地理半径内出现。教堂花边类设计中的许多细处都可能是从印刷书籍中的图案改编而来的，这些书籍来自西班牙、意大利和佛兰德斯。虽然是改编的，但是它们却创造出了独一无二的效果。星罗棋布的装饰物从建筑元素之外溢出，并吞噬着小型雕塑，就如同德国洛可可教堂那样，它们都彻底地达到了艺术的统一性，但二者结合媒介的方法完全不同。毫无疑问，这样的空间就是要让身处其中的人感受到奇迹：1690 年的一本纪念文集称一个类似风格的普埃布拉教堂为“世界第八奇迹”。

另一个孔波斯托则更接近日耳曼的传统。巴西教堂所使用的巴洛克结构形式比西班牙—美洲的要大胆得多，且其风格更接近中欧建筑——特别是巴伊亚、伯南布哥和米纳斯吉拉斯诸州。这一或许令人惊讶的联系可以追溯到斯瓦比亚建筑师约翰·弗里德里希·路德维希（1670—1752 年）在里斯本若昂五世宫廷中的影响（见第 5 章），也可以追溯到从德国传来的洛可可印刷书籍，还可以从移民到巴西的德国建筑师身上寻找渊源。18 世纪 20 年代以后，巴西教堂开始出现椭圆形平面、洋葱穹顶和凸起的正立面，正如维森海里根神殿一样（图 150）。这些教堂也经常以有幻觉天顶壁画而自豪，这些壁画是安德里亚·波佐和中欧教堂风格的（图 6、图 121）。奥林达的圣本托本笃会修道院的祭坛内饰（图 218）就把丰富的镏金洛可可木艺与何塞·埃洛伊（1785 年）创作的幻觉式天顶画《坚信本笃会规》（1785 年）结合起来。与德国内饰不同，圣本托本笃会修道院没有使用灰泥装饰（甚至天顶壁画都画在木头上；这在潮湿的热带气候下是不明智的），但马斯特·格雷戈里的镏金雪松雕刻也达到了一些相同的效果：木制的“帷幔”从天花板上垂到墙面，装饰得有些过分的祭坛三角形山墙穿透了天顶的结构，直达幻觉主义式的主教法冠处。圣徒格雷戈里、圣徒本尼迪克特和圣女思嘉童贞的雕塑由本笃会修士弗赖·何塞德·圣安东尼奥·维拉萨创作。这些雕塑足够小，这样一来它们就可以被放在屏风的涡卷饰和藤蔓中，就如在托莱多大教堂中的透明祭坛那样（图 104）。在祭坛的中心壁龛中，洛可可涡卷饰样的三重底座用来支撑圣母的雕像，而

图217
圣马利亚教堂内饰
18世纪
托拿特新特拉
墨西哥

圣母被一个小的贝尼尼式的旭日所包围。虽然祭坛和其他木制装饰的细节的风格是受蒂班耶什（葡萄牙）的本笃会的圣母大教堂的内饰所启发的，但巴西教堂的雕刻更大胆，也更加完整。

除了建筑以外，雕塑是拉丁美洲最多产且最成功的艺术媒介，尤其是在今天的危地马拉和厄瓜多尔。所谓的基多学校（School of Quito），是 1660—1800 年北安第斯城市的一组作坊，他们奠定了巴洛克最精致和最具动感的雕塑传统之一。基多学校的雕塑以人性化和优雅为特征，可与其西班牙原型（图 94）一较高下。小型木制多色雕塑，例如一个作者不详的雕塑《忧患之主》（创作于 18 世纪下半叶），被放置在有钱人的私人祈祷室中，以提醒其所有者生命的短暂（图 219）。它对基督肉体折磨的强调，与那些流行的方济各灵修手册中的主题相呼应，且其和许多拉丁美洲的耶稣受难雕塑一样，这些作品夸大了这种凄惨来激怒观看者：在这里，基督的身体中喷涌出血液，他的膝盖骨从皮肤中突出，甚至头发和衣纹都在一个喷薄的情绪中激昂飘荡。一些学者提出，拉丁美洲对耶稣受难的血腥图像的热衷，反映出了这些美洲印第安人把自己所遭受的压迫感带入到了基督的身上。基多的雕塑家使用了高度发达的劳力分配系统，雕塑的每个部分都有一个专攻此领域的艺术家团队来完成：头部、手、身体、上色、镏金以及嵌入玻璃眼球和植入人的头发来为雕塑增加直观性。两个最著名的基多雕塑家是混血儿伯纳多·德·耶格达（死于 1773 年）和美洲原住民曼努埃尔·奇利·卡斯皮卡拉（活跃在 18 世纪下半叶）。

图218
祭坛内饰
圣本托本笃会修道院
1783—1786年
与何塞·埃洛伊的《坚信本笃会规》
1785年
木版油画
奥林达（巴西）

另一种拉丁美洲的雕塑传统则尽量避免涉及身体层面的痛苦，旨在创造一个超脱世俗的宁静的作品，像东正教的圣像那样，这些作品强调的是主题的圣洁性。在巴拉圭，瓜拉尼美洲印第安人在耶稣会传教时所制作的雕塑（17、18 世纪）是由精英雕刻家用巨大的硬木雕刻而来的，对这些雕刻家来说，瓜拉尼人的萨满教能力是从他们本体的信仰中生发出来的。事实上，雕塑家被称为“santo apohava”——字面意思是“圣徒制造者”——暗指艺术作品直接分享了这些作品所代表的人物形象的神圣性。17 世纪下半叶的《死

图219
基多作坊
《忧患之主》
厄瓜多尔
18世纪下半叶
绘制
木上彩色
52 cm×18 cm×22 cm
奥斯瓦尔多・维特收藏
基多（厄瓜多尔）

图220
瓜拉尼作坊
《死亡的基督》
17世纪下半叶
木上彩色
圣伊格纳西奥
博物馆
巴拉圭

亡的基督》（图 220）直接表现了基督受难时的折磨。基督是僵硬的，但很平静，和基多的基督比起来，其肌肉、骨骼、头发和胡子被减少成了死板对称的几何图案。瓜拉尼的基督脱离了人类苦难的世界，与基督作为一个大萨满的本土概念相一致，大萨满是一个将人类带到瓜拉尼天堂的宗教人物。

其余融合基督教和非基督教文本的图像，则更加不加掩饰地显示了这种融合。著名的 18 世纪绘画《波托西富山的圣母》（图 221）由一位现位于玻利维亚的美洲印第安艺术家创作，其把一个被称为帕恰玛玛（意味“地球母亲”）的安第斯山神与基督教最高级别的母神圣母马利亚结合起来——她的脸和手奇迹般地在山腰处出现。这幅画作中出现的这座山有着十分明确的出处：它就是富山，或称塞雷里科（Cerro Rico），是美洲最重要的银矿，也是一个全安第斯山的美洲原住民都要在骇人听闻的条件下被迫轮流出工的地方。由于他们的辛勤劳动中夹杂着令人震惊的恐惧，这些原住民就寻求帕恰玛玛的援助，帕恰玛玛化身在富山，且根据传教士的记载，早在 1559 年，山上就有了秘密的献祭。这幅画被整齐地分为安第斯领域和欧洲领域。山上描绘着安第斯山原住民形象以及他们的羊驼群，还画了一个故事：一个名为瓜尔帕的安第斯牧羊人告诉印加国王瓦伊纳卡巴克，他在山上发现了银矿。这位艺术家冒着风险，描绘出了身着皇帝盛装的印加大帝，而在当时，西班牙人认为这类图像是具有煽动性的。山的两侧有太阳和月亮，这是印加帝国级别最高的两位神明（图 191）。画面中的欧洲区位于山底，在那里皇帝查理五世、教皇保罗三世、一位红衣主教、一位主教和一位阿尔坎塔拉皇家修会的成员跪在地球的两边，向圣母马利亚致敬。或是在向帕恰玛玛致敬？西班牙人应该是不知道这种阐释的，但这肯定是非常具有煽动性的。

第 6 章中的一部分在讲巴洛克和洛可可的蜉蝣艺术，特别是游行和为服务游行而建造的临时建筑。这类活动是西班牙和葡萄牙美洲殖民生活的中心，从恩德拉达斯（迎接新西班牙总督的礼仪）到巴西米纳斯吉拉斯州的黑人团体举行的“刚果之王”化装游行，无不彰显着这一点。这些活动到底是什么样的，比起欧洲，这里的蜉蝣艺术留下的证据不多，所以我们不得不主要依赖于文字描述来想象当时的场景。然而根据少量画作，如混血画家梅尔乔·佩雷斯·奥尔金（约 1660—1724 年之后）的《总督莫尔西略进入波托西的恩德拉达斯》，可以看出，这里的活动和欧洲的非常相似（图 222）。恩德拉达斯是一个复杂的仪式，集合使用了欧洲、美洲原住民甚至非洲的象征手法，以强调人民的团结。仪式涉及数日的游行、音乐和戏剧表演、宗教仪式、斗牛和布道。奥尔金的油画展示了弗赖·迭戈·莫尔西略·卢比奥·德·奥尼翁（一个三位一体的修道士）进入波托西的仪式，他在 74 岁（1716 年）的时候成了恰尔卡斯（今天的苏克雷）的大主教，而且也成了秘鲁的临时总督，这意味着他要从位于波托西的山区的家乡，走到沿海的利马，这是一个艰苦的、超过 1000 千米的行军。这幅画是由波托西市政府委托创作的，目的是要记录下他穿过这座城市的凯旋之旅。这一庆祝活动要耗费他们 15 万比索的巨资。游行路线的装饰手法融合了当地的、古典的和欧洲基督教的符号，而这是典型的西班牙—美洲恩德拉达斯风格。沿着游行路线的建筑物的墙壁和窗户上，挂着安第斯纺织品和希腊神话主题的画作，如《罗得斯岛上的太阳神巨像和伊卡洛斯之坠落》。画面最右侧的木头和帆布搭建的凯旋门中，装饰着假大理石所罗门立柱、尖顶饰、石膏雕塑、装着金色画框的画作和刻着铭文的镶嵌板——凯旋门上的图像设计和镶嵌板上的铭文文字可能是由一个当地牧师来完成的。总督坐在一个丝绸的轿子上，陪同在其身边的是一个营的陆军、当地贵族（包括美洲印第安人精英）和教会领导层的成员。在画面左上角，一对小型场景分别展示着总督到达大教堂的画面和以他的名义在市长广场上进行的夜间表演。因此，虽然这次活动规模较小，而且是在一个偏远且缺氧的海拔高达 4090 米的城市举行的——相比之下勃朗峰是 4810 米高——但莫尔西略总督的游行与巴洛克欧洲的美第奇、哈布斯堡和波旁的游行遥相呼应。

亚洲最早的巴洛克艺术和建筑出现在葡萄牙殖民地和葡萄牙领地外的天主教传教区。多明我会教徒首先抵达印度（果阿，1510 年），

图221
《波托西富山的圣母》
玻利维亚
18世纪
布面油画
134.6 cm × 104 cm
国际铸币厂
波托西

图222
梅尔乔·佩雷斯·奥尔金
《总督莫尔西略进入波托西的恩德拉达斯》
玻利维亚
1716年
布面油画
2.3 m × 6 m
美洲博物馆
马德里

1517 年方济各会的修道士紧随其后到达。但在印度，在传教活动和艺术赞助的数量上，耶稣会（1542 年）的贡献都无人能及。耶稣会修建的教堂和学院通常都体量巨大，且遍布果阿和其周边区域，勃生、达曼和第乌的殖民地也是如此，第乌是壮观的圣保罗教堂（图 223）所在地。大量的印度雕塑家和画家为这些教堂的建设做出了贡献，然而我们已经无法得知他们的名字了。大部分雕塑家和画家都从殖民地以外的村庄中来，并一直保持着他们的印度教和伊斯兰教信仰。这些人带来了他们几个世纪的图像传统，在他们为新的宗教创作艺术作品的时候，这些图像传统就融入其中。他们创作出的艺术杂交物和南安第斯山脉的那些很像（图 216）。那些幸存下来的建筑装饰、木制雕塑、布道坛和唱诗席，是欧洲图像与当地的装饰图案、人像风格的混合，而且都有丰富的、出自本地的植物和动物的装饰。圣保罗教堂装饰精美的正立面有着文艺复兴时期的立柱和壁柱、精美的由涡卷饰和女像柱组成的窗框，以及由扇形涡卷饰组成的龛。但其正立面还装饰有印度玫瑰花和花环，装饰带上还有伊斯兰几何蔓藤花纹和由纹章镶嵌板组成的边框。

图223
圣保罗教堂
1601年
第乌（印度）

印度混合风格也体现在 18 世纪的圣耶稣教堂的讲道坛中（图 224），这座教堂是耶稣会在亚洲的总部。其有丰富的印第安植物和动物雕刻，还有一个由半裸女像柱组成的圆环。这些雕刻不仅遵循着欧洲雕刻传统，也同时遵从着印度教传统：人像敦实、僵硬，而且主要刻画了人物的正面；她们面无表情，穿着中带有印度服装的元素，比如珠子项链。印度教雕刻家在装饰印第安殖民地教堂时所表现出的能力如此不凡，早在 1545 年就有了称赞这些雕塑家的记录。这样的雕刻师变得非常常见，以至于殖民地当局反复试图禁止非基督教雕塑家参与创作，因为他们害怕这些雕塑家会破坏基督教图像，正如一个 1588 年的法令所说的：“外邦人画家和其他异教工匠，在制作我们的神圣基督教宗教的图像和人像时，尽管他们很讨厌他们所做的事情，但是可以看出，他们展示出了卓越的技巧，（我们）命令基督徒不能委托一个异教画家绘制神圣图像，或委托他们做其他任何与神圣崇拜有关的事情。”有时艺术家会被要求皈

依，这是他们合同的一部分。例如，1591年，在科钦，印度教雕塑家就皈依了基督教，并在耶稣会学院教堂雕刻出第一个布道坛。但是几乎没有证据表明在委托结束以后他们还保持这种信仰。但是这种影响也是相互的：那些为类似圣耶稣教堂的布道坛工作的雕塑家，也把巴洛克式建筑特征用在了自己村庄中的印度神庙里。

图224
讲道坛
18世纪
圣耶稣教堂
果阿（印度）

果阿主要依靠印第安雕塑家来装饰他们的教堂，这些教堂本身简朴得可怕，因为这些建筑通常是由军事建筑师建造的。但也有证据表明，斯瓦希里当地的雕塑家也为这些建筑项目做出了贡献，特别是莫桑比克岛上的圣保罗耶稣会教堂的祭坛（图225）。教堂建于 1603—1634 年，它的三层木制的主祭坛至少在 18 世纪早期就完成了。祭坛的建筑语言是巴洛克式的，有着所罗门立柱，顶部有神龛，七个壁龛的上部装饰有阿坎瑟斯叶。但是，装饰柱基的花朵装饰图案、带状装饰的中间部分和上部，以及三角形山墙都与斯瓦希里大门雕刻密切相关。这是一个在沿海城市——如拉姆岛、琼巴·拉·姆

图225
祭坛
17世纪晚期或18世纪初期
圣保罗耶稣会教堂
莫桑比克岛

特瓦纳和蒙巴萨岛（肯尼亚）、桑给巴尔岛和基尔瓦岛（坦桑尼亚）——和其他位于今天的莫桑比克的宜居地中，非常流行的产业。斯瓦希里文化融合了非洲和阿拉伯元素，并且成为斯瓦希里门的主要特征，门上有阿拉伯式花卉涡卷饰和浮雕，这出自阿曼贸易商给当地带来

的伊斯兰原型。这些艺术品非常昂贵，且彰显着拥有者的地位，在 1587 年葡萄牙洗劫法萨村的时候，村民随身保管着这些门。就像这些斯瓦希里雕塑师最宝贵的家庭财产一样，他们将这样的装饰放在祭坛中，也就把威望和价值注入了祭坛里。

亚洲最著名的混合风巴洛克建筑是上帝之母教堂壮丽的正立面，它被称为圣保罗教堂，位于中国澳门（图 226）。这一耶稣会教堂的正立面是由意大利耶稣会士卡洛・斯皮诺拉和乔瓦尼・尼科洛设计的，在 19 世纪的台风中被摧毁。一眼望去，它像是一个标准的早期罗马巴洛克式教堂，那些自立支撑的立柱排列的目的，是用来强调正立面的中心部分、壁龛中的雕像、尖顶饰和三角形山墙。 但是由来自中国的雕塑家——可能还有日本雕塑家——雕刻的正立面雕塑装饰，则讲述了一个完全不同的故事。在正立面顶端，方尖碑由狮子支撑着，这些狮子向下凝视着，好像处在佛教寺庙中一样。甚至基督和圣母马利亚的衣纹都是由斜线构成的，还有被风吹过的特点，这些都是佛教人物雕塑的特征。正立面上还有诸如中国云的涡卷饰和鲤鱼的图案，二者均来自传统的中国绘画、瓷器等艺术之中。天使和被称为“飞天”的飞翔的佛教神明异常相似，而在正立面出现了中文的阐释性文字，这在基督教建筑中是第一次，而这也进一步强调了正立面的中国特点。

在中国的传教士比在日本或者南亚的传教士面临着更为严峻的文化挑战，尤其是在艺术方面。只有在传教内容符合中国传统的情况下，中国的皇帝和文人（知识分子精英）才能容许传教行为。传教艺术必须遵守中国传统的艺术品位——至少在官方层面上要遵守，这是不容违背的。但同时，为了获得市场优势，非基督徒的中国艺术家就像果阿的印度教雕塑家一样，也是以西方的方式来制作基督教图像。 1561 年 12 月，第一个天主教传教团还未在中国出现，一位葡萄牙贵族描述了一个中国工作坊，那里在大量生产佛兰芒风格的基督教灵修画，还生产游行旗帜和象牙雕刻。这是以贸易名义用中国技巧模仿西方产品的首批记载之一。在未来两个世纪里，伊比利亚人购买了数以千计的中国制造的基督教艺术品。在中国福建、

图226
圣保罗教堂
始建于1601年
澳门

澳门和马尼拉的中国工匠深知他们的市场，并用高度复杂的知识满足了这些奇怪的外国人所提出的具体的图像需求。一个活动的雕塑《直立基督》（现藏于中国澳门圣多明各教堂的神圣艺术博物馆中）（图 227），展示了对伊比利亚和拉丁美洲木雕的深刻理解，和其原型一样，这件雕塑也有那种人性的感觉，有着现实主义的表现风格，同时也彰显了基督的痛苦（图 94、图 220）。事实上，只有它的亚洲容貌能暗示出它是由中国工匠制作的。

在世界范围内，最引人注目的巴洛克教堂之一是规模巨大的防震的奥古斯丁教堂，其坐落于菲律宾吕宋岛北部（图 228），由弗雷尔・安东尼奥・埃斯塔维略委托，并在 18 世纪的第一个 10 年落成。这座建筑巨大且宽广，又矮又宽的轮廓线占据了瓦瓦河的南部山谷。其正立面非常简朴：它被扁平的壁柱分隔为七个部分，装饰物只有少量的空龛和一对在三角形山墙角落处的涡卷饰。使这个教堂与众不同的是其处理屋顶线的方法，以及屋顶线上那强壮的、肢体状的扶壁。扶壁顺着侧面一字排开，看上去像是蜈蚣的腿似的。正立面屋顶上被冠以巨大的栏杆状尖顶饰，以及低低的、起伏的开垛口（crenellations），而扶壁是巴洛克涡形花样的变体。扶壁延展到墙面之外的很远处，以至于正立面看起来是实际的两倍宽。弯曲的轮廓线和栏杆尖顶饰的组合不断重复出现，好像永无止境，这让教堂与一座 9 世纪佛教寺庙产生了一种不同寻常的相似性，这一寺庙位于爪哇中部的婆罗浮屠中。这促使一些学者认为，位于今天的印度尼西亚的工人协助建设了这一教堂。虽然这样的解释似乎不太可能，但毫无疑问的是，这座纪念碑用了非常原创的手法来使用巴洛克语言，而侧面门廊附近的中式花朵和云纹可能是由中国雕刻家添加上去的。扶壁的尺寸和高度主要是跟防震和防台风相关，与美学的关系不大，且如果教堂的传统茅草屋顶着火了，它们还可以帮助人们灭火。

图227
澳门作坊
《直立基督》
17世纪或18世纪
神圣艺术博物馆
澳门

另外，一些非欧洲文明自愿选择了巴洛克和洛可可形式。与俄罗斯类似，一些地区这样做是为了从西方学习最新的技术和风格，而其他地区则是为了寻求这些外来形式的美学特性：它们的装饰属性，以及在绘画中它们暗示情感和第三维度的能力。在这些艺术碰撞中，最引人入胜的出现在埃塞俄比亚、波斯和莫卧儿印度的皇家宫廷中、日本军阀的城堡建筑群里，但最主要的还是出现在奥斯曼土耳其和清代中国。在这两个国家中，赞助人和艺术家仔细筛选巴洛克和洛可可元素以适应他们的需要，并把这些元素嫁接在本质上是非欧洲的形式之上。采纳欧洲装饰图案不应被解释为对西方文化

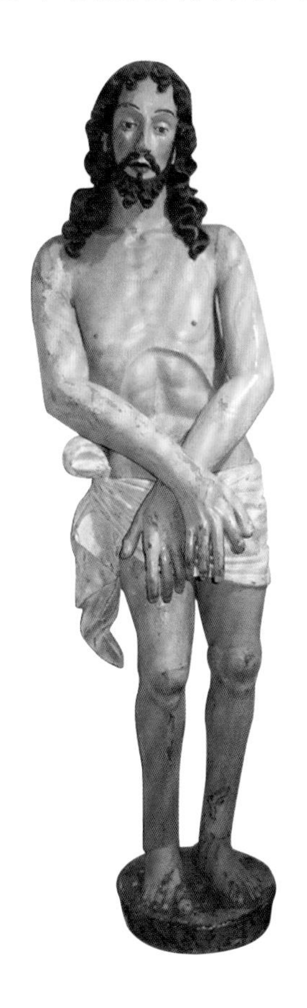

的投降，土耳其和中国没什么好怕西方的，且他们对外国风格的兴趣，也不亚于洛可可欧洲对中国和日本风格（图 168、图 174）或对莫卧儿印度（图 169）风格的迷恋。最繁荣的混合风格出现在那些地方传统仍然足够强大，能阻止西方元素的入侵，且自信和创造性的实验精神依旧盛行的地方。

虽然在本书讲述的大部分时期之内，奥斯曼土耳其是地中海地区的痛苦之源，但事实上，描绘土耳其俘虏的图画和对欧洲胜利的描绘——如勒班陀战役——是巴洛克和洛可可艺术家永恒不变的热门主题。这两个地区的关系在 18 世纪初得到改善，奥斯曼土耳其人开始与法国和其他西欧国家互建大使馆。苏丹艾哈迈德三世（1703—1730 年在位）希望研究欧洲先进的技术和军事，故于 1721 年在巴黎和凡尔赛建立使馆。奥斯曼土耳其人针对巴洛克和洛可可风格进行的实验紧随其后，这种风格被称为“土耳其巴洛克”或“土耳其洛可可”，这也是该时代最原始和富有想象力的文化融合之一。穆罕默德·切莱比大使对路易十五宫廷的宫殿、花园和家具的描述掀起了一股西方学潮流，而这也让人想起法国自己对亚洲异域情调的追捧。这一潮流的主要支持者是总理达马特·易卜拉欣·帕夏（死于 1730 年），他对欧洲钟表、家具和绘画的喜爱掀起了一阵热潮。这一新的趋势在建筑和建筑装饰中表现得尤其明显，因为这一时期就是以大量建筑项目而著称的。喷泉、乡间别墅、花园、浴室、亭阁甚至清真寺中，都开始出现了凹凸不平的三角形山墙、成捆的壁柱、科林斯式的柱头、奢华的涡形花样、贝壳图案和洛可可涡卷饰，甚至还出现了一些巴洛克建筑中的空间安排方式。

图228
奥古斯丁教堂
始建于1694年
抱威
吕宋岛（菲律宾）

一批西方印刷书籍和版画在奥斯曼土耳其帝国的出现，加速推动了这一混合风格的发展，这些书籍和版画可能是由穆罕默德·切莱比于 1721 年从巴黎回国时带回去的。其中包括卡罗·丰塔纳的水利工程的论文、安德里亚·帕拉第奥的建筑著作、洛可可设计大师弗朗索瓦·布隆德尔的著作、让-安东尼·华托的田园场景绘制指南、约翰·戴维·弗拉肯的花园设计指南，还有一些讲述凡尔赛宫和其他法国宫殿的插图书籍，另外还有在上一章中讨论过的烟火表演的版画（图 206、图 207）。欧洲艺术家，如让-克劳德·弗拉沙（从 1740 年就定居在伊斯坦布尔）也被邀请到宫廷，做宫殿装饰方案的顾问。土耳其巴洛克建筑避免盲从欧洲风格，部分原因是，虽然奥斯曼土耳其建筑师会参考西方书籍和版画，为他们的建筑寻找装饰图案，但他们从来没有复制过完整的正立面、平面或外立面，而是仅仅把这些欧洲建筑作为典范。整体的建筑外立面的设计观点，对伊斯兰传统来说是格格不入的，但是这些建筑广泛地使用了欧洲的底层平面设计思想，通常这些平面是网格状的。

土耳其巴洛克式建筑发展可分为两个阶段。第一个是古典奥斯曼帝国传统和洛可可装饰的微妙结合，这一阶段从 1721 年持续到 1730 年，到易卜拉欣·帕夏的暗杀和艾哈迈德三世的退位为止，这一阶段的特点是开始对喷泉和花园建筑产生了兴趣。第二阶段从 1740 年左右开始，古典奥斯曼帝国元素让位于更为大胆的、三维层面上的对西方形式的实验，新的装饰图案不仅变得更厚重、更可塑，加入了巴洛克风格的三角形山墙和檐带，且建筑平面开始弯曲，像他们的巴洛克原型那样呈现出弧度。可能是受到巴黎的启发，艾哈迈德三世振兴了伊斯坦布尔的水渠和饮用水系统，并开辟了公共广场。他建造了两个宏伟的水宫，其中最有影响力的在托普卡帕宫的大门处（图 229）。一个奥斯曼帝国风格的塞比利喷泉（一个传统的饮水泉）第一次占据了一个公共广场的中心位置，就像一座巴洛克式喷泉一样。只是在这个喷泉中，根据奥斯曼帝国的传统，水是在建筑内部的。水宫屋檐向下的一面还装饰着洛可可镶嵌板和浮雕装饰，除此之外，底层平面和外立面完全遵循着奥斯曼帝国的传统，上面装饰有复杂的蔓藤花纹和彩色瓷砖。后来，喷泉变得更轻更灵活，建造在几乎透明的洛可可结构构架上。阿卜杜勒-哈米德一世喷泉是由艾哈迈德三世的儿子在 1777 年建造的（图 230），毗邻泽伊内普·苏丹清真寺（1763 年）的大门。与艾哈迈德三世喷泉不同，阿卜杜勒-哈米德一世喷泉完全由欧洲建筑构建和装饰组成。墙面被分成一块一块的镶嵌板，且设计这些镶嵌板的结构和装饰的灵感都来源于布隆德尔的洛可可内饰。事实上，喷泉看起来就像一个从里面翻到外面的法国沙龙大厅。这一塞比利喷泉的墙面像瓜里尼的建筑一样向外压（图 112），且窗户、涡卷装饰镶嵌板和龙头上方盲拱的轮廓都是曲线形的，但是建筑的基本形状仍然是古典的奥斯曼帝国风格。

图229
托普卡帕宫大门处的艾哈迈德三世喷泉
1728年
伊斯坦布尔

从术语角度来说，“巴洛克清真寺”似乎是一个矛盾，因为我们还指望着伊斯兰宗教结构能免受西方的影响。然而，在伊斯坦布尔的大市集附近，由苏丹马哈茂德一世下令修建的皇家清真寺——奴鲁奥斯玛尼耶清真寺不仅融入了欧洲巴洛克和洛可可的风格，而且还借鉴了其空间的概念（图 231）。它的庭院平面不是传统的直线式样的，而是有着弯曲的线条，半圆形的后殿和耳堂让人联想起巴洛克式的教堂。清真寺的外饰创造性地采用了欧洲建筑特点，如沉重的、起伏的檐带，环绕在穹顶鼓座一周的弯曲的扶壁，以及墙壁上的壁柱。巨大的檐板向下倾斜，把门楣与扶壁连接起来，令人想起波洛米尼的作品（图 3）。凑巧的是，库斯科市的康培尼亚也采用了这一方法（图 215）。穹顶也由涡卷形的扶壁支撑着，这可能是以哈杜·芒萨尔特在巴黎荣军院的穹顶为模型建造的（图 145），宫廷图书馆还收录了关于这座建筑的两本专著。鼓座顶部的突出檐部、壁柱以及展开的柱头装饰也特别受到了西方建筑的启发。

中国也接受了巴洛克和洛可可风格，部分是出于对技术学习的欲望，比如学习透视学；部分因为清朝对异域风情的喜爱，这可能可以被描述为一个反向的“中国风”。中国宫廷在明朝末期（1368—1644 年）就开始对意大利文艺复兴时期的艺术表现出些许的兴趣，因为自 1580 年以来，耶稣会传教士就往中国带去了许多西方版画和绘画。然而，只有在清朝以后，特别是在乾隆皇帝（1736—1795 年在位）的赞助下，中国宫廷才开始拥抱欧洲艺术——也就是当时的巴洛克和洛可可 。因为那时，中国对西方异域情调的喜爱达到了顶点。此时，耶稣会传教士也参与了进来，但这在很大程度上违背了他们本身的意志，因为皇帝把所有在艺术上有天赋的天主教传教士都招进宫里为宫廷服务，成为中国的特别雇员。他们什么都做，从肖像、珐琅制品、陶瓷装饰、时钟到建筑。其中最有名的是郎世宁（1688—1766 年）、王致诚（1702—1768 年）和蒋友仁（1715—

1774 年）。他们的大部分工作是绘制赞颂统治者的颂图，且必须要用传统的中国规范进行绘制，也就是要在丝绸卷轴上用线性风格作画，而且还只能表现中国主题。乾隆皇帝在他的宫殿和休闲花园中，更喜欢那些较为纯粹的巴洛克和洛可可风格作品。

图230
阿卜杜勒-哈米德一世
喷泉
1777年
伊斯坦布尔

图231
奴鲁奥斯玛尼耶清真寺
1748—1756年
伊斯坦布尔

典型的就是《穿军装的香妃》（图 232），是为乾隆皇帝喜欢的妃子所作的系列肖像中的一幅，此系列中所表现的人物受到了华托和布歇的启发，模特们都穿着洛可可服装，画面布景也是洛可可风格的。传统上认为，这些画都是郎世宁画的，但这些作品也很可能是郎世宁众多中国学徒之一的作品。虽然是以中国绘画方式在纸上作画，但这批作品却是用油画颜料画的，也就是作画媒介不同，而中国传统是使用墨和水性颜料作画。和皇帝的公共委托作品相比，这批作品具有更亮的色调和更深的阴影。在这幅画中，香妃装扮成罗马战争女神贝洛娜，戴着闪闪发光的胸甲和羽毛头盔，并且画面

中的颜色在发光：明亮的蓝天和鲜亮的红色的袖子、羽毛和嘴唇。艺术家通过描绘盔甲上的光线效果和塑造脸部及手上的微妙造型，展示了其对西方光影法和其他幻觉技巧的敏锐理解，而背景中的火焰和搅动的云团则增强了作品中那种巴洛克式的动感。这个系列中的某些画作里，香妃装扮成了牧羊人，这呼应着法国女王玛丽-安托瓦内特最喜欢的娱乐：在凡尔赛宫中，她有一座被称为小村庄的模拟村落，她喜欢穿着乡下人的衣服待在村落里（1780 年）。

乾隆皇帝最具野心的洛可可项目是位于北京郊外的皇家夏宫圆明园，其由一系列花园凉亭、音乐厅、迷宫、喷泉、波光粼粼的水塘和专供欣赏透视绘画的场馆构成。这是由乾隆皇帝构思、郎世宁和蒋友仁设计，由中国石匠、砌砖工、园丁和水管工共同建造的（图 233、图 234）。与同时代的奥斯曼帝国一样，郎世宁和蒋友仁有一个欧洲的文献库，其中包括三个版本的维特鲁威的《建筑学》，还有贾科莫·达·维尼奥拉、文森佐·斯卡莫齐、安德里亚·帕拉第奥、乔万尼·鲁斯科尼和雅克·安德鲁埃·迪塞尔索（1520—1585年）所著的文艺复兴时期的建筑手册，安德里亚·波佐和安德烈·菲利比安的巴洛克和洛可可设计书籍——前者的《建筑绘画透视》在1729年就被译成了中文，还有卡罗·丰塔纳和乔万尼·巴蒂斯塔·巴拉蒂耶里的研究喷泉建筑的著作。在圆明园，乾隆皇帝展示了他收

图232
郎世宁或其学生
《穿军装的香妃》
18世纪下半叶
油画颜料
台北“故宫博物院”
台北

藏的欧洲绘画、洛可可钟表和“艺术品”，与他的家人、嫔妃和亲信一起度过一段彼特拉克式的休闲时光。1860 年，圆明园被英法联军摧毁，但部分白色的大理石砖石结构保存了下来，上面带有花卉花环、贝壳饰、涡卷饰和其他洛可可风细节。我们所了解的圆明园的知识大部分来自 1783—1786 年，乾隆皇帝委托伊兰泰创作的系列纪念铜版画。虽然那喷涌的喷泉、宏伟的楼梯、突出的侧翼建筑和洛可可式窗框让我们想起德累斯顿的茨温格宫（图 137），但这一装饰建筑本身是一个保守的东西方混合体，有传统的中国重檐顶、瓷砖、木门，一些中国装饰物和青铜生肖兽首被放置在本身用来陈列古希腊罗马神明的地方。乾隆皇帝也禁止裸体雕像出现在他的花园里，因为在那时的中国艺术中，裸体还不是可以被接受的主题。像整个欧洲的巴洛克和洛可可花园一样，圆明园使用令人印象深刻的水利工程和平静的、有倒影的池塘——一个巨大的、被称为“福海”的地方——来象征皇帝在整个园林中至高无上的地位。但是他们仍然将洛可可风格视为玩物，并认为它不适合出现在公共场合，在皇室宫廷中巴洛克和洛可可艺术只是昙花一现。

人们经常指出，巴洛克和洛可可是“宽容”的风格，它们对规则和界限的鄙夷让它们异常容易接受改变，接受花哨的艺术风格、接受世界范围的区域变体。从某种程度上来说，这种说法是真实的：它们对新颖性和创造力的喜爱鼓励了包容性和开放性，且它们参与到了复杂和矛盾的人类环境之中，这使巴洛克和洛可可有了一种很多风格所没有的那种平易近人。这一综合性的文化扩展得极远，直达本章所述地理范围之中。不光是几个屈指可数的大都市中心有巴洛克和洛可可的产物，除了罗马和巴黎的街道和沙龙之外，巴洛克和洛可可也产生于果阿和秘鲁的谷地、斯瓦比亚和摩拉维亚的农田。在欧洲文化首都之外的巴洛克和洛可可的艺术和建筑，呈现出了截然不同的当地风格，这一自我呈现不仅仅是母体风格的地方效仿，既具地方化，也有国际性。巴洛克和洛可可不仅在官方机构里发展，其在流行文化层面也一样兴旺。巴洛克和洛可可是大众的也是精英的，可以同时表现出欧洲和非欧洲的价值。但是我们不应该掩饰的

图233
郎世宁和蒋友仁
《皇家夏季行宫圆明园中的海晏堂北立面》
（中国）
园林于1783年建成
版画
约1785年
法国国家图书馆
巴黎

图234
皇家夏季行宫圆明园中的欧洲建筑残骸
1783年建成（中国）

是欧洲权贵把这种毫不妥协的强权审美强加给那些恰恰在制作和消费巴洛克和洛可可艺术的人身上。这一压迫最为残暴的地方，不仅出现在拉丁美洲等地，也出现在暴君路易十四的宫廷里，以及那更加教条的巴洛克教皇的政权中。

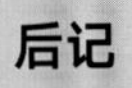

图235
约翰·康拉德·施劳恩
王子主教宫殿
1767—1773年
明斯特（德国）

在有关 18 世纪艺术的文献综述中，大多数人认为洛可可在 18 世纪中叶就已死亡，仿佛新古典主义在欧洲的进军是迅速且坚定的。然而，正如我们所看到的，中欧洛可可修道院的黄金时代延伸到了未来的 20 年，像约瑟夫·安东·梅斯梅尔这样的艺术家在 1815 年还在瑞士农村绘制幻觉主义的天顶壁画（见第 3 章）。在这一风格所谓的“死亡”之后很久，洛可可艺术和建筑中的一些最重要的人物依旧十分活跃。约翰·康拉德·施劳恩（1695—1773 年）是明斯特王子主教的宫廷建筑师，也是整个忠实的天主教明斯特地区的赞助人的最爱，他在 1773 年完成了富丽堂皇的王子主教宫殿，其有着一个隆起的正立面和超大的云隙阳光浮雕（图 235）。《邦热苏斯的先知做马托齐纽斯》（图 236）是晚期洛可可雕塑中最重要的群雕之一，雕塑中塑造的人物舞蹈般的姿态和面孔以及层次分明的、有绘画性的衣纹，和阿萨姆的灰泥粉饰一样有着那种轻盈的感觉。这组群雕由混血艺术家安东尼奥·弗朗西斯科·里斯本（1730 / 1738—1814 年）创作，他也被称为“阿莱雅迪尼奥”，他于 1800—1803 年待在巴西工作。在拉丁美洲更偏远的地方，如危地马拉或秘鲁的科尔卡峡谷，被赶出大都市学院的非白人艺术家在美洲印第安人中找到了热情的赞助人，直到 19 世纪 50 年代，仍有巴洛克和洛可可教堂在那里建成。

学者们还指出洛可可一直吸引着启蒙运动的主要支持者的兴趣：卢梭是弗朗索瓦·布歇的赞助人；普鲁士的腓特烈大帝（1740—1786 年在位）热衷于收藏华托的作品（他在无忧宫的花园宫殿是世

界上最奇特的洛可可建筑工艺之一；图 237）；甚至洛可可最激烈的批评者们都赞扬了布歇的画。例如哲学家和百科全书家丹尼斯·狄德罗（1713—1784 年），他勉强承认道，布歇是“我们的学校的荣耀”之一，他有描绘妇女的“特殊天赋”。雕刻家查尔斯·尼古拉·科钦（1715—1790 年）于 1754—1755 年在法兰西《信使》杂志上公开发表了反对洛可可装饰的宣言，但他辩护道，布歇是“表现（历史画）题材的一位伟大的画家”。同样，洛可可文化的领袖人物们也委托新古典主义作品的创作。蓬巴杜夫人是布歇的拥护者，也被认为是洛可可“轻浮”的典型代表，她委托在凡尔赛宫建造了小特里亚农宫，这是一个沉着和端庄的古典主义纪念碑，可与格林威治的皇后居所相提并论（图 238、图 141）。我们在后文要说到的法国万神庙是新古典主义的代表性纪念碑，但其是由路易十五建立的（图 241）。即使在艺术的发展中反复呈现出典型的新古典主义特征——英国的“自然的花园”是最突出的表现之一，但其依然深受巴洛克和洛可可文化的浸染，这我已经在第 7 章讨论过了。

图236
安东尼奥·弗朗西斯科·里斯本
《邦热苏斯的先知做马托齐纽斯》
1800—1803年
孔戈尼亚斯（巴西）

图237
格奥尔格·温策斯劳斯·冯·诺贝尔斯多夫
无忧宫
1745—1747年
波茨坦

回到狄德罗，他于 17 世纪 60 年代在他举办的著名的沙龙中的言论（通常是关于布歇的）被频频引用，证明了 18 世纪下半叶的法国社会已经厌倦了洛可可，甚至对洛可可感到震惊。其中不乏很多有趣的言论，如那句著名的对布歇的嘲讽：“他画的裸体的女人，臀部和脸一样上满了胭脂。”虽然极少有作品能和布歇画作中明亮的色调或如书法般的曲线相媲美，但如他的《金星的诞生》（图 239）这样的作品，在一层薄薄的神话掩饰下满是粉红色，这就难以引起人们的重视。而这让我们想起布歇的批评者的说法，说布歇的调色板是受到女士的化妆品的启发。但最近有学者指出，沙龙没有反映出当时大多数艺术赞助人的品位。

当然，很少有艺术运动能和新古典主义一样，与巴洛克和洛可可之间产生如此鲜明的对比。新古典主义是 18 世纪 50 年代在罗马和巴黎开始的对古希腊罗马传统的学术复兴，更为严苛地呈现了菲利比安及其同类的学术理论，只不过比菲利比安晚了一个世纪（见第 2 章）。在许多方面，新古典主义是死板的，巴洛克和洛可可是

图238
昂热-雅克・加布里埃尔
小特里亚农宫
1762—1768年
凡尔赛

图239
弗朗索瓦·布歇
《金星的诞生》
1740年
布面油画
130 cm × 162 cm
国家博物馆
斯德哥尔摩

灵活的；后者华丽的地方前者朴素，后者具有包容性的地方前者是精英主义的。虽然艺术学院在巴洛克和洛可可时期诞生，但这两种风格是从个人学徒训练和传统的工作室训练的文化背景中诞生的。在这种文化中，出身卑微的人可以走到其职业的巅峰。波洛米尼从做石匠开始自己的艺术生涯；屈维利埃是一个宫廷侏儒；而梅尔乔·佩雷斯·奥尔金，其母亲是美洲原住民，但他成了波托西中最伟大的艺术家，波托西可是世界上最富有、最大的城市之一。新古典主义则抛弃了许多传统的教学方法，这样就有利于建立一个严格规范的学术课程项目，其中包括对人文艺术的研究，以及更为系统地去临摹古典典范。事实上，已出版的关于艺术理论的书籍直接主导了艺术，比如马克–安托万·洛吉耶的《建筑论集》（1753 年），其强调了理性和实用性。这些艺术理论书籍对艺术的主导，是天主教改革的论文作者也无法企及的（见第 1 章）。像马德里的圣费迪南德皇家学院（成立于 1744 年）、伦敦的皇家艺术学院（成立于 1768 年）和位于墨西哥城的圣卡洛斯皇家学院（成立于 1785 年）这类的机构，比传统的工作室权力更为集中，进入这些学院学习也很难。学生们需要有教育背景，而且有一定的社会优势——必须参与过昂贵的、对古典世界的“壮游”——还要为得到令人垂涎的入学奖学金而竞争，这些竞争都十分激烈，例如罗马法兰西学院的罗马大奖（成立于 1666 年）。也许最重要的是，新古典主义用一种考古学式的坚持来对待真实性，并以此来遏制洛可可式的创造性和实验性。

当然，最糟的新古典主义艺术和建筑，是从“恰到好处”地理解古典典范的渴望之中所枯燥地衍生出来的，而即使是最好的新古典主义艺术，与洛可可相比，看起来也是拘泥和冷酷的，但这一运动的目的并非要墨守成规，而是要用一种与当代社会相关的方式来使用古风及其理想。尽管它有着华而不实的道德规范和学术热忱，但新古典主义不是轻松和优雅的反义词——正是这些品质让其对今天的公众来说变得可爱多了。一个异常粗鄙的人才能不被罗伯特·亚当的内饰所打动，内饰中有精致的灰泥粉饰和上了色的、受

图240
罗伯特·亚当
餐厅
奥斯特利公园
始建于1761年
豪士罗（英国）

图241
雅克-热尔曼·苏夫洛
圣热纳维耶芙教堂（万神殿）
1758—1789年
巴黎

古希腊影响的装饰品。建筑位于伦敦附近的奥斯特利公园，和本书中讨论的其他内饰不同的是，建筑内部的原初家具几乎完好无损（图240）。餐厅中的灰泥蕾丝图案虽然源自古希腊陶器，但其中的叶状螺旋、花瓶、花环、奖杯和狮身人面像仍然和洛可可式的审美密不可分，墙壁上有一块一块的镶嵌板，其配色方案十分淡雅，灰泥镶嵌板上还有小的彩绘圆盘（由安东尼奥·祖奇所作；1726—1795年）。亚当评论说这是“希望能与优雅和壮丽同行”的房间，这一观点与热尔曼 ·博夫朗的不谋而合（图 163）。

虽然新古典主义与革命和新教的关系众所周知，但其诞生于法国波旁王朝衰落的年代。我们从一开始就已经在法国巴洛克中见证了一股强大的古典张力，正如朱尔斯·哈杜·芒萨尔特的建筑（图145）和普桑的绘画（图 52）所呈现的那样，但是在新发现的考古遗迹中，这种感觉被加强了。尤其是在 18 世纪 30 年代和 40 年代对庞贝和赫库兰尼姆古罗马城市的发掘，使得当时的人们对古希腊、古埃及和伊特鲁里亚人的艺术产生了新的热情。罗马法兰西学院促进了法国新古典主义的发展，罗马的学生们虔诚地临摹着古希腊罗马雕塑和建筑的原作或复制品。乔万尼·保罗·帕尼尼的画作（图73）展示出了学生们所画的罗马纪念碑的素描，这从一个理想化的视角让我们瞥见了一个学院中的作品，以及拉斐尔和普桑的作品。新古典主义绘画倾向于让人物形象的姿势和服装符合特定的古典雕塑或浮雕，并将人物置于一个呈现出惊人的考古细节的背景之中。比起罗马风格，新古典主义更喜欢希腊风格，他们认为古希腊风格更纯粹，且在美学的目标上更符合真正的古典。

最为壮观的新古典主义建筑之一是为路易十五修建的还愿教堂，但在 1789 年以后被回收，作为世俗主义革命的范例纪念碑。圣热纳维耶芙教堂（现在被称为万神殿）是法国最著名的公民的陵墓，由罗马法兰西学院的校友雅克–热尔曼·苏夫洛（1713—1780 年）设计（图 241）。建筑基于一个希腊十字平面上，相当于在一座希腊神庙顶部冠以穹顶。这座建筑投射出一个坚实、朴素和严格的古典形象，即使它的结构的组合从来不存在于古代之中，且受到了巴洛克建筑的启发，例如罗马的圣彼得大教堂或金色圆顶教堂（图145）。事实上，一眼看去，由于这两个建筑非常相似，把万神殿和仿古典的圆顶教堂做比较，会让我们忽略两种风格之间更微妙的区别。两者正立面上都有科林斯式柱廊，但是万神殿在学术上是正确的——三角形山墙装在一条笔直的柱廊上，而圆顶教堂则自顾自地把柱廊数量翻倍（每层一个），并使它们从两侧向中间靠拢，以强调入口处。万神殿的墙壁和希腊神庙一样朴素，只在顶部装饰有简朴的花环带（因为那些学术批评，最初设计的窗户在最后一刻被阻止安装），然而圆顶教堂的墙面则被大面积出现的窗户所占据。

图242
马克西米利安・冯・韦尔施
施塔普宅邸入口大门
始建于1819年
维克斯贝克（德国）

在万神殿中，人物装饰仅出现在三角形山墙上的希腊式浮雕中，而圆顶教堂底层的壁龛中就立着圣徒像，在上面一层还有自立支撑的圣人雕塑（这里的三角形山墙装饰有一个徽章）。两个建筑的穹顶也根本不同：圆顶教堂穹顶的两个鼓座被下方移位的墙壁镶嵌板和上面涡卷饰遮挡住了，而万神殿受到圆形罗马神庙的启发，只有一个鼓座，且被柱廊包围，鼓座和穹顶之间也没有过渡。万神殿的穹顶的表面有着不显眼的肋拱，而圆顶教堂的穹顶表面，则装饰有丰富的镏金花环和镶嵌板装饰，还有数扇圆形的窗户。两个教堂都主导着它们的周围环境，但是圆顶教堂操纵着古典风格，万神殿则被古典风格所操纵。试探边界在哪里和在边界中工作的区别，是这两种风格最主要的区别。

仅在一座建筑之中，我们就可以看到更为戏剧化的对比，这就是明斯特附近的施塔普宅邸（图242、图243）。正如普鲁士人卡尔・弗里德里希・辛克尔（1781—1841年）这样的建筑师所倡导的那样，德国新古典主义极其严肃，喜爱极简的装饰、简约的多立克柱和朴素的柱基——毫无疑问，这是对中欧异常受欢迎的洛可可风格的回应。最近的研究表明，新古典主义在德语区域比在欧洲的任何其他地方都更受赞助人的欢迎，特别是在像柏林这样的大都市中心。施塔普宅邸是一个面向阿河（River Aa）的宏伟的乡村别墅，将始建于1719年的洛可可入口大门，和恰好一个世纪以后开始修建的新古典主义乡间别墅融为一体。入口大门由施劳恩的老师马克西米利

图243
奥古斯特・赖因今
施塔普宅邸
始建于1819年
维克斯贝克（德国）

安・冯・韦尔施（1671—1745 年）设计，是洛可可典雅的代表：小巧而精致，有三个细长的塔楼，冠以复斜圆顶和尖顶饰，这种做法对透视进行了微调，让塔楼看起来比实际高。相比之下，奥古斯特・赖因今（1776—1819 年）设计的方块状的房子则显得笨重和沉闷。它的矩形窗户毫无装饰，墙面朴素得可怕，甚至连三角形山墙上都没有任何雕刻。在这种沉闷的遏制下，唯一的喘息是一条朴素的爱奥尼亚柱廊，位于建筑面向村庄的那一面的主门道前方。

新古典主义绘画深受德国作家约翰・约阿希姆・温克尔曼（1717—1768 年）的影响，他重申了“完美的自然”的理念（见第 1 章），但他的理念比他的巴洛克前辈更加严格。他认为希腊艺术符合其理念，并宣称古代艺术优于自然。他还劝说艺术家要基于形式的和谐组合，来创造理想化的容貌和姿态。最重要的是，创作中要避免出现个体特征和瑕疵。这些原则深深印刻在下一代新古典主义的代表性画家雅克-路易・大卫（1748—1825 年）的作品中。大卫在 1774 年获得罗马大奖，是法国大革命和拿破仑时代最著名的画家，他通过像《苏格拉底之死》（图 244）这样的作品来表达他是站在革命事业这一边的，《苏格拉底之死》是一首自我牺牲的凯歌，赞颂了斯多葛主义、公民责任和坚定的立场。

在《苏格拉底之死》中，这位希腊哲学家冷静地发表着灵魂的不朽言论，他伸出左手拿着致命的毒芹罐，用死亡来捍卫自己的原则。与鲁本斯的《罗耀拉的依纳爵的奇迹》（图 46）相比较，这幅画显示出了大卫的风格与巴洛克风格的差异有多大。这两幅画的焦点在男主角身上，他们一个是圣徒，而另一个有如圣人。他们都在一群全神贯注的支持者面前讲道，并且两幅画都将主要人物的无动于衷与听众的脆弱的情感相对比。但到此为止，这两幅作品的相似之处就结束了。鲁本斯用戏剧性的对角线、舞蹈的笔触、湍急的暴风雨和扭动的身体姿态点燃了他的画面。他通过高耸的建筑和鲜艳、丰富的色彩来表达崇高。通过神圣之光的照耀、旋转的天使和逃跑的魔鬼，观者可以清楚地看到上帝的举动，且其画面中的人物形象的反应是被夸张且戏剧化的。大卫则避免在画面中直白地提到神明，

图244
雅克-路易·大卫
《苏格拉底之死》
1797年
布面油画
129.5 cm × 196.2 cm
大都会艺术博物馆
纽约

这点与卡拉瓦乔一样，但他没有使用卡拉瓦乔的那种强烈的明暗对比法。大卫把画面情节设定在一个黑暗的房间中，人物的情绪是凝固且节制的，而且人物有着一个做作的，但与此同时又是普通的面部反应（与罗尔的主祭坛中圣徒那倾泻的痛苦形成对比；图 103）。事实上，大卫画中的人物更像是雕塑而不是活着的人，其通过将人物构图安排为带状排列，并故意模糊笔触感，来提升这一雕塑效果，而这种笔触的处理方式有利于提亮表面，并使轮廓更加清晰。苏格拉底的形象借鉴了梵蒂冈博物馆中的罗马浮雕雕刻，他的门徒的头部则借鉴了其他雕塑典范。大卫在画面中使用有限的颜色，并对这些颜色进行了谨慎的平衡，这为画面增加了稳定性和清晰度。四个主要的人物交替地穿着浅色（灰色 / 白色）和暗色（红色 / 棕色）长袍，且右侧悲伤的人物中的色调并置是在向拉斐尔致敬。这两幅画都旨在表现主角运动中的一瞬，但是鲁本斯抓住了时间，而大卫为我们呈现了永恒的时间。

图245
查尔斯・加尼尔
巴黎歌剧院大前厅
1857—1874年
巴黎

虽然巴洛克和洛可可在随后的几个世纪遭受了异常严厉的批评，直到 20 世纪 40 年代，学者们才开始欣赏它们，但从 19 世纪后期到现在，艺术家和艺术运动都借鉴了这两种风格的方方面面：不是模仿其外表和技术，就是重现它们的构图、幻觉技巧，或他们的叛逆和充沛的精力。最忠实的巴洛克复兴始于 19 世纪 50 年代的法国，在同一个十年中，真正的洛可可风格的最后一抹光辉在秘鲁和危地马拉的幽静村庄中被熄灭。高等美术运动以在巴黎发展出这一运动的学校命名，旨在通过创作那种装饰精美的纪念性建筑——这些建筑令人联想起路易十四的凡尔赛宫——来追求那种巴洛克式的富丽堂皇。最重要的高等美术运动成果是查尔斯・加尼尔设计的巴黎歌剧院（图 245），这是一个主导了整个社区的建筑，且其雄伟的楼梯和接待大厅仍让观者惊叹：大前厅通过其幻觉式的天顶壁画、沉重的镏金画框、女像柱和凹凸不平的三角形山墙，立即让人回想到凡尔赛宫的镜厅（图 157）。然而高等美术运动不仅仅是巴洛克的复兴，它寻求的是一种风格的融合，这里我们可以看到文艺复兴时期的元素，如环绕在立柱下方的那些怪诞的装饰。在 19 世纪末，新艺术运动，或德国人所熟知的青年风格派，也接触到了巴洛克，其试图从学院主义和大规模生产中将艺术解救出来。像巴洛克一样，新艺术运动旨在融合媒介（他们称之为“艺术作品的集合”），尤其以有力的、植物样的设计而出名。这两种风格有着天然的密切关系——我们已经看到了巴洛克艺术当中出现的新艺术的有机本质（图 10、图 178）——这种连接在波希米亚和摩拉维亚（今捷克）中尤为明显。在那里，巴洛克和新艺术都被民族主义者称为是捷克精神的表现。这两种风格最成功的融合，部分出现在奥洛穆茨，那里正在翻新已有的巴洛克教堂，这就为艺术家提供了一个理想的实验机会。当圣迈克尔教堂的管风琴阁楼（图 246）在世纪之交被重建时，该建筑的多明我会的赞助人大胆地尝试用新艺术运动风格来取代教堂的巴洛克的原型。教堂有着一个马蹄形入口，弯曲的藤蔓和巨大的天使从侧面出现，直向上去以支撑着上层栏杆。这一把新结构融合到旧建筑中的尝试，比托莱多的透明祭坛令人满意得多（图 104）——透明祭坛被放进了一个朴素的哥特式回廊中。

图246
管风琴阁楼
19世纪晚期
圣迈克尔教堂
奥洛穆茨（捷克）

后来，中欧和东欧的天主教和东正教崛起，立陶宛和捷克共和国通过修复 17、18 世纪的从维尔纽斯到布尔诺教堂和宫殿，来重塑了他们的巴洛克身份，且他们的旅游局也推出了巴洛克主题的旅行。在艺术理论中可以清晰地感受到这种复兴，因为西方观众越来越开始关注这一地区的艺术和建筑的杰作。如波希米亚的画家卡雷尔·斯克雷塔（1610—1674 年）——他的《圣芭芭拉、圣凯瑟琳和圣家族》（图 247）以强烈的明暗对比法强调了暖色调的平衡，这幅作品是一个对“狂喜”的深刻且感人的研究。在乌克兰和俄罗斯，自治区和教会团体重建或修复了疏于照管的巴洛克和洛可可纪念碑，如基辅的圣迈克尔修道院（图 208），还有圣彼得堡的彼得和保罗大教堂内饰，作为新发掘的沙皇尼古拉二世和其家人的陵墓，后者于 20 世纪 90 年代晚期被整修。

但最具巴洛克象征的复兴是德累斯顿圣母教堂（图 248），用它来做这本书的结尾真是再合适不过了。这是一座为萨克森王子—选帝侯建造的路德教大教堂，其由格奥尔格·贝尔（1666—1738 年）

图247
卡雷尔·斯克雷塔
《圣芭芭拉、圣凯瑟琳和圣家族》
17世纪60年代早期
布面油画
24.5 m × 14 m
国家美术馆
布拉格

图248
格奥尔格·贝尔
圣母教堂
1726—1743年
1945年被毁
2004—2005年重建
德累斯顿

在 1726—1743 年建造，在第二次世界大战中被毁。几十年来，德累斯顿的市民精心保管着它。在新的砖石结构金色的色调中，那些烧焦的黑色显得特别突兀。根据卡纳雷托的侄子贝尔纳多・贝洛托（1720—1780 年）那详细的绘画和电脑图像，这座建筑被重建起来。新建筑从灰烬中重生，通过其惊人的雄伟、普遍的诱惑力，也许再加上它的希望性、舒适度和秩序感，这座宏伟的教堂象征着巴洛克和洛可可艺术那持久的力量。

名词解释 / 人物传略 / 年表 / 历史事件 / 拓展阅读 / 致谢 / 图片版权

附录

名词解释

学院（Academies） 训练艺术家及维持艺术标准的专业机构；进入学院对一个艺术家来说是非常重要的，虽然很多杰出的艺术家并未加入过学院。

装置（apparato） 一个临时的、由石膏和木头制作的背景，上面通常装点有假的云彩和蜡烛，在意大利，这一背景用于展示圣餐仪式，尤其是在被称为“四十小时奉献”的四旬斋守夜中使用。

美的整体（bel composto） 由贝尼尼的传记作家菲利波·巴尔迪努奇提出，意味着“整体的美”，意指巴洛克对艺术媒介的整合。

涡卷饰（cartouche） 一种小型的镶嵌板，最初形似一个纹章盾，有着精心装饰的、通常是曲线的和不对称的边框。

舍米内（cheminée） 法语的“烟囱”，在洛可可装饰中，是指一种装有顶盖的墙壁镶嵌板，其反映出了整个房间的风格。洛可可设计指南中有舍米内的版画，成为装潢师的参考。

明暗对比法（chiaroscuro） 字面意思为“明与暗”，这是一个绘画术语，意指油画或速写中通过阴影制造出的画面效果。

中国风（chinoiserie） 洛可可室内装饰和建筑的风格，这一风格模仿了中国和日本的艺术，虽然通常这种模仿不是非常准确。

康斯特（concetto） 意大利语的“概念”，但是在巴洛克艺术的语境中，这一术语指的是一件艺术作品背后的主题或者概念。一个康斯特通常有着异想天开的一面，意指通过视觉或主题的诀窍，对传统进行了挑战。

迪塞诺（disegno） 意大利语的“设计草图”。但是在文艺复兴和巴洛克时期，这一术语也指艺术家的天资，以及对康斯特的首次认知。在意大利中部，设计草图也是艺术创作进程中必须要进行的第一步。

团体肖像画（doelenstuk） 在荷兰绘画中的群体肖像画中，多幅个人画像被融入一幅绘画之中，这样一来，画中人物看上去在自然地相互交流，并共同参与到一项活动之中。

列房（enfilade） 宫殿中的一排套间，沿着一条轴线排列，并由开放的门廊分隔开来。

檐部（entablature） 建筑中的一项水平元素，在古典传统中，檐部上有时装有饰带，并直接安装在立柱上方。甚至在没有立柱的时候，檐部也用来在建筑中区分楼层。

蚀刻版画（etching） 一项版画制作工艺。设计稿刻在涂有耐酸树脂的金属板上，然后把金属板浸泡在酸溶液中，让刻痕在金属上蚀入得更深。

游园大会（fête champêtre） 乡村郊游，通常在有树木的环境当中，伴有娱乐项目或者浪漫的幽会，这两种在例如安东尼·华托的法国洛可可艺术家的绘画中都十分常见。

带翼祭坛（Flügelaltar） 一个带有两翼的祭坛画，也是西班牙祭坛的原型，其把木制框架和雕塑与绘画结合了起来。

体裁（genre） 由学院制定的绘画的分类，绘画被分为主要体裁和次要体裁。最重要的主要体裁是历史画，而次要体裁则包括风景画、肖像画和静物画。术语风俗画（genre painting）是指描述日常生活的绘画，这些绘画通常没有明显的叙述成分——其本身就是一种次要体裁绘画。

秀丽派（genre pittoresque） 洛可可内饰，其中的自然元素（植物、动物）和异域事物以不对称的形式排列，尤其体现了印度和东亚的风格。

巨柱式（giant order） 在两层或多层楼之间立起的立柱或者壁柱；这一概念是由米开朗琪罗提出的。

光环（或天堂荣光）（gloria, or heavenly glory） 在建筑雕塑中，这是一圈环形的阳光，通常是由镏金的青铜光束来表现的。环形中央中空，由后方的窗户点亮。最著名的光环处于罗马贝尼尼的圣彼得大教堂之中。

历史画（history painting） 被学院认为是最高尚的体裁，其包括多个人物形象组成的场景，描绘历史的、神话的或者宗教的主题。

厚涂法（impasto） 厚厚地呈立体状地涂上颜料，有时候用刮刀上色。

死亡象征（memento mori） 意为“死亡的提醒”，通常在绘画中画有骷髅或者尸体，来提醒观者肉体是易于腐朽的。

自然的花园（natural garden） 也被称为“英国花园”，是一种非正式的花园，试图通过非常人工的手段来复制自然的场景。

新颖（novità） 新奇、创造之意。这一术语指一种智识游戏，画家在其作品中指涉和改进一位著名的老大师的作品。

式样，建筑（order, architectural） 根据古希腊—罗马神庙的设计，古典建筑被分为风格或“式样”。它们是希腊传统中的多立克式、爱奥尼亚式和科林斯式，而罗马人则增加了托斯卡纳式和复合式。这些式样组成了文艺复兴和巴洛克建筑的建筑模块。

帕拉第奥主题（Palladian Motif） 两个有横梁的矩形入口之间的拱，发源于塞巴斯蒂亚诺·塞利奥和帕拉第奥的建筑之中；也有一种流行的说法为“帕拉第奥之窗”，在英格兰尤其流行。

帕拉贡（paragone） 文艺复兴时期的文学辩论，在其中绘画和雕塑（有时也讨论到建筑层面）都声称自己更为优越，也因此与他者区分开来。

花圃（parterre） 在正式的法国花园中，花圃是在房屋周围种植的植物，花卉、灌木和沙砾组成图案，这样从上向下看去，花圃就像挂毯一般。

穹隅（pendentive） 在两面墙壁结合处梯形状弯曲的部分，作为上方的穹顶和下方的方形空间之间的过渡部分。

丘比特（putto） 小天使，通常是带翅膀的裸体婴儿的形象，是巴洛克和洛可可中最常见的装饰主题之一。

幻真画（quadratura） 字面意思为“方形”，指假建筑中的结构，通常以壁画形式表现，反过来作为人物和风景的背景。

移动绘画（quadro riportato） 与幻真画类似，但是其并非是假建筑结构，而是创造出方格状的假画框，无论方格中画上了什么，其看上去都好像是架上绘画。

祭坛（retablo） 西班牙术语中的祭坛屏风，或者祭坛画。在西班牙和拉丁美洲建筑中，它们通常是木制的，使用了建筑结构的框架，来框住绘画和雕塑。其占据了教堂的整个半圆壁龛或小礼拜堂的端墙。

洛可可（rocaille） 术语洛可可的来源：一种装饰性的贝壳工艺品。

粗面石工（rustication） 通常在建筑的外层的外饰上，指大块的、有着粗糙表面的石块，让人想起防御建筑；在文艺复兴时期，粗面石工最初有着防御目的，但经过了16世纪的进程，在巴洛克和洛可可时期，粗面石工成了纯粹的装饰。

特别雇员（servitù particolare） 指“私人服务”，指一种专业的关系，艺术家居住在赞助人的房屋中，主要为赞助人制作艺术品和表演项目，并有权限接触到赞助人的艺术收藏。

逼真的人像（speaking likeness） 由贝尼尼提出，这一术语指在肖像创作中，模特被表现为正要讲话或刚刚讲完话的样子，好像正在与观者，或者这一房间中的另一个人进行直接的互动。

潇洒（sprezzatura） 刻意的冷漠感；用一种非正式的方法去描绘一个重要的人物，来传达优越感，甚至是贵族的蔑视。

暗色调主义（tenebrism） 卡拉瓦乔绘画的特征，是一种比明暗对比法更为强烈的形式，在其中亮部就好像被聚光灯照耀，而最暗的阴影则不可能，或者几乎不可能被光线穿透。

凯旋门（triumphal arch） 在罗马传统中，凯旋门是一个或者三个拱门的结构，建立在得胜军队归城的路上。在巴洛克语境中，临时建立的凯旋门由木头、帆布和石膏构成，用在临时庆典当中——也通常是凯旋进入一个城市的方式。

人物传略

阿莱雅迪尼奥（Aleijadinho，安东尼奥·弗朗西斯科·里斯本，Antônio Francisco Lisboa，1730/1738—1814年） 南美最著名的雕塑家，世界范围内最后的几位洛可可实践者之一。阿莱雅迪尼奥的父亲是一位建筑师，母亲是一位黑奴。他于39岁时感染了麻风病或者梅毒，失去了手指，只能在手臂上绑上工具来工作。然而，通过石匠、木匠和木雕师的协助——更别提他自己的奴隶在其中的工作——阿莱雅迪尼奥创作出了巴西洛可可最重要的纪念碑，包括黑金城的圣方济各第三阶层教堂的正立面，以及孔戈尼亚斯的十二先知。

索弗尼斯瓦·安古索拉（Sofonisba Anguissola，约1527—1625年） 她所处时代的最著名的女画家。安古索拉被其父亲送往贝尔纳迪诺·坎皮处学习绘画。她以对人物容貌的敏锐的观察力而著称，这与她伦巴第的出身息息相关。她最出名的作品是肖像画和赞颂她文化背景的自画像。她十分出名，后成为西班牙伊莎贝尔女王的宫廷画师。虽然她的大部分作品都早于巴洛克出现，但是她活得足够久，从而目睹了一种新的风格的诞生。她在89岁的时候还给年轻的安东尼·凡·戴克提供过艺术方面的建议。

埃基德·奇林·阿萨姆（Egid Quirin Asam，约1692—1750年） 埃基德·奇林和他的兄弟、画家科斯马斯·达米恩（1686—1739年）都是中欧洛可可的首席室内装潢师。阿萨姆兄弟让灰泥与绘画之间达成了理想的和谐体，这一做法在整个中欧被频频效仿，他们也因为各类重要的委托而变得富有，其中包括罗尔和魏因加滕的修道院内饰，以及最重要的——慕尼黑的圣约翰·内波穆克教堂，它更广为人知的名字是阿萨姆教堂。

詹洛伦佐·贝尼尼（Gianlorenzo Bernini，1598—1680年） 巴洛克时期最重要的艺术家。贝尼尼发明了巴洛克雕塑，以及“美的整体”的概念，且与弗朗西斯科·波洛米尼和彼得罗·达·科尔托纳一起，创建了巴洛克建筑的第一座纪念碑。他在罗马城内外的影响不可估量，他创作了世界著名的艺术典范《阿波罗与达芙妮》、《圣德列萨的狂喜》、罗马圣彼得大教堂的青铜华盖和光环。作为一个文化界的社会名流，贝尼尼受到几届教皇法庭以及法王路易十四的喜爱。

热尔曼·博夫朗（Germain Boffrand，1667—1754年） 博夫朗对洛可可建筑的意义，就像贝尼尼对巴洛克的意义一样。他设计的巴黎苏俾士宅邸套间的内饰，成为最著名的洛可可内饰。他设计了他那个时代一些最著名的小镇和别墅，以及一些公共项目，比如医院和桥梁。博夫朗声名远播整个欧洲，这归功于他的建筑手册《建筑之书》（1745年），这部著作对英国建筑师产生了尤其深刻的影响。

弗朗西斯科·波洛米尼（Francesco Borromini，1599—1667年） 大多数情况下被描述为是贝尼尼的劲敌。波洛米尼融合了希腊化时期、晚期罗马和哥特式传统的技巧，并创造出了一种在几何和象征层面复杂的结构，这与罗马批评家所喜爱的那种更为古典的巴洛克不同。和贝尼尼一样，他寻求着一种艺术的统一，但是他认为建筑才是占主导地位的，雕塑只是结构的装饰，而建筑通过波浪起伏的墙壁和非正统的细节，本身就可以被认为是雕塑。波洛米尼对意大利北部和中欧的影响尤其深刻。

米开朗琪罗·达·卡拉瓦乔（Michelangelo Merisi da Caravaggio，1571—1610年） 今日被认为是罗马巴洛克绘画界的巨星，但在他短暂的职业生涯中，他广受诟病。他在罗马产生的影响，远不及他对意大利南部、荷兰、西班牙和法国所产生的影响要大。卡拉瓦乔生于伦巴第地区，在那里，自然主义已经是一个传统了，卡拉瓦乔则把绘画的现实主义带向了一个新的高度，而放弃了那种受古典主义启发的理想主义，这种理想主义的实践者是他的竞争对手，比如阿尼巴莱·卡拉奇。卡拉瓦乔还加深了明暗对比，来增加画面的戏剧效果。在他1606年杀人并逃离罗马之前，他享受着重要的私人和公共赞助。卡拉瓦乔人生最后的四年在意大利南部和马耳他度过。

阿尼巴莱·卡拉奇（Annibale Carracci，1560—1609年） 毫无疑问，卡拉奇是巴洛克风格的创始人。他在16世纪80年代把朴素的现实主义引入他的博洛尼亚本土绘画之中，在那时，意大利中部绘画还热衷于精湛的炫技。作为一个非凡的日常生活的绘画者和观察者，他引起了罗马赞助人的注意，并于1505年迁往罗马，在法尔内塞宫创作了《上帝之爱》——巴洛克的第一幅重要天顶壁画。卡拉奇理想化的、更冷漠的晚期风格在他大部分博洛尼亚学生和追随者（多梅尼基诺、圭多·雷尼）的作品之中，被推广了几十年。

彼得罗·达·科尔托纳（Pietro da Cortona，1596—1669年） 科尔托纳被认为是罗马巴洛克建筑三巨头之一（仅次于贝尼尼和波洛米尼），作为一个画家，他的贡献同样重要。他对和平圣马利亚教堂正立面和广场的翻新，都受到了戏剧结构的启发，是早期巴洛克中最别出心裁的幻觉式空间之一。科尔托纳也在巴贝里尼宫创作了巴洛克时期第二伟大的天顶壁画，且他在碧提宫的灰泥工艺及壁画对路易十四时期法国宫殿装饰的发展至关重要。

弗郎索瓦·德·屈维利埃（François de Cuvilliés，1695—1768年） 他曾是巴伐利亚选帝侯麦克斯·伊曼纽尔的宫廷侏儒，他把洛可可引入了中欧。选帝侯很快认识到屈维利埃作为一个设计师的能耐，并于18世纪20年代把他送往巴黎，跟随洛可可先驱布隆德尔学习。屈维利埃回到中欧之后，设计了一些最惊人的洛可可内饰，并创造了慕尼黑王宫的套间、布吕尔宫，以及他的杰作——宁芬堡花园中的阿玛琳堡宫。他因为数部版画集而声名远播。

约翰·伯恩哈德·菲舍尔·冯·埃尔拉赫（Johann Bernhard Fischer von Erlach，1656—1723年） 在把意大利巴洛克引向中欧的进程中，菲舍尔·冯·埃尔拉赫比任何建筑师的贡献都要大。作为格拉茨一个雕塑家的儿子，菲舍尔·冯·埃尔拉赫活跃在威尼斯和罗马，在那里跟随贝尼尼和约翰·保罗·肖尔，被训练成一位雕塑家。菲舍尔·冯·埃尔拉赫深受贝尼尼和波洛米尼建筑以及巴其吉欧的天顶壁画的影响，把纪念碑性的和仿古典的晚期巴洛克风格引进了维也纳的宫廷之中，比如美泉宫、皇家图书馆，以及他最伟大的作品——卡尔教堂。

阿特米西亚·真蒂莱斯基（Artemisia Gentileschi，1593—约1656年） 作为第一位进入艺术学院的女性艺术家（佛罗伦萨设计学院），阿特米西亚将其父亲奥拉齐奥的专业技巧，与卡拉瓦乔风格中的沉浸性带入自己的作品中。阿特米西亚是少数专攻历史画的女性之一，尤其是有着强壮的或者讨人喜欢的女主人公的神话或者宗教主题。她同时也画祭坛委托画，并和她那一时代的核心知识分子保持着往来。

扬·约瑟夫斯·凡·戈因（Jan Josephsz van Goyen，1596—1656年） 凡·戈因和雅各布·凡·雷斯达尔一起创造出了一种经典的荷兰黄金时代风景画风格。无论是在家乡还是在荷兰之外，他的旅行经历都很丰富，他受训于莱顿，后来在哈勒姆学习，那里是风景画的历史中心。在哈勒姆，他与伊利亚斯·凡·德·费尔德一起工作。凡·戈因迅速发展出了一种风景画风格，被称为单色风景：用非常有限的颜料绘制的风景画，主要是灰色和绿色。作为一位艺术家，他非常高产，他死后留下了1200幅油画和800幅草图。德·费尔德最出名的学生是扬·斯滕，扬·斯滕于1649年迎娶了凡·戈因的女儿。

瓜里诺·瓜里尼（Guarino Guarini，1624—1683年） 和波洛米尼一样，瓜里尼对哥特主义有着浓厚的兴趣，喜爱复杂的穹顶、相互交错的肋拱、基于星形和三角形的集中式平面设计。身为罗马天主教会的牧师，瓜里尼最重要的作品在都灵，他还旅行至巴黎、里斯本和布拉格，且他的骨架结构以及这种结构对光线的神秘的操控，特别受到中欧建筑师和赞助人的喜爱。他通过九篇学术论文为世人留下了永恒的遗产，尤其是他的《市政及宗教建筑草图》（1686年）和《市政建筑》（1737年），成为接下来几十年中的实用设计手册。

圭尔奇诺（乔万尼·弗朗切斯科·巴比里，Giovanni Francesco Barbieri, 1591—1666年） 阿尼巴莱之后，意大利中部最有才华的艺术家之一。圭尔奇诺生于琴托（在波伦亚和费拉拉之间），直到1642年搬往波伦亚之前，他一直保留着自己在琴托的工作室。圭尔奇诺本质上是一个自学成才的艺术家，他太年轻，不能跟随卡拉奇兄弟一起学习，但是却深受他们的影响，尤其是他认识的路德维克·卡拉奇。他的早期风格结合了博洛尼亚学派的古典主义和强烈的戏剧性，并加上了卡拉瓦乔式的强烈的光影对比，但是他成熟期的作品更亮、色调更丰富，尤其是以惊人的深蓝色著称。他最伟大的赞助人是教皇格雷戈里十五世。

弗兰斯·哈尔斯（Frans Hals，约1580—1666年） 出生于安特卫普的哈尔斯（工作于哈勒姆），是使用短促笔触的大师。哈尔斯是荷兰传统最伟大的肖像画家之一。通过他标志性的、支离破碎的笔触，他画活了他的模特，成为哈勒姆社会的宠儿。与伦勃朗一样，他也是团体肖像画的大师，他通过生动的表情和姿态，把多个个体肖像画到一幅画面当中，他同时还画风俗画。哈尔斯跟随诗人、艺术传记作者卡勒尔·凡·曼德尔学习，还有可能见过彼得·保罗·鲁本斯。茱蒂丝·莱斯特是他的学生之一。

尼古拉斯·霍克斯穆尔（Nicholas Hawksmoor，1661—1736年） 无可厚非，霍克斯穆尔是不列颠最重要的巴洛克建筑师。他出生于诺丁汉郡的下层社会，跟随克里斯多夫·雷恩学习并与之合作，雷恩是那时国王工程的鉴定人。他引起了建筑师约翰·凡布劳爵士的注意，凡布劳爵士雇用他参与霍华德城堡的建造工程，并与他合作了布伦海姆宫。霍克斯穆尔最有名的作品可能是他的6座伦敦教堂，建于1711年议会法案颁布之后（法案中提到伦敦需要新建50座宗教建筑）。霍克斯穆尔的强项是他对钟楼的处理方式，和波洛米尼一样，他在其中结合了晚期古典主义、希腊风格和哥特式元素。

梅尔乔·佩雷斯·奥尔金（Melchor Pérez Holguín，1660/1665—1732年） 秘鲁最伟大的画家之一。梅尔乔·佩雷斯（被称为奥尔金）活跃于波托西和邻近城市查尔卡斯（苏克雷）。奥尔金出生于科恰班巴的一个显贵的混血家族，最初专攻圣方济各圣徒的朴素肖像，并对服装纹理处理得非常细致。然而，他最令人难忘的早期油画之一是为他的赞助人所作的《总督莫尔西略进入波托西的恩德拉达斯》。奥尔金的天才之处体现在他的风景画之中，有着青翠的植物、水花四溅的瀑布，以及引人注目的、嶙峋的山。通过加入安第斯特质，包括本土服装和本地的动植物，奥尔金给他的绘画赋予了当地色彩。

威廉·肯特（William Kent，1685—1748年） 威廉·肯特是英国“自然”的花园的发明者。他曾于意大利跟随卡罗·马拉塔学习绘画，并在1713年获得圣卢克罗马学院二等奖。在回到英格兰之后，肯特成为一名花园设计师，与理查德·博伊尔、伯灵顿爵士一起合作了奇斯威克宫的花园，也就是第一座“自然”的花园。肯特和博伊尔的设计故意避开了安德鲁·勒诺特的那种对称和拘泥，但是他们所创造的那种轻松友好的“自然主义”也一样需要费尽心思。其中包括人造山丘、精心规划的草坪，以及人工挖掘的池塘和运河。

简·库普恰克（Jan Kupecký，1667—1740年） 常被人称为“中欧的伦勃朗”。在维也纳、波希米亚和纽伦堡，库普恰克是一个十分成功的肖像画家，为奥地利的查尔斯六世、萨克森的选帝侯、波兰国王奥古斯都三世以及沙皇俄国彼得大帝之类的杰出人物工作。他在意大利受训，但却深受荷兰大师们的影响。库普恰克有着一双敏锐的自然主义的眼睛，这让他的绘画非常精确，画面平整光滑，而库普恰克的这一风格也易于展现他那神秘的能力——可以发现他的模特的个人特质。

查尔斯·勒布朗（Charles Le Brun，1619—1690年） 作为路易十四精力充沛的艺术经理人，他创造了路易十四风格。勒布朗不仅是皇家绘画与雕塑学院的创始人之一，也负责监管皇帝的所有艺术项目、宫殿装饰、花园雕塑、家具和挂毯的制作——家具和挂毯是通过工业规模的戈贝林丝织厂制作的，勒布朗是那里的负责人。作为国王的第一画师，勒布朗也创作了大量的油画，把国王的形象推广为一个征服者和一个有神意引领的君王形象。他最著名的遗产就是凡尔赛宫的内饰。

安德鲁·勒诺特（André Le Nôtre，1613—1700年） 作为园艺设计界的贝尼尼，勒诺特发明了法国巴洛克花园，不仅设计了子爵谷城堡和凡尔赛宫的花园，而且也设计了克拉里、曼特侬、圣西尔的花园，马尔利的花园也可能是他规划的。他将花圃、林中大道、矮林和雕塑群结合，很快成了整个欧洲巴洛克花园的标准。虽然他年逾四十才引起国王的注意，但他很快成了国王建筑的总指挥，并且得到了贵族头衔。他在梵蒂冈的花园中工作过，也在罗马留下了自己的创作。虽然他从未到过英格兰，但是他设计了格林威治和汉普顿宫的皇家花园。

克劳德·洛兰（Claude Lorrain，1600—1682年） 原名克劳德·热莱，最初他是一个糕点师，后来他离开了他的出生地洛林，迁往中欧，跟随透视画家阿戈斯蒂诺·塔西学习。17世纪20年代晚期之后，洛兰定居罗马，并成为普桑的朋友。他的绘画方法是在罗马乡下勾出草图，然后回到自己的工作室完成绘画。这一方法受到了阿尼巴莱、多梅尼基诺和德国流民亚当·埃尔斯海默的影响，但洛兰本身的那种对古典主义和自然主义的协调，在整个欧洲被频频效仿。他太受欢迎了，以至于他把自己的创作收录到《真理之书》之中，防止模仿者窃取他的创作。

巴塔萨·纽曼（Balthasar Neumann，1687—1753年） 虽然出生在一个裁缝之家，后来又做了一个铸钟匠的学徒，但巴塔萨·纽曼迅速通过他的工程学和几何学技能打动了赞助人，到了18世纪20年代末期，他已经成为中欧最著名的建筑师之一了。他的早期风格是柔和且古典的，这时洛可可正处于上升发展期，纽曼这一阶段最好的作品是维尔茨堡大主教宫。后来他接受了一种更轻盈的风格，有着波浪起伏的墙壁和巨大的窗户，比如维森海里根神殿，但最终落成的建筑改变了许多纽曼的原始设计。

尼古拉斯·普桑（Nicolas Poussin，1594—1665年） 虽然毫无争议的是，普桑是最重要的法国巴洛克画家，但他的一生几乎都在罗马度过。他的早期作品是早期巴洛克的那种狂暴的风格，但是他唯一的一幅大尺寸的祭坛画被嫌弃并退回后，他开始创作比较小的架上绘画，风格也逐渐变得古典和冷静了。作为古董的狂热爱好者，他写生了罗马的遗迹和雕塑，并在他的作品中使用古典主题，这些主题来源于类似奥维德这样的古典源泉。和克劳德一样，他们一起对着罗马郊区写生，并在工作室对其“修正”，以追寻更高的理智和更为严谨的构图。

安德里亚·波佐（Andrea Pozzo，1642—1709年） 波佐赢得了最重要的耶稣会委托，不仅是因为他不收费用，也因为他在透视几何学方面的技巧让他可以画出一个假建筑，这可比真玩意儿便宜多了。但他那胜利式的风格——他的透视让他绘制的天顶壁画看上去像直通天际，且他在上面画满了云团、圣徒和天使——也很受复兴的天主教会和私人赞助人的喜爱。他的技巧对意大利北部和中欧来说至关重要，部分原因是他的透视建筑手册在这些地方的流行。

弗朗西斯克·巴尔托洛梅奥·拉斯特列利（Francesco Bartolomeo Rastrelli，1700—1771年） 拉斯特列利生于佛罗伦萨，长于巴黎，得益于俄国女沙皇伊丽莎白的赞助，他成为俄国最重要的洛可可建筑师。他将传统的俄国形式，比如中央集中式的、有多个穹顶的俄国教堂，与最新的欧洲风格结合起来，女沙皇为他的这一能力感到震惊。不管是教会建筑还是宫殿，都有他的众多创作，且他最知名的作品就是沙皇夏宫、沙皇冬宫、斯莫尔尼修道院以及他的名作，基辅的圣安德鲁大教堂。

伦勃朗·哈尔门茨·凡·赖恩（Rembrandt Harmensz van Rijn，1606—1669年） 作为荷兰巴洛克最重要的画家，伦勃朗有着非比寻常的新观念，因此他有时候生活富足，有时候又饱受破产的折磨。他一生中的大部分时间都在阿姆斯特丹，画着他的赞助人需要的绘画：历史画、宗教画、肖像画（包括群体肖像画，比如《夜巡》），他最有名的就是接近百张的自画像，从17世纪30年代开始，伦勃朗就借鉴了卡拉瓦乔的深阴影（但是他是通过其他荷兰艺术家接受到的二手知识），且他的风格从精确的笔触和光滑的画面，转向了厚重、松散的处理方式和粗糙的厚涂。他的蚀刻版画和草图也同样著名。

彼得·保罗·鲁本斯（Peter Paul Rubens，1577—1640年） 伦勃朗是一个隐居者，大部分时间都待在他的工作室中，但是鲁本斯是一个完美的社会名流和政治家。他旅行至欧洲各处，他的工作室不仅用来工作，也是重要来宾的接待处——他的工作室在一个意大利宫殿之中，甚至还有一个于万神殿之后设计的雕塑大厅。在意大利的一次早期逗留之后，鲁本斯定居在安特卫普，但是却时常出行，为西班牙和英格兰的国王以及法国的女王工作，并把他的艺术事业和外交活动结合在一起。和荷兰不同，天主教佛兰德斯仍然给艺术家机会去绘制大型的祭坛委托，而鲁本斯十分擅长这种委托创作。

雅各布·伊萨克尊·凡·雷斯达尔（Jacob Isaackszoon van Ruisdael，约1628—1682年） 被认为是荷兰最著名的风景画家。凡·雷斯达尔在他很小的时候就在他的出生地哈勒姆开始绘画了，他是萨洛蒙·凡·雷斯达尔的侄子（他们拼写自己姓氏的方法不同）。萨洛蒙也是一个著名的风景画家，早期可能是一位老师。虽然雷斯达尔记录下了自然野性的一面，但是他经常在工作室中改变他看到的自然，赋予画面中的树木和风车以一种现实生活中所不具有的纪念碑式的体量。他也画小镇风光和海景，但是他最有名的还是他对自然世界英雄式的呈现。

乔万尼·桑蒂尼（Giovanni Santini，1667—1723年，扬·布拉泽伊·桑蒂尼·艾歇尔，Jan Blažej Santini Aichel） 巴洛克建筑中的一位未被承认的天才。桑蒂尼和波洛米尼或瓜里尼一样具有独创性，而这两位都影响了桑蒂尼的创作，虽然波洛米尼和瓜里尼都受到了哥特形式的影响，但是桑蒂尼真正地把巴洛克和哥特式结合了起来，正如坐落于卡拉杜比镇的修道院教堂以及摩拉维亚的朝圣教堂那样。生于布拉格的一个意大利石匠之家，桑蒂尼却未被训练成为一个石匠，而是接受了绘画和建筑设计的教育。他事业的转折点就是1696年迁往罗马，亲眼看到了波洛米尼的建筑，桑蒂尼混合风格的建筑是中欧巴洛克最具创意的建筑创新之一。

约翰·保罗·肖尔（Johann Paul Schor，1615—1674年，乔万尼·保罗·特德斯科，Giovanni Paolo Tedesco） 作为意大利巴洛克设计师的领军人物，他得到了詹路易吉·贝尼尼的支持，贝尼尼与他合作过，并声称肖尔比查尔斯·勒布朗要厉害，震惊了法国宫廷。肖尔把贝尼尼和彼得罗·达·科尔托纳的雕塑、灰泥和建筑创新结合在一起，从边桌、银烛台到马车、舞台布景，他无不涉及。肖尔生于因斯布鲁克的一个画家家庭，从1656年直到去世，他都在为罗马的教皇工作，并因此变得富有。肖尔在意大利被称为乔万尼·保罗·特德斯科（“那个德国人”）。

吉亚科莫·萨尔博塔（Giacomo Serpotta，1652—1732年） 西西里岛人吉亚科莫·萨尔博塔是意大利南部巴洛克最伟大的灰泥雕塑家，他主要在巴勒莫的小教堂中工作，在那里，他用灰泥一种材料，创造了独特版本的孔波斯托。他的高浮雕灰泥雕刻爬满教堂的墙壁，像壁画一般，但他把这些灰泥雕刻统统刷成乳白色，借此统一他的内饰创作。他的一项创新就是墙壁剧院（teatrino），一个挂在墙上的陈列框，里面有小小的灰泥人物形象，可以展示从战斗场景到宗教主题的任何东西。

卡雷尔·斯克雷塔（Karel Škréta，1610—1674年） 作为一个不为西方艺术历史所熟知的布拉格画家，斯克雷塔是意大利之外最早的博洛尼亚传统的追随者之一。在他年轻的时候，他的整个成长期都在意大利度过，这种长期的熏陶让他接触到了意大利中部最著名的艺术家，而那时阿尼巴莱的追随者正处于巅峰时刻。1630年，他一回到布拉格，就有大量重要的祭坛画委托找上门来。在他最重要的作品中，例如《圣马丁把他的斗篷赠予乞丐》（1645年），斯克雷塔有着圭尔奇诺的那种人物的纪念碑性、戏剧性的明暗使用，以及对情感的操控力。

扬·斯滕（Jan Steen，1626—1679年） 一个生活在加尔文教荷兰的天主教风俗画家，虽然他也创作宗教绘画和神话历史绘画，但斯滕主要因为他的混乱的家庭和小酒馆场景而变得出名，他的绘画把幽默感和温和的道德说教结合在一起。和伦勃朗一样，他在莱顿大学学习，但是和伦勃朗不同的是，他真的毕业了，而且他的文学能力都体现在他大部分作品所展现出的那种博学之中。斯滕主要在莱顿工作，并在哈勒姆、乌得勒支和海牙短暂停留过。斯滕的优越之处在于他是画小酒馆场景的画家之中，唯一一个真的管理着一个小酒馆的人：他出生在一个酿酒之家，在莱顿有一个酒吧。

安东尼·凡·戴克（Anthony van Dyck，1599—1641年） 作为鲁本斯的执行助理，凡·戴克享受着和鲁本斯几乎一致的名誉、财富和旅行机会，包括有一次在意大利，他差一点儿就染上了瘟疫，于1624年在巴勒莫被隔离检疫。他细致地研究了提香的绘画，并从中生发出一种松散的笔触，这给了他的肖像画以强烈的感情。凡·戴克生于安特卫普，他最出名的作品都是在英格兰创作的，在那里他成了查理一世及其宫廷的首席肖像画师。他画面中的人物形象被拉长了，带着故意为之的蔑视，穿着闪闪发光的服装，把贵族的意图压缩在画面当中。好几个世纪以来，从托马斯·盖恩斯伯勒到约翰·辛格·萨金特，都对凡·戴克的作品进行了效仿。

迭戈·委拉斯开兹（Diego Velázquez，1599—1660年） 在西班牙巴洛克绘画还未发声的时候，委拉斯开兹就对其进行了彻底的改造。他生于塞维利亚——一个繁荣的绘画中心，跟随弗朗西斯科·帕切科学习，帕切科因为为画家做道德手册而出名。委拉斯开兹把明显的现实主义风格和神秘主义，以及直接从卡拉瓦乔那里借鉴来的阴影效果结合在了一起。他最伟大的作品也因为那种难以捉摸的和令人期待的感觉而被增光添彩。在委拉斯开兹还很年轻的时候，他就当上了国王的首席画师，并因此可以接触到皇室收藏，尤其是那些提香的绘画，这对他较后期的作品产生了很大的影响。委拉斯开兹共去过两次意大利，他本人认识鲁本斯，这也成了他第一次前往意大利的理由。

约翰内斯·维米尔（Johannes Vermeer，1632—1675年） 维米尔与伦勃朗竞争着荷兰最知名艺术家的称号，但他要神秘得多。几百年以来，这位画家几乎不为人所知，仅有35幅已知作品保存在他的出生地代尔夫特，并只留下了少量的关于他的人生、影响和赞助人的记录。他的早期作品显示出其受到过卡拉瓦乔的影响（二手知识），但他后来开始专攻简单的世俗场景，大多都在室内，通常描绘一位到两位妇女。他最大的成就就是他对光线的运用，这不仅仅是自然主义的运用方法，而且有着一种亲密感和神秘感，这让他的油画比简单地复制日常生活要深刻得多。

玛丽·路易莎·伊丽莎白·维杰-勒布朗（Marie Louise Élisabeth Vigée-Lebrun，1755—1842年） 维杰-勒布朗是洛可可时期最著名的女画家，她受到了众多高层赞助人的青睐，包括法国玛丽-安托瓦内女王、奥地利的玛丽亚·特蕾莎女王、俄国的凯瑟琳大帝、普鲁士的伊丽莎白女王，以及英格兰的摄政王（未来的乔治四世）。比起她同时代的男性画家来说，她也有着更多的学术资历：她是巴黎圣吕克学院和皇家学院、罗马圣路卡学院、圣彼得堡帝国学院和柏林绘画学院的成员。她的《我的生活回忆》是首部女性艺术家自传。

让-安东尼·华托（Jean-Antoine Watteau，1684—1721年） 安东尼·华托的作品是典型的洛可可风格，但是他的作品比大多数他的同时代人要更加内省。他是18世纪最重要的画家之一。他最知名的就是他的宴游画（风景中点缀着人物的场景，人物通常在进餐、跳舞或者就是在对话），他还因使用戏剧中的人物形象著称，尤其是意大利的艺术喜剧，这些人物在路易十四时期还被禁止了。他画面中的人物具有神秘感，因为他们都沉浸在对话之中，表情通常十分全神贯注。虽然他的一些作品中有着一种不可否认的感官满足，但是却没有布歇或者瓦图尔的作品中的那种公开的情色感。

年表

（括号中为图注号）

巴洛克与洛可可

1580 理想之城扎莫希奇在波兰始建【122】

1583 阿尼巴莱·卡拉奇在博洛尼亚为他的祭坛画《基督受难与使徒》揭幕【26】

1584—1608 罗马耶稣会教堂中绘制了系列绘画中的第一组【88】

1597—1602 阿尼巴莱·卡拉奇在罗马绘制法尔内塞宫天顶壁画【13】

1599 卡拉瓦乔在圣路易吉·弗兰切西教堂的康塔列里礼拜堂（罗马）完成了第一幅公共委托创作【33】

1601 耶稣会传教士在印度第乌和中国澳门分别建造了圣保罗教堂【223、226】

1605 巴黎孚日广场开始建造【124】

1606 谋杀拉努其欧·托马索尼之后，卡拉瓦乔逃离罗马

1608 旅居意大利8年后，彼得·保罗·鲁本斯回国

1609 阿尼巴莱·卡拉奇去世

1610 卡拉瓦乔去世

1611—1612 克拉斯·詹斯·维斯切尔因其系列版画《令人愉快的地方》在荷兰风景画领域名声大噪

1612 阿特米西亚·真蒂莱斯基强奸案审讯

1613 保罗斯·凡·菲亚嫩制出了“戴安娜盘”【177】

1615 在卡洛·马代尔诺等人的监管下，圣彼得大教堂在罗马落成【126】

1617—1618 鲁本斯为安特卫普的耶稣会教堂创作了一组大体量的祭坛画【46】

约1621 格雷戈里奥·费尔南德斯完成创作《瞧！就是这个人》【94】

1621 菲利浦·香拜涅从佛兰德斯前往巴黎

1622 詹洛伦佐·贝尼尼开始为皮奥内·波各赛创作《阿波罗与达芙妮》【2】

1623 迭戈·委拉斯开兹被西班牙国王任命为皇家画师

1630 鲁本斯迎娶第二任妻子，16岁的赫莲娜·富曼

1632 伦勃朗创作《杜普医生的解剖课》【65】

詹洛伦佐·贝尼尼创作了他的第一尊“会说话的肖像”《希皮奥内·波各赛肖像》【55】

1633—1639 彼得罗·达·科尔托纳在罗马的巴贝里尼宫创作《颂扬乌尔班八世在位》，彻底颠覆了壁画创作

约1635 凡·戴克创作《查理一世捕猎肖像》【58】

1635 鲁本斯设计铸币之门，这是一座临时的凯旋门，用来庆祝西班牙对秘鲁的统治【191】

1638 尼古拉斯·普桑开始创作《阿卡迪亚牧人》【52】

1639 乔治·德·拉图尔被授予法兰西“国王的画家”称号

1640 在卢塞恩豪夫教堂中（瑞士），尼古拉斯·盖斯勒开始创作圣母安眠祭坛【93】

1642 弗朗西斯科·波洛米尼开始创作罗马的圣伊沃·阿拉萨皮恩扎大教堂【108】

1647 普桑发展了他的“模式”系统

贝尼尼开始着手罗马圣马利亚·德·拉·维多利亚教堂科尔纳罗礼拜堂的相关工作【95】

1649 弗朗西斯科·帕切科在塞维利亚出版了《绘画的艺术》

1650 贝尼尼开始着手罗马蒙特奇特利欧宫【132】

1651 让-巴蒂斯特·吉尔斯和马丁内斯·德·奥维多开始着手库斯科的主显圣容教堂的重建工作（秘鲁）【215】

1652 吉罗拉莫和卡罗・拉依纳尔迪开始着手罗马阿高纳的圣依搦斯蒙难堂的相关工作【142】

1654 汉斯・乌尔里希・来博等开始着手赫格斯瓦尔德的朝圣教堂的相关工作（瑞士）【90】

1656 贝尼尼开始着手罗马圣彼得大教堂广场的相关工作【125】

彼得罗・达・科尔托纳开始着手罗马圣马利亚教堂正立面的相关工作【143】

1657 路易斯・勒沃率领其团队开始着手子爵谷的城堡和花园（法国）的相关工作【134】

贝尼尼开始着手罗马圣彼得大教堂巴西利卡中的伯多禄宝座的相关工作【102】

约1657 扬・维米尔绘制《在窗前读信的少女》【75】

1658 贝尼尼绘制罗马圣安德烈・阿尔・奎里纳勒教堂平面图，1658—1661【99】

1662 让–巴蒂斯特・柯尔贝在巴黎创建戈贝林丝织厂

蒙蒂圣三位一体广场举行烟火表演，庆祝法国储君诞生【186】

1663 扬・斯滕绘制《颠倒的世界》【74】

1665 路易十四邀请詹洛伦佐・贝尼尼前往巴黎完成卢浮宫

克里斯多夫・雷恩拜访巴黎，与贝尼尼碰面

1665—1668 查尔斯・勒布朗为路易十四绘制了亚历山大系列绘画，并在法国确立了自己的地位【53】

1668 路易斯・勒沃率其团队开始凡尔赛宫城堡的大规模翻新工程（法国）【135】

路易斯・勒沃和弗朗索瓦・德・奥尔巴伊开始着手巴黎四国学院的相关工作【140】

瓜里诺・瓜里尼开始着手都灵圣洛伦佐大教堂的相关工作（意大利）【110—111】

约1669 伦勃朗・凡・赖恩绘制《浪子回头》【49】

1670 胡安・德・瓦尔德斯・莱亚尔绘制《在闪烁的眼睛里》，并悬挂在塞维利亚慈善医院（西班牙）【78】

朱尔斯・哈杜・芒萨尔特开始着手巴黎金色圆顶教堂的相关工作【145】

1671 皇家建筑学院在巴黎成立

1676—1685 巴其吉欧在罗马耶稣教堂绘制壁画《耶稣基督之名的胜利》【117】

1678 朱尔斯・哈杜・芒萨尔特和查尔斯・勒布朗开始在凡尔赛宫中修建镜厅【157】

1685 吉亚科莫・萨尔博塔开始为巴勒莫的圣希塔大教堂的玫瑰礼拜堂制作灰泥粉饰（意大利）【106】

1686 瓜里诺・瓜里尼的遗作《市政及宗教建筑草图》出版

1688 约翰・斯塔克和乔治・帕克发表《论上漆和清漆》

1691 安德里亚・波佐开始为罗马的圣伊格纳济奥教堂绘制壁画《耶稣会传教工作的寓言》【118】

1693、1698 波佐出版两卷本的《建筑绘画透视》

1693 安吉洛・伊塔利亚等人开始设计理想城市诺托（意大利）【123】

1694 吕宋岛抱威镇奥古斯丁教堂开始修建（菲律宾）【228】

1695 雷恩开始着手伦敦格林威治的皇家海军医院的重建工作【141】

1698 迭戈・德・阿德里安完成了阿雷基帕的康培尼亚教堂的正立面（秘鲁）【216】

1702 雅可布・普兰道尔开始着手梅尔克修道院的修建工作（澳大利亚）【147】

1703 克里斯多夫・迪恩泽霍夫开始着手布拉格的米库拉斯圣母教堂的相关工作（捷克）【113】

1709 马特乌斯・丹尼尔・珀佩尔曼和巴塔查・佩尔莫泽尔开始着手茨温格宫的相关工作（德意志）【137】

萨克森首次研制出欧洲瓷器烧制秘方

1710 罗马的圣米凯莱厂成立

1715—1717 让–安东尼・华托绘制《舞会的乐趣》【76】

1716 加斯帕・费雷拉开始着手科英布拉的大学图书馆的重建工作（葡萄牙）【161】

约1716 《海洋马车》在罗马组装完成【185】

1717 国王若昂五世命约翰・弗里德里希・路德维希开始马夫拉宫殿修道院的重建工作（葡萄牙）【148】

1717或1721 埃吉德・奇林・阿萨姆和斯马斯・达米恩・阿萨姆开始创作罗尔的修道院教堂半圆壁龛（德国）【103】

约1719 卡斯帕・穆斯布鲁格兄弟开始着手艾因西德伦的本笃会修道院的相关工作（瑞士）【6】

1719 乔万尼・桑蒂尼开始着手萨扎瓦河畔日贯尔的圣约翰・内波穆克教堂的相关工作（捷克）【115】

1721 在托莱多大教堂中，纳其索和蒂亚哥・托梅开始创作透明祭坛【104】

1724 弗郎索瓦・德・屈维利埃从巴黎回国，把洛可可带回德国

1729 尼古拉斯・霍克斯穆尔完成了伦敦斯皮塔佛德基督教堂的相关工作【146】

威廉・肯特和理查德・博伊尔设计了奇斯威克府邸的花园（英格兰）【203】

波佐的《建筑绘画透视》被翻译成中文

菲利普・尤瓦拉开始建造狩猎行宫斯杜皮尼吉宫（意大利）【136】

约1732 威廉・肯特接手斯陀园花园（英格兰）【204】

1734 弗郎索瓦・德・屈维利埃开始着手阿玛琳堡的修建工作（德意志）【165—166】

1737 瓜里尼遗著《市政建筑》出版【112】

约翰・克里斯多夫・格劳比茨开始着手维尔纽斯耶稣会大学的圣约翰大学教堂的相关工作（立陶宛）【120】

1738 热尔曼・博夫朗在巴黎苏俾士宅邸的公主沙龙上，开创了盛期洛可可风格【163】

费尔南多・德・卡萨斯・诺沃亚为圣地亚哥・德・孔波斯特拉大教堂设计新的正立面（西班牙）【8】

1740 伊波利托・罗维拉・布罗康代尔开始着手瓦伦西亚道斯・阿古斯侯爵府邸（西班牙）的相关工作【10】

1741 兰斯洛特・布朗接手斯陀园花园的相关工作【204】

1743 奥地利女王玛丽亚・特蕾莎开始对维也纳美泉宫进行现代化改造【167】

弗朗斯瓦・布歇绘制《褐发宫女》【85】

约翰・巴塔萨・纽曼开始着手维森海里根神殿的相关工作（德国）【150】

1745 格奥尔格・文策斯劳斯・冯・克诺贝尔斯多夫为普鲁士的腓特烈大帝在波茨坦修建了无忧宫【237】

1747 巴尔托洛梅奥・拉斯特列利开始修建基辅的圣安德鲁大教堂（乌克兰）【210】

1749 巴尔托洛梅奥・拉斯特列利开始修建位于普希金的沙皇夏宫（俄国）【212】

1751 弗朗茨・约瑟夫・斯皮格勒在茨维法尔滕为修道院教堂绘制正厅天顶画（德国）【121】

1752—1755 巴泰勒米・吉巴尔在南锡修建海神和安菲特律特喷泉【128】

1752 路易吉・万维泰利开始着手卡塞塔宫殿的相关工作（意大利）【16】

1753 约翰・巴塔萨・纽曼等人完成了维尔茨堡大主教宫的楼梯大厅【162】

1755 波洛米尼的遗著《建筑作品》出版

约1782 玛丽・路易莎・伊丽莎白・维杰-勒布朗绘制《戴草帽的自画像》【62】

1783 洛可可皇家夏宫圆明园落成（中国）【232】

奥林达的圣本托本笃会修道院开始修建（巴西）【218】

约1784 卡洛斯・路易斯・费雷拉・阿马兰特等人开始着手布拉加的邦热苏斯的朝圣教堂的大阶梯的相关工作（葡萄牙）【149】

1800 安东尼奥・弗朗西斯科・里斯本开始在孔戈尼亚斯的邦热苏斯的朝圣教堂制作先知雕塑（巴西）【236】

历史事件

1517 马丁·路德在威登堡开展宗教改革（德国）

1519 米开朗琪罗在佛罗伦萨圣劳伦佐开始着手新圣器安置所的相关工作

查理五世成为西班牙国王及神圣罗马帝国皇帝。莱奥纳多·达·芬奇于法国布洛瓦逝世

1520 拉斐尔逝世

1526—1530 安东尼奥·达·柯勒乔在帕尔马大教堂绘制《圣母升天》

1527 神圣罗马帝国军队洗劫罗马城

1531 亨利八世成为英国教会首领

1540 保罗三世准许建立耶稣会

1543 哥白尼发表《天体运行论》

1545 首次特利腾大公会议召开

1547 塞巴斯蒂亚诺·德·皮翁博逝世

1556 查理五世退位

1559 约翰·克诺斯在珀斯进行煽动性布道，随后苏格兰开始圣像破坏运动

1560 耶稣会在果阿成立圣保罗学院

1563 特利腾大公会议用最后一个议程讨论遗物和图像事宜

1564 米开朗琪罗逝世

1566 圣像破坏运动把宗教冲突和偶像破坏带入低地国家

1568 低地国家西班牙和荷兰造反者之间爆发冲突，八年战争开始

1569 据《卢布林统一法案》，波兰—立陶宛联邦成立

1571 西班牙征服菲律宾

1572 巴黎发生圣巴托罗缪之夜屠杀惨案

1574 奥拉托利会在罗马成立

1581 新教荷兰宣布独立

约1581 印加帝国在秘鲁最终垮台

1582 加布里埃莱·帕莱奥蒂发表《神圣与世俗艺术》

1585 西斯笃五世在罗马开展大规模的城市重建计划

1593 圣路卡学院在罗马成立

1598 南特敕令颁布，胡格诺派教徒在法国准许宗教自由

1600 英国东印度公司成立

1601 克莱门特八世重新批准《落雷托的连祷文》

1602 荷兰成立东印度公司

1607 歌剧创始人克劳迪奥·蒙特威尔第在曼图阿首次公演《奥菲欧》

1608 新法国建立魁北克市

1609 西班牙和荷兰共和国之间宣布十二年休战

1613 伽利略发表了他的太阳黑子研究

1614 天主教荷兰建立了殖民地新阿姆斯特丹，后改名为纽约

1618 “三十年战争”拉开序幕

1621 十二年休战结束

1622 亨利·皮查姆出版《真正的绅士》

1623—1644 教皇乌尔班八世巴贝里尼统治期

1624 巴勒莫大瘟疫

1630—1653 巴西东北部由天主教荷兰行政长官治理

1631 维苏威火山喷发

1633 伽利略被软禁

1640 彼得·保罗·鲁本斯逝世

1641 安东尼·凡·戴克逝世

1642—1648 英国内战

1643—1715 法国国王路易十四在位

1644—1655 英诺森教皇十世潘菲利在位

1645 法国皇家绘画和雕塑学院成立

1645—1669 威尼斯—土耳其战争

1647 那不勒斯马萨涅洛引发抗争

1648《威斯特伐利亚和约》签订，“三十年战争”结束

1649 英格兰查理一世被处决

1650 库斯科地震

1651 安德鲁·摩勒出版《欢愉之园》

1652 天主教荷兰在非洲好望角建立殖民地

1653 英诺森十世谴责詹森主义

1660 安东尼奥·斯特拉底瓦里在他本人名下制作了第一只小提琴

1661 奥古斯都·富凯邀请路易十四驾临子爵谷

1661 法国首席部长、红衣主教马萨林逝世

1663 罗伯特·胡克通过显微镜发现细胞

1664 莫里哀首次公演他的戏剧《伪君子》

1665 让·巴蒂斯特·柯尔贝尔成为法国财政部部长

1666 伦敦大火

1667 安德烈·菲利比安发表《绘画与雕塑皇家学院会议上的开场白》

1672—1676 波兰—土耳其战争

1672—1678 法荷战争

1680 普韦布洛叛乱，将西班牙人赶出墨西哥

1687 艾萨克·牛顿发现重力定理

1688 奥兰治的威廉夺得英国王位

1689 路易十四因为几近破产，开始熔化凡尔赛宫的银质家具

1692—1694 法国饥荒，有200万人丧生

1693 米纳斯吉拉斯州（巴西）发现金矿，大大扩充了葡萄牙的国库

1694—1733 奥古斯都大力王统治萨克森和波兰

1696 彼得大帝成为俄国沙皇

1701—1714 西班牙王位继承战争

1703 彼得大帝在俄国建圣彼得堡

1711 英国议会解除煤炭税，以资助在伦敦新建50座教堂

1715—1722 在摄政期，法国宫廷短暂地从凡尔赛宫移回巴黎

1715—1774 法国路易十五在位

1721 奥斯曼土耳其在法国建大使馆

1723 安东尼奥·维瓦尔第首次公演《四季》

1727 约翰·塞巴斯蒂安·巴赫首次公演《马太受难曲》

1740—1748 奥地利王位继承人战争

1748 发现庞贝遗迹

1751 达朗伯和狄德罗开始编纂《百科全书》

1753 大英博物馆建立

1755 里斯本地震

1756—1763 英国—普鲁士同盟与法国—奥地利—俄国同盟之间爆发七年战争

1759 伏尔泰出版《老实人》

1762 沙皇俄国的洛可可赞助人伊丽莎白女王逝世

1764 约翰·约阿希姆·温克尔曼出版《古代艺术史》

1770 库克在博特尼湾登陆，并宣称澳大利亚东海岸归不列颠所有

1774—1792 路易十六在位

1776 美国独立战争

1782 詹姆斯·瓦特研制出第一台旋转蒸汽机

1788 建成第一艘蒸汽船

1789 法国大革命

1791 莫扎特首次公演他的歌剧《魔笛狂想》

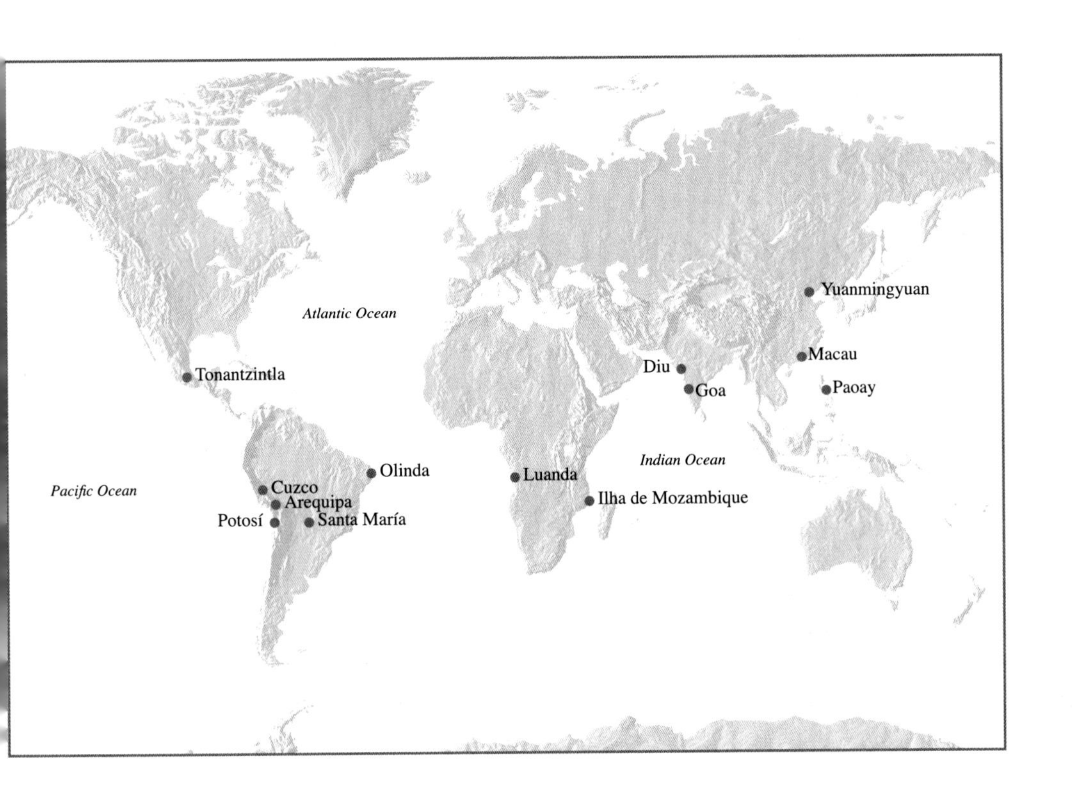
Atlantic Ocean
Yuanmingyuan
Macau
Diu
Goa
Paoay
Tonantzintla
Indian Ocean
Olinda
Luanda
Pacific Ocean
Cuzco
Arequipa
Ilha de Mozambique
Potosí
Santa María

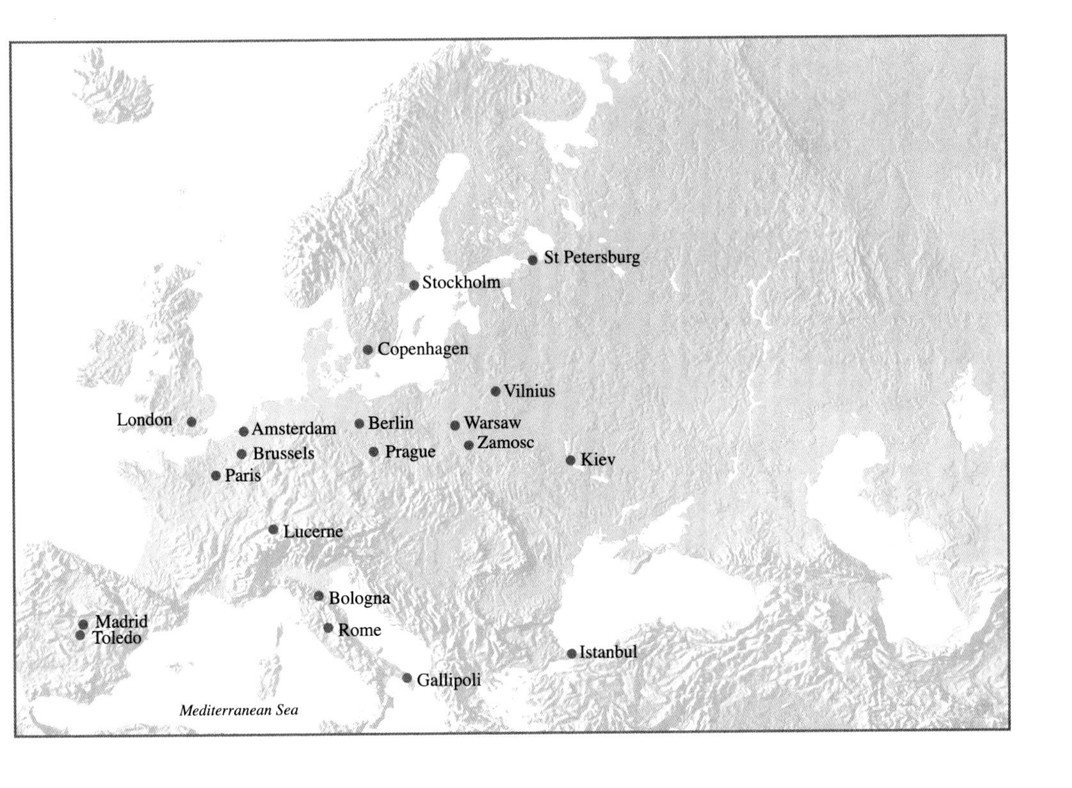
St Petersburg
Stockholm
Copenhagen
Vilnius
London
Amsterdam
Berlin
Warsaw
Zamosc
Brussels
Prague
Kiev
Paris
Lucerne
Bologna
Madrid
Toledo
Rome
Istanbul
Gallipoli
Mediterranean Sea

拓展阅读

关于巴洛克和洛可可的文献非常多，探索这些文献可能需要数年才能完成，以下是精心选择的参考书目，意在指出每章当中最核心的原始材料，以及一些佐证现有论点的研究。关于拉丁美洲巴洛克与洛可可的更全面的阅读，请参见我的《拉丁美洲殖民地艺术》（费顿出版社，2005）。

早期资料

Giovanni Baglione, *Le vite de' pittori, scultori, et architetti*, ed. by Jacob Hess and Herwarth Röttgen, 3 vols. (Vatican City, 1995)

Filippo Baldinucci, *Notizie de' professori del disegno* (Florence, 1702)

Paola Barocchi, ed., *Trattati d'arte del Cinquecento fra manierismo e controriforma*, 2 vols. (Bari, 1960–1962)

Giovanni Battista Bellori, *Le vite de' pittori, scultori et architetti moderni* (Rome, 1672)

Anthony Blunt, *Artistic Theory in Italy 1450–1600* (London, 1940)

Jonathan Brown, *Images & Ideas in Seventeenth-Century Spanish Painting* (Princeton, 1978)

Jean Chaufourier, *Les jardins de Louis XIV à Versailles*, ed. Pierre Arizzoli-Clémentel (Montreuil, 2009)

Antoine de Courtin, *Nouveau traité de la civilité qui se pratique en France parmi les honnête gens*, Marie-Claire Grassi, ed. (Clermont-Ferrand, 1998)

Denis Diderot, *Diderot on Art*, ed. and trans. by John Goodman (New Haven, 1995)

Robert Enggass and Jonathan Brown, eds., *Italian and Spanish Art 1600–1750: Sources and Documents* (Evanston, 1992)

André Félibien, *Conférences de l'Académie Royale de Peinture et de Sculpture* (Paris, 1668)

Sydney Freedberg, 'Johannes Molanus on Provocative Paintings,' in *Journal of the Warburg and Courtauld Institutes* 34 (1971), pp.229–236

Barbara Ghelfi, ed., *Il libro dei conti del Guercino, 1629–1666* (Venice, 1997)

Pamela Jones, *Federico Borromeo and the Ambrosiana* (Cambridge, 1993)

Merit Laine and Börje Magnusson, eds., *Travel Notes, 1673–1677 and 1687–1688: Nicodemus Tessin the Younger* (Stockholm, 2002)

Ignatius of Loyola, *The Spiritual Exercises*, ed. and trans. by Louis J. Puhl, S.J. (Chicago, 1951)

Giulio Mancini, *Considerazioni sulla pittura* (Rome, 1956)

Walter S. Melion, *Shaping the Canon: Karel van Mander's Schilder-boeck* (Chicago, 1991)

Cesare Ripa, *Iconologia*, ed. by Erna Mandowsky (Hildesheim and New York, 1970)

Louis de Rouvroy, duc de Saint-Simon, *Memoirs of Duc de Saint-Simon*, ed. and trans. by Lucy Norton (Warwick, 2007)

Peter Paul Rubens, *The Letters of Peter Paul Rubens*, ed. by Ruth Saunders Magurn (Evanston, 1955)

Filippo Titi, *Descrizione delle pitture, sculture e architetture esposte al pubblico in Roma* (Florence, 1987)

Elisabeth Vigée-Lebrun, *Memoires of Madame Vigée-Lebrun*, ed. Lionel Strachey (Gloucester, 2010)

Evelyn Carole Voelker, 'Charles Borromeo's Instructiones Fabricae et Supellectilis Ecclesiasticae, 1577. A Translation with Commentary and Analysis' (Ph.D. dissertation, University of Syracuse)

J. Waterworth, ed., *The Council of Trent Canons and Decrees* (Chicago, 1848)

基础研究

Germain Bazin, *Baroque and Rococo* (London, 1985)

Anthony Blunt, ed., *Baroque and Rococo: Architecture and Decoration* (New York, 1978)

Bruce Boucher, *Italian Baroque Sculpture* (London, 1998)

Beverly Louise Brown, *The Genius of Rome* (London, 2001)

Jonathan Brown, *Painting in Spain 1500–1700* (New Haven and London, 1998)

Giovanni Careri, *Giovanni, Baroques* (Princeton and Oxford, 2003)

André Chastel, *L'art français: ancien régime 1620–1775* (Paris, 2000)

Sydney Freedberg, *Circa 1600: A Revolution of Style in Italian Painting* (Cambridge MA and London, 1994)

Robert Harbison, *Reflections on Baroque* (Chicago, 2001)

Francis Haskell, *Patrons and Painters: A Study in the Relations between Italian Art and Society in the Age of the Baroque* (New York, 1963)

Julius Held and Donald Posner, *17th and 18th Century Art: Baroque painting, sculpture, Architecture* (New York, 1971)

Eberhard Hempel, *Baroque Art and Architecture in Central Europe* (Harmondsworth, 1965)

Michael Kitson, *The Age of Baroque* (London, 1966)

George Kubler and Martin Soria, *Art and Architecture in Spain and Portugal and their American Dominions, 1500–1800* (Harmondsworth, 1959)

Michael Levey, *Rococo to Revolution: Major Trends in Eighteenth-century Painting* (New York, 1966)

Denis Mahon, *Studies in Seicento Art and Theory* (Westport, 1971)

Emile Mâle, *L'art religieux après le Concile de Trente* (Paris, 1932)

John Rupert Martin, *Baroque* (New York, 1977)

Vernon Hyde Minor, *Baroque & Rococo Art & Culture* (New York, 1999)

Christian Norberg-Schulz, *Baroque Architecture* (New York, 1971)

Christian Norberg-Schulz, *Late Baroque and Rococo Architecture* (New York, 1985)

John W O'Malley and Gauvin Alexander Bailey, eds., *The Jesuits and the Arts 1540–1773* (Philadelphia, 2005)

Giuseppe Pacciarotti, *La pittura del seicento* (Torino, 1997)

Laurie Schneider-Adams, *Key Monuments of the Baroque* (New York, 2000)

Sacheverell Sitwell, *Baroque and Rococo* (New York, 1967)

Sacheverell Sitwell, *Southern Baroque Art* (New York, 1924)

Michael Snodin and Nigel Llewellyn, eds., *Baroque: Style in the Age of Magnificence* (London, 2009)

The Age of Rococo (Munich, 1958)

Rolf Toman, ed. *Baroque and Rococo* (Berlin, 2003)

Varriano, John, *Italian Baroque and Rococo Architecture* (New York and Oxford, 1986)

Hans Vlieghe, *Flemish Art and Architecture 1585–1700* (New Haven and London, 1999)

Rudolf Wittkower, Joseph Connors and Jennifer Montagu, *Art and Architecture in Italy: 1600–1750*, 3 vols (London, 1999)

引言

Matthew Smith Anderson, *Europe in the Eighteenth Century, 1713–1783* (London and New York, 1987)

Ronald Asch, *The Thirty Years War* (New York, 1997)

Maurice Ashley, *The Golden Century: Europe 1598–1715* (New York, 1969)

Nigel Aston, *Art and Religion in Eighteenth-Century Europe* (London, 2009)

Gauvin Alexander Bailey et al., *Hope and Healing: Painting in Italy in a Time of Plague 1500–1800* (Worcester and Chicago, 2005)

Ann Bermingham and John Brewer, eds., *The Consumption of Culture 1600–1800* (London and New York, 1995)

Jeremy Black, *Eighteenth-century Europe, 1700–1789* (New York, 1990)

James B. Collins, *The State in Early Modern France* (Cambridge, 1995)

Thomas James Dandelet, *Spanish Rome: 1500–1700* (New Haven and London, 2001)

Willam Doyle, *The Old European Order, 1660–1800* (Oxford and New York, 1978)

J. H. Elliott, *Spain and its World 1500–1700* (London and New Haven, 1990)

Marc Forster, *Catholic Revival in the Age of the Baroque* (Cambridge, 2001)

Ronnie Po-Chia Hsia, *The World of Catholic Renewal, 1540–1770* (Cambridge and New York, 1998)

Hubert Jedin, *Katholische Reformation Oder Gegenreformation?* (Lucerno, 1946)

Frederick J. McGinness, *Right Thinking and Sacred Oratory in Counter-Reformation Rome* (Princeton, 1995)

David Maland, *Europe in the Seventeenth Century* (New York, 1966)

José Antonio Maravall, *Culture of the Baroque*, trans. Terry Cochran (Minneapolis, 1986)

Colin Mooers, *The Making of Bourgeois Europe* (London and New York, 1991)

Thomas Munck, *Seventeenth-century Europe: State, Conflict and the Social Order in Europe, 1598–1700* (New York, 1990)

Edward Norman, *The Roman Catholic Church: An Illustrated History* (London, 2007)

John W O'Malley, *John, The First Jesuits* (Cambridge MA, 1993)

Geoffrey Parker and Lesley M. Smith, eds, *The General Crisis of the Seventeenth Century* (London and New York, 1978)

Ludwig von Pastor, *The History of the Popes from the Close of the Middle Ages*, multiple vols. (London, 1924–1953)

Theodore K Rabb, *The Struggle for Stability in Early Modern Europe* (New York, 1975)

Simon Schama, *The Embarrassment of Riches: Dutch Culture in the Golden Age* (New York, 1987)

Mariët Westermann, *A Worldly Art: The Dutch Republic, 1585–1718* (London and New York, 1996)

第1章

Pamela Askew, 'Caravaggio: Outward Action, Inward Vision,' in (ed.) Stefania Macioce, *Michelangelo Merisi da Caravaggio: La vita e le opere attraverso i documenti* (Rome, 1996), pp.248–269

Gauvin Alexander Bailey, *Between Renaissance and Baroque: Jesuit Art in Rome, 1560–1610* (Toronto, 2003)

Andrea Bayer, *Painters of Reality: The Legacy of Leonardo and Caravaggio in Lombardy* (New York, 2004)

Daniele Benati et al., *The Drawings of Annibale Carracci* (Washington, 1999)

Jonathan Brown, *Velázquez* (New Haven and London, 1988)

Charles Dempsey, *Annibale Carracci and the Beginnings of Baroque Style* (Florence, 1977)

Charles Dempsey, *Annibale Carracci: the Farnese Gallery, Rome* (New York, 1995)

David Franklin and Sebastian Schütze, *Caravaggio & his Followers in Rome* (Ottawa, 2011)

Jack Freiburg, *The Lateran in 1600: Christian Concord in Counter-Reformation Rome* (Cambridge, 1995)

Walter Friedlaender, *Caravaggio Studies* (New York, 1969)

John Gash, *Caravaggio* (London, 2003)

Marcia Hall, *After Raphael: Painting in Central Italy in the Sixteenth Century* (Cambridge, 1999)

Pamela Jones, *Altarpieces and Their Viewers in the Churches of Rome from Caravaggio to Guido Reni* (Aldershot, 2008)

Pamela Jones and Thomas Worcester, eds. *From Rome to Eternity: Catholicism and the Arts in Italy, ca. 1550–1650* (Leiden, Boston, Cologne, 2002)

Helen Langdon, *Caravaggio: A Life* (New York, 2000)

Erik Larsen, *Seventeenth Century Flemish Painting* (Freren, 1985)

Metropolitan Museum of Art, *The Age of Caravaggio* (New York and Milan, 1985)

Franco Mormando, ed., *Saints & Sinners: Caravaggio & the Baroque Image* (Boston, 1999)

Benedict Nicholson and Christopher Wright, *Georges de la Tour* (London, 1974)

Catherine Puglisi, *Caravaggio* (London, 1998)

Giuseppe Scandiani, ed., *Sebastiano del Piombo* (Rome, 2008)

Otto von Simson, *Peter Paul Rubens (1577–1640)* (Mainz, 1996)

John Spike, *Caravaggio* (New York and London, 2001)

David Stone, *Guercino: Catalogo completo* (Florence, 1991)

David Stone, *Guercino: Master Draftsman* (Padua, 1991)

Claudio Strinati, ed., *Caravaggio* (Rome, 2010)

Claudio Strinati and Alessandro Zuccari, *I Caravaggeschi: percorsi e protagonisti* (Rome, 2010)

Arthur J. Wheelock, *Rembrandt's Late Religious Portraits* (Washington and Chicago, 2005)

Rudolf Wittkower and Irma B. Jaffe, eds. *Baroque Art: The Jesuit Contribution* (NewYork, 1972)

Zell, Michael, *Reframing Rembrandt: Jews and the Christian Image in Seventeenth-century Amsterdam* (Berkeley, 2002)

Federico Zeri, *Pittura e controriforma* (Vicenza, 1997)

Alessandro Zuccari, *Arte e committenza nella Roma di Caravaggio* (Torino, 1984)

第2章

Svetlana Alpers, *The Art of Describing: Dutch Art in the Seventeenth Century* (Chicago, 1983)

Svetlana Alpers, *Rembrandt's Enterprise: The Studio and the Market* (Chicago, 1988)

Charles Avery, *Bernini: Genius of the Baroque* (Boston, 1997)

Susan Barnes, ed., *Van Dyck, A Complete Catalogue of the Paintings* (New Haven and London, 2004)

Oskar Bätschmann, *Nicolas Poussin: Dialectics of Painting* (London, 1990)

Maria Grazia Bernardini and Maurizio Fagiolo dell'Arco, *Gian Lorenzo Bernini: regista del barocco* (Milan, 1999)

R. Ward Bissell, *Artemisia Gentileschi and the Authority of Art* (University Park, 1999)

Per Bjurströöm, 'The Carracci Brothers and Landscape Drawing', *Konsthistorisk tidskrift/Journal of Art History*, 71:4 (2002), pp.204–217

Anthony Blunt, *Nicholas Poussin* (London, 1995)

Christopher Brown, *Images of a Golden Past: Dutch Genre Painting of the 17th Century* (New York, 1984)

H. Perry Chapman et al., *Jan Steen: Painter and Storyteller* (Washington, 1996)

H. Perry Chapman, *Rembrandt's Self-Portraits: A Study in Seventeenth-century Identity* (Princeton, 1990)

Keith Christiansen and Judith W. Mann, *Orazio and Artemisia Gentileschi* (New Haven and London, 2001)

Max Friedländer, *Landscape, Portrait, Still-Life* (New York, 1963)

Rudy Fuchs, *Dutch Painting* (London, 1984)

Mary D. Garrard, *Artemisia Gentileschi* (Princeton, 1989)

Ivan Gaskell and Michiel Jonker, eds., *Vermeer Studies* (Washington, 1998)

Walter S. Gibson, *Pleasant Places: the Rustic Landscape from Breughel to Ruisdael* (Berkeley and Los Angeles, 2000)

Carl Goldstein, *Visual Fact over Verbal Fiction* (Cambridge, 1988)

Carl Goldstein, T*eaching Art: Academies and Schools from Vasari to Albers* (Cambridge, 1996)

Lawrence Gowing, *Vermeer* (Berkeley, 1997)

Klaus Grimm, *Stilleben: Die niederländischen und deutschen Meister* (Stuttgart and Zürich, 1988)

Howard Hibbard, *Bernini* (Harmondsworth, 1982)

Howard Hibbard, *Caravaggio* (New York, 1985)

Margaretha Rossholm Lagerlöf, *Ideal Landscape: Annibale Carracci, Nicolas Poussin and Claude Lorrain* (New Haven and London, 1990)

Erik Larsen, *The Paintings of Anthony van Dyck* (Freren, 1988)

Catherine Levesque, *Journey through Landscape in Seventeenth-Century Holland* (University Park, 1994)

Jennifer Montagu, *Roman Baroque Sculpture: The Industry of Art* (New Haven and London, 1989)

National Gallery of Art, *The Age of Correggio and the Carracci* (Washington, 1986)

National Gallery of Art, *Johannes Vermeer* (New Haven and London, 1995)

National Museum of Women in the Arts, *Italian Women Artists from Renaissance to Baroque* (Turin, 2007)

Konrad Oberhuber, *Poussin, The Early Years:*

The origins of French Classicism (Fort Worth, 1988)

Nikolaus Pevsner, *Academies of Art, Past and Present* (Cambridge, 1940)

John Pope-Hennessy, *Italian High Renaissance and Baroque Sculpture* (New York, 1985)

Donald Posner, *Antoine Watteau* (Ithaca, 1984)

Jakob Rosenberg, *Rembrandt: Life and Work* (Ithaca, 1980)

Norbert Schneider, *Stilleben: Realität und Symbolik der Dinge. Die Stillebenmalerei der frühen Neuzeit* (Cologne, 1994)

Gary Schwartz, *Rembrandt: His Life, His Paintings* (London, 1991)

John Beldon Scott, *Images of Nepotism: The Painted Ceilings of Palazzo Barberini* (Princeton, 1991)

Sam Segal, *Flowers and Nature: Netherlandish Flower Painting of Four Centuries* (The Hague, 1990)

Mary D. Sheriff, *The Exceptional Woman: Elisabeth Vigée-Lebrun and the Cultural Politics of Art* (Chicago, 1996)

Seymour Slive, *Dutch Painting 1600–1800* (New Haven and London, 1995)

Seymour Slive, *Frans Hals*, 2 vols. (London, 1970)

Richard Spear et al., *Domenichino: 1581–1641* (Milan, 1996)

Wolfgang Stechow, *Dutch Landscape Painting of the Seventeenth Century* (Oxford, 1981)

Paul Taylor, *Dutch Flower Painting 1600–1720* (New Haven and London, 1995)

Janis Tomlinson, *From El Greco to Goya: Painting in Spain, 1561–1828* (New York, 1997)

Mary Vidal, *Watteau's Painted Conversations* (New Haven and London, 1992)

David Wakefield, *Boucher* (London, 2005)

E. John Walford, *Jacob van Ruisdael and the Perception of Landscape* (New Haven and London, 1991)

Genevieve Warwick, 'Speaking Statues: Bernini's *Apollo and Daphne* at the Villa Borghese', Art History 27:3 (2004), pp.353–381

Ellis Waterhouse, *Painting in Britain 1530–1790* (New Haven and London, 1993)

Ann Thomas Wilkins, 'Bernini and Ovid: Expanding the Concept of Metamorphosis', *International Journal of the Classical Tradition*, 6:3 (Winter 2000), pp.383–408

第3章

Fritz Barth, *Santini 1677–1723: Ein Baumeister des Barock in Böhmen* (Ostfildern, 2004)

Alberti Battisti, ed., *Andrea Pozzo* (Milan, Trent, 1996)

Eugenio Bianchi, *Andrea Pozzo pittore e prospettico in Italia settentrionale* (Trent 2009)

Anthony Blunt, *Borromini* (Cambridge MA 1979)

Xavier Bray, *The Sacred Made Real: Spanish Painting and Sculpture 1600–1700* (London, 2009)

Giovanni Careri, *Bernini: Flights of Love, the Art of Devotion* (Chicago and London, 1995)

I colori del bianco: gli stucchi dei Serpotta a Palermo (Palermo, 1996)

Joseph Connors, *Borromini and the Roman Oratory* (Cambridge MA 1982)

Ralph Dekoninck, *Ad Imaginem: Statuts, fonctions et usages de l'image dans la literature spirituelle jésuite du XVIIe siècle* (Geneva, 2005)

Robert Enggass, *The Painting of Baciccio* (University Park, 1964)

Peter Felder, *Luzerner barockplastik* (Lucerne, 2004)

Karsten Harries, *The Bavarian Rococo Church* (New Haven and London, 1983)

Henry-Russell Hitchcock, *Rococo Architecture in Southern Germany* (London, 1968)

Pavel Kalina, 'In opere gotico unicus: the Hybrid Architectures of Jan Blažej Santini-Aichl and Patterns of Memory in Post-Reformation Bohemia,' in *Umění LVIII* (2010), pp.42–56

Anna C Knaap, 'Meditation, Ministry, and Visual Rhetoric in Peter Paul Rubens's Program for the Jesuit Church in Antwerp', in John W O'Malley et al. (eds.) *The Jesuits II* (Toronto, 2006), pp.157–181

Nanette and Raimund Kolb, *Franz Joseph Spiegler: Kostbarkeiten barocker Malerei* (Passau, 1991)

Irving Lavin, *Bernini and the Unity of Visual Arts*, 2 vols. (New York and London, 1980)

Anna Lo Bianco, *Pietro da Cortona, 1597–1669* (Milan, 1997)

Stefania Macioce, *Undique spendent: Aspetti della pittura sacra nella Roma di Clemente VIII Aldobrandini* (Rome, 1990)

Martin Mádl et al., eds., *Baroque Ceiling Painting in Central Europe* (Prague, 2001)

John Rupert Martin, *The Ceiling Paintings for the Jesuit Church in Antwerp* (London, 1968)

Harry Alan Meek, *Guarino Guarini and his Architecture* (New Haven and London, 1988)

Mindaugas Paknys, *Lietuvos Didžiosios Kunigaikštijos dailės ir architektūros istorija* (Vilnius, 2009)

Louise Rice, *The Altars and Altarpieces of New St Peter's: Outfitting the Basilica,1621–1666* (Cambridge, 1997)

Jeffrey Chipps Smith, *Sensuous Worship: Jesuits and the Art of the Early Catholic Reformation in Germany* (Princeton, 2002)

Victor I Stoichita, *Visionary Experience in the Golden Age of Spanish Art* (London, 1995)

V. Viale, ed., *Guarino Guarini e l'internazionalità del Barocco*, 2 vols (Torino, 1970)

Mark S. Weil, 'The Devotion of the Forty Hours and Roman Baroque Illusions,' in *Journal of the Warburg and Courtauld Institutes* 37 (1974), pp.218–248

Rudolf Wittkower, *Gothic vs. Classic: Architectural Projects in Seventeenth-Century Italy* (New York, 1974)

第4章

Gustav Barthel and Walter Hege, *Barockkirchen in Altbayern und Schwaben* (Munich, Berlin, 1960)

Anthony Blunt, *Art and Architecture in France 1500–1700* (New Haven and London, 1999)

Günter Brucher, ed., *Die Kunst des Barock in Österreich* (Salzburg and Vienna, 1994)

C. G. Canale, *Noto: la struttura continua della città tardo-barocca* (Palermo, 1976)

Angela Delaforce, *Art and Patronage in Eighteenth-Century Portugal* (Cambridge, 2002)

Kerry Downes, *The Architecture of Wren* (New York, 1982)

Pierre de la Ruffinière DuPrey, *Hawksmoor's London Churches* (Chicago, 2000)

Mario Manieri Elia, *Barocco leccese* (Milan, 1989)

Howard Hibbard, *Carlo Maderno and Roman Architecture, 1580–1630* (University Park, 1971)

Andrew Hopkins, *Italian Architecture from Michelangelo to Borromini* (London, 2002)

Mariusz Karpowicz, *Baroque in Poland* (Warsaw, 1991)

Jay Levenson, *The Age of the Baroque in Portugal* (Washington, 1993)

Michael Levey, *Giambattista Tiepolo: His Life and Art* (New Haven and London, 1986)

W. H. Lewis, *The Splendid Century: Life in the France of Louis XIV* (Chicago, 1997)

Norbert Lieb, *Barock Kirchen zwischen Donau und Alpen* (Munich, 1997)

Norbert Lieb, *Die Vorarlberger Barockbaumeister* (Munich and Zürich, 1976)

Tod Marder, *Bernini and the Art of Architecture* (New York, 1998)

Jaromir Neumann, *Das Bömische Barock* (Hannover, 1970)

Werner Hager, *Die Bauten des Deutschen Barocks* (Jena, 1942)

Jean-Marie Pérouse de Montclos, *Histoire de l'architecture française de la renaissance à la révolution* (Paris, 1995)

Jean-Marie Pérouse de Montclos, *Vaux-le-Vicomte* (Paris, 1997)

Friedrich Polleroß, ed., *Reiselust & Kunstgenuss: Barockes Böhmen, Mähren und Österreich* (Petersberg, 2004)

Jorg Martin Merz and Anthony Blunt, *Pietro da Cortona and Roman Baroque Architecture* (New Haven and London, 2008)

John Summerson, *Architecture in Britain 1530–1800* (New Haven and London, 1993)

Wend Von Kalnein, *Architecture in France in the 18th Century* (New Haven and London, 1995)

Vít Vlnas, ed., *The Glory of the Baroque in Bohemia* (Prague, 2001)

Giedra Zokaityt, ed., *Lietuvos bažnyčios* (Vilnius, 2009)

第5章

Alvar González-Palacios, 'Bernini as a furniture designer,' in *The Burlington Magazine* 112, 812 (November 1970), pp.719–722

Philippe Béchu and Christian Taillard, *Les hôtels de Soubise et de Rohan-Strasbourg* (Paris, 2004)

Edgar Peters Bowron and Joseph J Rishel, *Art in Rome in the Eighteenth Century* (Philadelphia, 2000)

Frances Buckland, 'Silver Furnishings at the Court of France, 1643–70,' in *The Burlington Magazine* 131, 1034 (May 1989), pp.328–336

Peter Burke, *The Fabrication of Louis XIV* (New Haven and London, 1992)

Malcolm Campbell, *Pietro da Cortona at the Pitti Palace: A Study of the Planetary Rooms and Related Projects* (Princeton, 1977)

Benedetta Craveri, *The Age of Conversation* (New York, 2006)

Pearl M Ehrlich, 'Johann Paul Schor' (Ph.D. dissertation, Columbia University)

Alain Gruber, ed., *The History of the Decorative Arts: Classicism and Baroque in Europe* (New York, 1992)

Carl Hernmarck, *The Art of the European Silversmith 1430–1830* (London, 1977)

Hugh Honour, *Goldsmiths and Silversmiths* (New York, 1971)

Dawn Jacobson, *Chinoiserie* (London, 1993)

Fiske Kimball, *The Creation of the Rococo* (Philadelphia, 1943)

Philippe Minguet, *Esthétique du rococo* (Paris, 1966)

Katie Scott, *The Rococo Interior* (New Haven and London, 1995)

Rolf Sonnemann and Eberhard Wächtler, eds., *Johann Friedrich Böttger: Der Erfindung des Europäischen Porzellans* (Leipzig, 1982)

J. R. ter Molen, *Van Vianen*, 2 vols (Rotterdam, 1984)

Peter Thornton, *Form & Decoration: Innovation in the Decorative Arts 1470–1870* (London, 1998)

Marjorie Trusted, *The Arts of Spain: Iberia and Latin America 1450–1700* (London, 2007)

Stefanie Walker and Frederick Hammond, eds., *Life and the Arts in the Baroque Palaces of Rome* (New Haven and London, 1999)

第6章

Richard Alewyn, *Das große Welttheater. Die Epoche der höfischen Feste* (Munich, 1989)

Robert W. Berger, *In the Garden of the Sun King: Studies on the Park of Versailles under Louis XIV* (Washington, 1985)

Per Bjurström, *Feast and Theatre in Queen Christina's Rome* (Stockholm, 1966)

Gisèle Caumont, *La main du jardinier, l'oeuvre du graveur: Le Nôtre et les jardins disparus de son temps* (Sceaux, 2000)

David Coffin, *Gardens and Gardening in Papal Rome* (Princeton, 1991)

Michael Conan, ed., *Baroque Garden Cultures: Emulation, Sublimation, Subversion* (Washington, 2005)

Marcello Fagiolo, Bruno Adorni and Maria Luisa Madonna, *Barocco romano e barocco italiano: il teatro, l'effimero, l'allegoria, numerosi documenti* (Rome, 1985)

Maurizio Fagiolo dell'Arco, *La festa barocca* (Rome, 1997)

Ernest de Ganay, André *Le Nostre 1613–1700* (Paris, 1962)

Hazlehurst Hamilton, *Gardens of Illusion: the Genius of André Le Nostre* (Nashville, 1980)

Frederick Hammond, 'The Creation of a Roman Festival: Barberini Celebrations for Christina of Sweden,' in (eds.) Maria Giulia Barberini et al., *Life and the Arts in the Baroque Palaces of Rome* (New Haven and London, 1999), pp.54–57

John Dixon Hunt, *William Kent: Landscape Garden Designer* (London, 1987)

Wilfred Hansmann, *Gartenkunst der Renaissance und des Barock* (Cologne, 1983)

John Dixon Hunt and Erik de Jong, eds., *The Anglo-Dutch Garden in the Age of William and Mary* (London, 1988)

Pierre-André Lablaude, *Les jardins de Versailles* (Paris, 1995)

J. R. Mulryne et al., *Europa Triumphans: Court and Civic Festivals in Early Modern Europe* (Aldershot, 2004)

Jan K. Ostrowski, *Land of the Winged*

Horseman: Art in Poland 1572–1764 (Alexandria VA, 1999)

Klaus-Dieter Reus and Markus Lerner, *Faszination der Bühne: Barockes Welttheater in Bayreuth, Barocke Bühnentechnik in Europa* (Bayreuth, 2001)

Pavel Slavko, *The Castle Theatre in Česky Krumlov* (Česky Krumlov, 2001)

Mårtin Snickare, ed., *Tessin: Nicodemus the Younger, Royal Architect and Visionary* (Stockholm, 2002)

Ian H. Thompson, *The Sun King's Garden: Louis XIV, André Le Nôtre and the Creation of the Gardens of Versailles* (London, 2006)

Heinrich Tintelnot, *Barocktheater und barocke Kunst* (Berlin, 1939)

Helen Watanabe-O'Kelley, *Court Culture in Dresden* (London, 2002)

Kenneth Woodbridge, *Princely Gardens: the Origins and Development of the French Formal Style* (London, 1986)

第7章

Rosa María Acosta de Arias Schreiber, *Fiestas coloniales urbanas* (Lima, 1997)

Gauvin Alexander Bailey, *The Andean Hybrid Baroque: Convergent Cultures in the Churches of Colonial Peru* (Notre Dame, 2010)

Gauvin Alexander Bailey, *Art of Colonial Latin America* (London, 2005)

Gauvin Alexander Bailey, *Art on the Jesuit Missions in Asia and Latin America* (Toronto, 1999)

Clara Bargellini and Michael K. Komanesky, *The Arts of the Missions of Northern New Spain* (Mexico City, 2009)

Norma Campos Vera, ed., *Barroco andino*, 4 vols. (La Paz, 2003–2007)

James Cracraft, *The Petrine Revolution in Russian Architecture* (Chicago, 1988)

Pedro Dias, *Arte Indo-Portuguesa* (Coimbra, 2004)

Pedro Dias, *História da arte portuguesa no mundo (1415–1822)*, 2 vols, (Navarre, 1998)

Guillermo Furlong, *Misiones y sus pueblos de Guaranies* (Buenos Aires, 1962)

César Guillén Nuñez, *Macao's Church of Saint Paul: A Glimmer of the Baroque in China* (Hong Kong, 2009)

Instituto Cultural de Macau, *A Monument Towards the Future: St Paul's Ruins* (Macau, 1994)

Norma Ipac-Alarcon, *Philippine Architecture During the Pre-Spanish and Spanish Periods* (Manila 1991)

Regalado Trota José, *Simbahan: Church Art in Colonial Philippines 1565–1898* (Manila, 1991)

Alexandra Kennedy, ed. *Arte de la Real Audiencia de Quito*, (Quito, 2002)

Doğan Kuban, 'Influences sur l'art européen sur l'architecture Ottomane au XVIIIème siècle,' in *Palladio* V (1955), pp.149–157

Doğan Kuban, 'Notes on Building Technology of the 18th Century. The Building of the Mosque of Nuruosmaniye at Istanbul,' in *I. Uluslararasi Türk-İslam Bilim ve Teknoloji Tarihi Kongresi 14–18 Eylül 1981* (Istanbul, 1981), pp.271–298

Doğan Kuban, *Türk Barok Mimarisi Hakkinda bir Deneme* (Istanbul, 1954)

Jay Levenson, ed., *Encompassing the Globe: Portugal and the World in the 16th and 17th Centuries*, 3 vols (Washington, 2007)

Janna Lytvynchuk, *St Andrew's Church* (Kiev, 2006)

Macau Museum of Art, *The Golden Exile: Pictorial Expressions of the School of Western Missionaries* (Macau, 2002)

E. Mamboury, 'L'art turc du XVIIIème siècle,' in *La turquie kemaliste* 19 (1937), pp.2–11

José de Mesa and Teresa Gisbert, *La pintura en los museos de Bolivia* (La Paz and Cochabamba, 1990)

Ramón Mujica Pinilla, ed., *Barroco Peruano*, 2 vols (Lima, 2002–2003)

Ramón Mujica Pinilla, *Orígines y devociones virreinales de la imaginería popular* (Lima, 2008)

Elena Phipps et al., eds., *The Colonial Andes: Tapestries and Silverwork, 1530-1830* (New York, 2004)

Josefina Plá, *El barrocco hispano-Guaraní* (Asunción, 2006)

Myriam Andrade Ribeiro de Oliveira, *O rococó religioso no Brasil e seus antecedentes Europeus* (São Paulo, 2003)

Joseph J Rishel, ed., *The Arts in Latin America 1492–1820* (Philadelphia, 2006)

Cornelia Skodock, *Barock in Russland: zum oeuvre des Hofarchitekten Francesco Bartolomeo Rastrelli* (Wiesbaden, 2006)

后记

Pierre Francastel, 'L'esthétique des lumières,' in (ed.) Pierre Francastel, *Utopie et institutions au XVIIIe.siècle. Le pragmatism des lumières* (Paris, 1963), pp.335–357

Michael Fried, *Absorption and Theatricality, Painting and Beholder in the Age of Diderot* (Chicago 1980)

Dena Goodman, *The Republic of Letters: A Cultural History of the French Enlightenment* (Cornell, 1996)

Melissa Hyde, *Making up the Rococo: François Boucher and his Critics* (Los Angeles, 2006)

Melissa Hyde and Mark Ledbury, eds., *Rethinking Boucher* (Los Angeles, 2006)

David Irwin, *Neoclassicism* (London, 1997)

National Gallery in Prague, *Mannerist and Baroque in Bohemia* (Prague, 2005)

Florian Matzner, *Johann Conrad Schlaun 1695–1773: Das Gesamtwerk* (Stuttgart, 1995)

Jaromír Neumann, *Škrétove: Karel Škréta a jeho syn* (Prague, 2000)

Paula Rea Radisich, *Hubert Robert: Painted Spaces of the Enlightenment* (London, 1998)

Mary D. Sheriff, *Moved by Love, Inspired Artists and Deviant Women in Eighteenth-Century France* (Chicago, 2004)

Rémy Saisselin, *The Enlightenment against the Baroque: Economics and Aesthetics in the Eighteenth Century* (Berkeley, 1992)

致谢

本书成书过程中得到了诸多个人和机构的帮助，在此感谢他们与我的交流、对我的帮助以及为此付出的时间。我首先要感谢Peta Gillyatt Nailey，她陪我走过了许多地方——从秘鲁的阿雷基帕到俄罗斯的基辅，从中国澳门到西班牙塞维利亚。接下来我还想要感谢以下各位对本书的无私帮助（按首字母排序，排名不分先后）：David Anfam, Jens Baumgarten, Xavier Bray, Jill Burke, Frank Buttner, Maria Conelli, Joseph Connors, Pedro Dias, Pierre DuPrey, Martin Elbel, Marc Fumaroli, John Gash, Mina Grigori, Pavel Kalina, Ebba Koch, Lubomir Konecny, Blanka Kubícowá, Nigel Llewellyn, Julia MacKenzie, Matin Mádl, John O'Malley,S.J., Robert Maniura, Helen Miles, Jeffrey Muller, Tiffany Racco, Myriam Ribeiro, Mary Sheriff, Jeffrey Chipps Smith, Jan Stejskal, David Stone, Claudio Strinati, Alain Tapié, Marjorie Trusted, Nuno Vassallo e Silva, Vít Vlnas, James Welu和Ines Zupanov.

此外，我还要感谢我的学生们在“贝尼尼的时代”的研讨课上及实地考察阿伯丁大学举办的“伦敦/巴黎双年展”时所做出的贡献，尤其要感谢Jayne Ford, Lauren Henning, Amy O'Sullivan, Dora Rozasahegyi和Aaron Thom。

为撰写本书而起程的研究之旅离不开不列颠学院、苏格兰大学卡内基基金会、阿伯丁大学和英国人文艺术研究委员会的赞助。

谨以此书献给Leslie William Poe（1962—2010）。

图片版权

AA World Travel Library/Alamy: 135; AFP/Getty Images: 218; Åke E:son Lindman: 202; akg-images: 67; akg-images/Album/Oronoz: 222; akg-images/De Agostini: 28; akg-images/Erich Lessing: 166; akg-images/euroluftbild.de: 242; akg-images/Gilles Mermet: 221; akg-images/Rabatti - Domingie:158; akg-images/Schutze/Rodemann: 21; Alamy: 19; Albert Knapp/Alamy:128; Alinari Archives, Florence: 37, 66; Alinari Archives/Corbis: 39; Angelo Hornak/Alamy: frontispiece, 132, 165; Archivo General del IPCE, Madrid: 94; Aref MostafaZadeh: 230; B.O'Kane/Alamy: 113; Barry Charles Hitchcox/fotoLibra: 205; Bildarchiv Monheim GmbH/Alamy: 6, 8, 162, 199; Blauel/Gnamm/ARTOTHEK: 184; Chuck Pefley/Alamy: 9; Comune di Roma, Museo di Roma: 186; Corbis: 73; Country Life Picture Library: 159; Danita Delimont/Alamy: 224; Darko Sustersic: 220; DEA/C. SAPPA/De Agostini/Getty Images: 200; Dinodia/age Fotostock/Getty Images: 223; DK Limited/Corbis: 248; dk/Alamy: 164; Europe/Alamy: 52; Florian Monheim/Arcaid/Corbis: 150; Foto Staatsgalerie Stuttgart: 61; Frans Hals Museum, Haarlem, photo Margareta Svensson: 64; Gauvin Alexander Bailey: 93, 115, 116, 120, 131, 134, 145, 152, 203, 216, 217, 241; Gavin Hellier/Robert Harding World Imagery/Corbis: 210; Hemera/Thinkstock: 137; Herve Champollion/akg-images: 105, 163; Il Gesu, Rome, photo Gabriele Viviani: 88; Image Source/Corbis: 146; imagebroker/Alamy: 235; Images Etc Ltd/Alamy: 5; INDEX/Arusa: 35; INDEX/Giulia Cotti: 26; INDEX/Marco Ravenna: 106; INDEX/Soprintendeza PSAE, Urbino: 29; INDEX/Vasari: 22; INDEX/Zeno Colantoni: 15; INTERFOTO/Alamy: 91, 169; iStockphoto/Thinkstock: 138; Jan Wiodarczyk/Alamy: 122; Jeffrey Chipps Smith: 89; JLImages/Alamy: 126; John Heseltine/Corbis: 111; John McCabe/Getty Images: 225; Jose Elias/Lusoimages-Landmarks/Alamy: 185; JTB Photo Communications, inc./Alamy: 148; Judy de Bustamante: 219; Juraj Kaman: 246; Ken McEwen: 151; Kevin Foy/Alamy: 10; Kirchengemeinde Creglingen: 92; Lebrecht Music and Arts Photo Library/Alamy: 46; Library and Archives Canada/photo Brechin Group: 82; Lonely Planet Images/Alamy: 211; LOOK die Bildagentur der Fotografen GmbH/Alamy: 121; Lubos Paukeje/Alamy: 237; Marcello Paternostro/AFP/Getty Images: 123; mauritius images GmbH/Alamy: 101; Michael Klinec/Alamy: 212; Michael Wald/Alamy: 141; Michele Falzone/Alamy: 102, 226; Museo di Roma/Photo Scala, Florence: 189; National Gallery in Prague: 247; National Palace Museum, Taiwan, Republic of China: 232; Patrice Latron/Corbis: 124; Patrons' Permanent Fund, image courtesy of National Gallery of Art, Washington DC: 36; Paul Brown/Alamy: 213; Pediconi Barritt/Alamy: 109; Peter Barritt/Alamy: 109; Photo Scala, Florence: 1, 13, 54, 87, 103, 104, 143, 168; Photo Scala, Florence – courtesy of the Ministero Beni e Att. Culturali: 4, 18, 25, 31, 55, 60, 97, 108; Photo Scala, Florence/BPK, Bildagentur fuer Kunst, Kultur und Geschichte, Berlin: 47, 75, 80, 84; Photo Scala, Florence/Fondo Edifici di Culto – Min. dell'Interno: 96, 98, 117, 118; Photo Scala, Florence/Luciano Romano: 16; Photo Scala, Florence/Luciano Romano/Fondo Edifici di Culto - Min. dell'Interno: 119; Photo Scala, Florence/Luciano Romano/Ministero Beni e Att. Culturali: 2; Photo Scala, Florence/Mauro Ranzani: 32; Photo Scala, Florence/Ministero Beni e Attivita Culturali: 50; Rijksmuseum, Amsterdam: 20, 172, 177, 178, 181, 183; RMN (Château de Versailles)/Christian Jean/Jean Schormans: 170; RMN (Château de Versailles)/Gérard Blot/Hervé Lewandowski: 155; RMN (Domaine de Chantilly)/Franck Raux: 12; RMN (Musée du Louvre)/Gérard Blot: 43; RMN/Franck Raux: 44; RMN/Martine Beck-Coppola: 171, 176; RMN/Michele Bellot: 30; Robert Harding Picture Library/Alamy: 215; Robert Holmes/Corbis: 228; Royal Castle, Warsaw, photo Andrezej Ring: 188; Royal Library of Belgium: 187, 191; Saint Louis Art Museum, Museum Purchase and gift of Edward Mallinckrodt, Sydney M Shoenberg Sr, Horace Morison, Mrs Florence E Bing, Morton D May in honor of Perry T Rathbone, Mrs James Lee Johnson Jr, Oscar Johnson, Fredonia J Moss, Mrs Arthur Drefs, Mrs W Welles Hoyt, J Lionberger Davis, Jacob M Heimann, Virginia Linn Bullock in memory of her husband George Benbow Bullock, C Wickham Moore, Mrs Lyda D'Oench Turley and Miss Elizabeth F D'Oench, and J Harold Pettus, and bequests of Mr Alfred Keller and Cora E Ludwig,

by exchange: 83; Saverio Maria Gallotti/Alamy: 130;
Sekretariat Hergiswald: 90; Sergio Azenha/Alamy: 161;
Sławomir Staciwa/Alamy: 139; Sotheby's Picture Library: 81; State Castle Ceský Krumlov, photo Pavel
Slavko: 197; Steve Vidler/Alamy: 127; Sylvain Sonnet/
Corbis:238, 245; TAO Images Limited/Alamy: 234; The Art Archive/Alamy: 56, 78, 79, 175; The British Library Board. Shelfmark 605.d.27 (9): 190; The British Library Board. Shelfmark C.33.1.2: 192; The British Library Board. Shelfmark C.33.1.2: 193;
The British Library Board. Shelfmark 143.f.3: 195; The British Library Board. Shelfmark 605.e.30 (1):
194; The British Library Board. Shelfmark 813.h.17:
196; The Cleveland Museum of Art: 179; The Metropolitan Museum of Art/Art Resource/ Scala, Florence: 71, 173, 244; The Museum of Fine Arts Budapest, photo Jozsa Denes/Photo Scala, Florence: 69; The Museum of Fine Arts Budapest/ Scala, Florence:
42; The Museum of Fine Arts, Houston; Museum purchase with funds provided by the Agnes Cullen Arnold Endowment Fund: 45; The National Gallery, London/Photo Scala, Florence: 24, 27, 62; The National Trust Photolibrary/Alamy: 240; The Print Collector/Alamy: 17; Travel Division Images/ Alamy:
125; Travel Pictures/Alamy: 213; TuttItalia/Alamy: 213; V&A Images. All Rights Reserved: 174, 180, 182,
233; Vanni Archive/Corbis: 153; Vito Arcomano/ Alamy:
142; Vladimir Khirman/Alamy: 3; Vranov Castle: 160;
wcities.com: 133; White Images/Photo Scala, Florence:
53, 58, 76, 140, 156; Widener Collection, Image courtesy National Gallery of Art, Washington DC: 48;
Wolfgang Kaehler/Corbis: 209; Wolfgang WeinHaupl/ Westend61/Corbis: 147; WoodyStock/Alamy: 129.

图书在版编目（CIP）数据

巴洛克与洛可可 /（英）高文 · 亚历山大 · 贝利著 ；徐梦可译. — 北京 ：北京美术摄影出版社，2020.1
（艺术与观念）
书名原文：Baroque and Rococo
ISBN 978-7-5592-0270-3

Ⅰ. ①巴… Ⅱ. ①高… ②徐… Ⅲ. ①建筑艺术—普及读物 Ⅳ. ①TU-8

中国版本图书馆CIP数据核字(2019)第103334号

北京市版权局著作权合同登记号：01-2016-2668

责任编辑：耿苏萌
责任印制：彭军芳

艺术与观念

巴洛克与洛可可

BALUOKE YU LUOKEKE

[英] 高文 · 亚历山大 · 贝利　著
徐梦可　译

出　版　北京出版集团公司
　　　　北京美术摄影出版社
地　址　北京北三环中路 6 号
邮　编　100120
网　址　www.bph.com.cn
总发行　北京出版集团公司
发　行　京版北美（北京）文化艺术传媒有限公司
经　销　新华书店
印　刷　广东省博罗县园洲勤达印务有限公司
版印次　2020 年 1 月第 1 版第 1 次印刷
开　本　700 毫米 × 1000 毫米　1/32
印　张　14
字　数　377 千字
书　号　ISBN 978-7-5592-0270-3
审图号　GS（2019）1282 号
定　价　98.00元

如有印装质量问题，由本社负责调换
质量监督电话　010-58572393